W0404103

bsv

Mathematik 8

Unterrichtswerk für das G 8

Brigitte Distel
Rainer Feuerlein
Martin Joerchel
Harald Walter

Bayerischer Schulbuch Verlag
München · Düsseldorf · Stuttgart

Einfache funktionale Zusammenhänge

Bruchfunktionen und Potenzen

Ähnliche Figuren

Wahrscheinlichkeitsrechnung

Zur Arbeit mit diesem Buch

Man soll den Menschen nie sagen, wie sie etwas tun sollen,
sondern nur, was sie tun sollen.
Dann wird ihr Einfallsreichtum einen verblüffen.
(George Patton)

Liebe Kollegin, lieber Kollege,

dieses Buch stellt abwechslungsreiches Material für eine stärkere Hinwendung zu eigenverantwortlichem und selbstständigem Lernen zur Verfügung.

- Am Anfang jedes Kapitels steht ein **Arbeitsblatt**. Die Schüler sollen mathematische Zusammenhänge in **Einzel-, Partner-** oder **Gruppenarbeit** möglichst selbstständig finden. Das kann in der **Schule** oder **zu Hause** geschehen. Der Einsatz der Arbeitsblätter fördert die Lesekompetenz der Schüler nachhaltig. Wenn Sie ein Arbeitsblatt von den Schülern bearbeiten lassen, dann können Sie manchmal die Ergebnisse zusammenfassen, den zugehörigen Lehrtext des Buchs überspringen und sich den Aufgaben zuwenden.
- Der Lehrstoff wurde auf der Basis der Stoffkürzungen didaktisch neu aufbereitet. Auf einen roten Faden haben wir großen Wert gelegt. Wenn Sie sich an unserem methodischen Vorgehen orientieren, dann sollten Sie die mit einem **Smilie gekennzeichneten Aufgaben** zum selbstständigen Entdecken von Teilergebnissen durch die Schüler in Ihren fragend-entwickelnden Unterricht integrieren. Auf diese Aufgaben wird im Lehrtext hingewiesen.
- Die Anleitungen für den **Einsatz des Computers** in der Geometrie und beim Plotten von Graphen sind sehr ausführlich gehalten. Es genügt, wenn sich die Schüler allein vom Lehrbuch leiten lassen. Natürlich ist zu empfehlen, sich mit den Aufgaben und ihrer Lösung vorher vertraut zu machen. Die Aufgaben zur dynamischen Geometrie lassen sich auch ohne Computer bearbeiten.
- Die **an den Lehrtext anschließenden Aufgaben** dienen der Festigung des Lehrstoffes. Diese sind zunächst nach dem Prinzip aufgebaut, den Schwierigkeitsgrad konsequent zu steigern. Die ersten Aufgaben orientieren sich an jenen, die im Lehrtext als Beispiele zu finden sind. Um Schüler zum Nachdenken anzuregen, schließen sich weiterführende Aufgaben an. Knobelaufgaben sollen die Schüler an problemlösendes Denken heranführen.

- Alle Aufgabenblöcke enden mit **Aufgaben zum Intensivieren**. Diese sollen die Schüler in der Schule oder zu Hause selbstständig lösen.
  Zur **Selbstkontrolle** sind **Ergebnisse am Ende des Buchs** angebeben.
- Reichen die Aufgaben des Buchs für Ihre Klasse wider Erwarten nicht aus, finden Sie auf einer begleitenden CD noch zusätzliche Arbeitsblätter.
- Das Ende des Buchs bildet eine **Grundwissenskartei**. Die Schüler sollen diese im Verlauf des Schuljahres schrittweise ergänzen.

Viel Erfolg beim Arbeiten mit diesem Buch wünschen

Brigitte Distel · Rainer Feuerlein · Martin Joerchel · Harald Walter

Einfache funktionale Zusammenhänge

Lesen statt Rechnen

Familie Michaelis bucht einen Flug nach New York. In den Reiseunterlagen finden sie ein bemerkenswertes Diagramm. Je nach aktuellem Wechselkurs können Geldbeträge in der jeweils anderen Währung abgelesen werden:

Die grünen Zahlen stellen den **Dollarkurs** dar. Die Angabe **1,25** bedeutet, dass man für **einen Euro** 1 US-Dollar und 25 $-Cent bekommt.
Für 10 Dollar liest du z. B. auf der zugehörigen Geraden 8 Euro ab. **Umgekehrt** ist 1 $ also **0,80 €** wert (Eurokurs). Für 4 Euro liest du 5 Dollar ab.

1. Lies aus dem Diagramm für diesen Kurs ab: Wie viele Dollar bekommt man für 6 Euro, wie viele Euro für 15 Dollar?
2. Wie viele Dollar bekommt man bei diesem Kurs für 40 Euro, wie viele Euro für 75 Dollar?
3. Bis zum Antritt der Reise ist der Dollarkurs auf 1,40 gestiegen. Ist das gut oder schlecht für Familie Michaelis? Lies ab oder berechne: Wie viele Dollar bzw. Euro bekommt man nun für
   a) 5 €, b) 50 €, c) 0,50 €, d) 15 €, e) 7 $, f) 0,70 $, g) 50 $?
4. Wie kann man aus einem Dollarkurs den zugehörigen Eurokurs berechnen? Gib zwei rot-grüne Zahlenpaare an, bei denen gerundet wurde.
5. Im Jahr 2001 bekam man für 55 € nur 50 $. Bestimme den damals gültigen Wechselkurs.
6. Finde den aktuellen Dollarkurs heraus und zeichne dazu selbst ein Umrechnungsdiagramm mit der passenden Geraden.

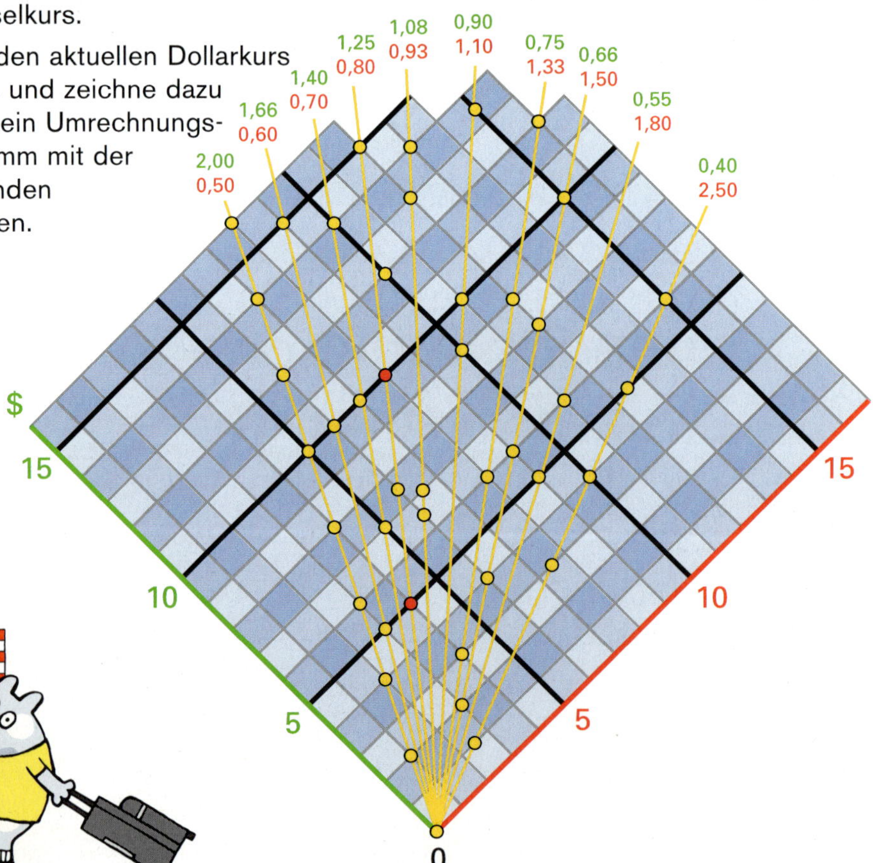

1.1 Direkt proportionale Größen

Das „größte" Lebewesen der Erde

Im täglichen Leben, in der Physik und in der Biologie begegnen uns häufig Größen, die voneinander abhängen.

Beispiel Alexandra verbringt ihre Ferien in Kalifornien. Sie besucht den „Giant Forest", in dem das „größte" Lebewesen der Erde steht. Es ist ein Mammutbaum, der nach einem General **General-Sherman-Baum** genannt wird. Dieser Baum ist etwa 2500 Jahre (!) alt und 84 m hoch (Aufgabe 1). Auf einer Tafel liest Alexandra, dass er nicht der höchste Baum der Erde ist. Eine Montezuma-Zypresse in Mexiko ist sogar noch 30 m höher. Er hat aber das größte Volumen aller Bäume. Es beträgt etwa 1500 m^3. Alexandra fragt sich, wie viel der Baum wohl wiegt. Im Visitor Center ist ein Quader von 20 dm^3 aus dem Holz eines Mammutbaums ausgestellt. Von diesem ist bekannt, dass er 17 kg wiegt. Alexandra beginnt zu rechnen:

Eigenschaften proportionaler Größen

Ein Quader aus dem gleichen Holz mit dem Volumen 40 dm^3 wiegt 34 kg; 60 dm^3 wiegen 51 kg. Eine Verdoppelung, eine Verdreifachung, ... des Volumens bringt eine Verdoppelung, eine Verdreifachung, ... der Masse mit sich:

Volumen V in dm^3	20	40	60	80	...	...	140	...	...
Masse m in kg	17	34	51	68	...	...	119	...	...

Gehört zum n-fachen Wert der einen Größe der n-fache Wert der anderen Größe, so heißen die beiden Größen **direkt proportional**. Anstatt „direkt proportional" sagt man auch kurz „proportional".

Betrachten wir Körper aus dem gleichen Material, hier aus der Holzart des Mammutbaums, sind Masse m und Volumen V proportional. Da zum n-fachen Wert von V der n-fache Wert von m gehört, erhalten wir für die zusammengehörigen Wertepaare stets den gleichen Quotientenwert:

$$c = \frac{17\,\text{kg}}{20\,\text{dm}^3} = \frac{34\,\text{kg}}{40\,\text{dm}^3} = \frac{51\,\text{kg}}{60\,\text{dm}^3} = \frac{68\,\text{kg}}{80\,\text{dm}^3} = \ldots = 0{,}85\,\frac{\text{kg}}{\text{dm}^3}$$

Ergeben zusammengehörige Wertepaare zweier Größen stets den gleichen Quotienten, so heißen die Wertepaare **quotientengleich**. Diesen Quotienten nennt man auch **Proportionalitätsfaktor**.

In unserem Beispiel besagt der Proportionalitätsfaktor c, dass 1 dm^3 Holz des Baumes 0,85 kg wiegt.

Allgemein gilt $\frac{m}{V} = c$. Deshalb erhalten wir die Masse m eines Holzstücks des Volumens V, indem wir V mit dem Proportionalitätsfaktor c multiplizieren: $m = c \cdot V$. Diesen Proportionalitätsfaktor nennt man auch **Dichte**.

1 dm^3 Holz des Mammutbaumes wiegt 0,85 kg, 2 dm^3 Holz wiegen 1,70 kg, 3 dm^3 wiegen 2,55 kg, ... Mit jedem dm^3 kommen 0,85 kg hinzu. Zeichnen wir diese Werte Schritt für Schritt in ein Volumen-Masse-Diagramm ein, erkennen wir: Die sich ergebenden rechtwinkligen Dreiecke stimmen in den Längen 1 und 0,85 der Katheten und dem Zwischenwinkel von 90° überein. Also sind sie nach dem Kongruenzsatz SWS kongruent. Da sie damit auch in den beiden anderen Winkeln übereinstimmen, geht jede Hypotenuse ohne Knick in die nächste Hypotenuse über. Das V-m-Diagramm zeigt eine Halbgerade, die im Nullpunkt beginnt.

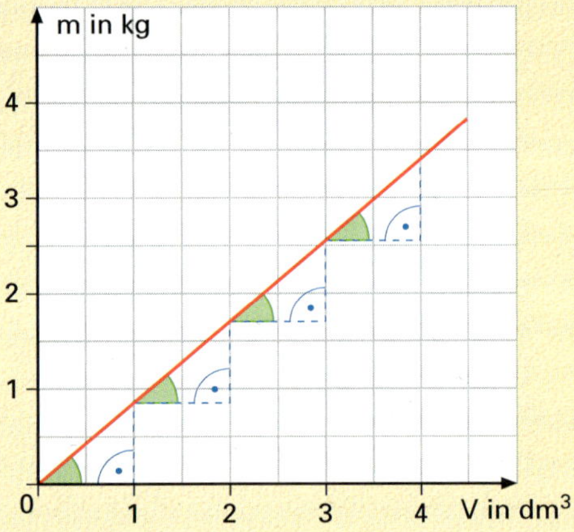

Wir fassen zusammen und verallgemeinern:

Eigenschaften proportionaler Größen x und y

1. Zum n-fachen Wert für x gehört der n-fache Wert für y.
2. Zusammengehörige Wertepaare sind quotientengleich: $\frac{y_1}{x_1} = \frac{y_2}{x_2} = c$
3. Der Zusammenhang zwischen x und y wird durch eine Gleichung der Form $y = c \cdot x$ beschrieben.
4. Das x-y-Diagramm zeigt eine Halbgerade, die im Nullpunkt beginnt.

Beachte: Für den Nachweis der Proportionalität zweier Größen genügt bereits eine dieser vier Eigenschaften. Jede Eigenschaft bringt die übrigen mit sich.

Die Masse des General-Sherman-Baums

Die vier Eigenschaften proportionaler Größen geben uns vier Möglichkeiten, die Masse des Baumes zu ermitteln. Vorher rechnen wir noch die Angabe „20 dm³ Holz wiegen 17 kg" in größere Einheiten um: „20 m³ Holz wiegen 17 t".

1. Lösung: Dreisatz

$20\,m^3$ Holz wiegen 17 t.
$10\,m^3$ Holz wiegen 8,5 t.
$1500\,m^3$ Holz wiegen $8{,}5\,t \cdot 150 = 1275\,t \approx 1300\,t$

2. Lösung: Quotientengleiche Wertepaare

Die Wertepaare $V_1 = 20\,m^3$, $m_1 = 17\,t$ und $V_2 = 1500\,m^3$, m_2 sind quotientengleich. Wir beginnen die zugehörige Gleichung auf der linken Seite mit der Unbekannten m_2 und lösen danach auf:

$$\frac{m_2}{V_2} = \frac{m_1}{V_1} \qquad | \cdot V_2$$

$$m_2 = \frac{m_1 \cdot V_2}{V_1} = \frac{17\,t \cdot 1500\,m^3}{20\,m^3} = 1275\,t \approx 1300\,t$$

3. Lösung: Gleichung zwischen den Größen

Mit der Gleichung $m = c \cdot V$ berechnen wir die zum Volumen $1500\,m^3$ gehörende Masse m:

$$m = c \cdot V = 0{,}85\,\frac{t}{m^3} \cdot 1500\,m^3 = 1275\,t \approx 1300\,t$$

4. Lösung: Grafisch

Da die Halbgerade im Nullpunkt des Koordinatensystems beginnt, genügt zum Zeichnen ein weiterer Punkt. Wir wählen dafür das Wertepaar $1000\,m^3$, 850 t. Der blaue Pfeil im Diagramm zeigt, wie wir zum Volumenwert $1500\,m^3$ die Masse m des Baums finden: $m \approx 1300\,t$

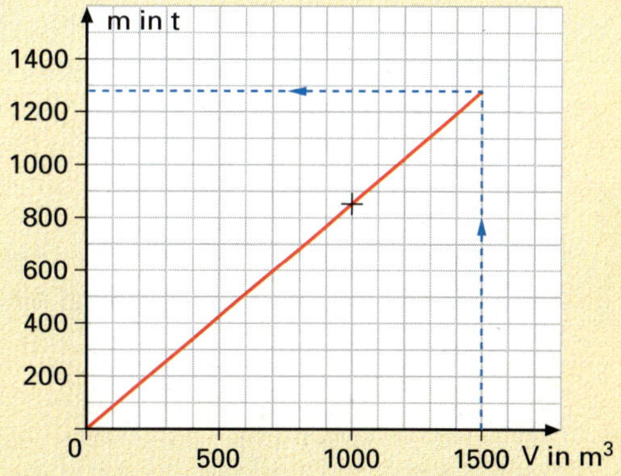

Die Masse des Baumstamms von ungefähr 1300 t ist sehr groß. Es ist die Masse von 1000 Pkws oder 13 Lokomotiven. Ein LKW mit einer Nutzlast von 3 t müsste etwa 430-mal fahren, um das Holz des Stamms wegzuschaffen.

Aufgaben

1 Der General-Sherman-Baum

500 Jahre vor Christus fiel ein 0,5 cm großes Samenkorn auf fruchtbaren Boden. Aus ihm wuchs im Lauf der Jahre der General-Sherman-Baum heran. Die Abbildung zeigt einige Stationen des Wachstums.

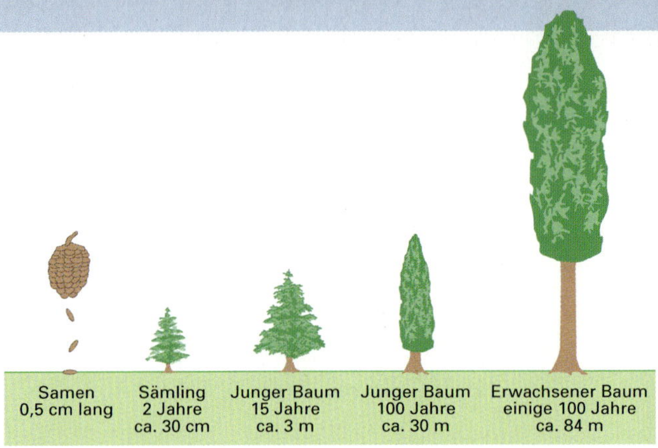

a) Ein großer Teil der überlieferten Menschheitsgeschichte lief ab, seitdem dieser Riese lebt. Vor wie vielen Jahren hat Kolumbus Amerika entdeckt? Wie viel Prozent des Alters des General-Sherman-Baums sind das?

b) Wie kann man aus den Angaben in der Abbildung über das Wachstum des Mammutbaums folgern, dass die Höhe h des Baums nicht in jedem Jahr um gleich viel zugenommen hat?

c) Wie hoch ist etwa ein Stockwerk eines Hauses? Wie viele Stockwerke hat ein Haus, das ungefähr so hoch wie der General-Sherman-Baum ist?

2 Proportional oder nicht proportional? Das ist hier die Frage.

Gib an, ob bzw. unter welchen Bedingungen die folgenden Größen jeweils proportional sind.

a) Kosten und Warenmenge
b) Größe und Alter eines Menschen
c) Fahrweg und Fahrzeit
d) Fahrweg und Benzinverbrauch
e) Geschwindigkeit und Fahrweg
f) Duschdauer und Wasserverbrauch
g) Seitenlänge und Umfang eines Quadrats
h) Seitenlänge und Flächeninhalt eines Quadrats
i) Kantenlänge und Volumen eines Würfels
k) Oberfläche und Volumen eines Würfels
l) Suche mindestens noch ein weiteres Beispiel proportionaler Größen und ein Beispiel nicht proportionaler Größen.

3 Lücken-Tabellen

Übertrage die Tabellen in dein Heft und ergänze die fehlenden Werte der Größen x und y, die proportional sind.

a)

x	?	1	5	10	15
y	1	?	15	?	?

b)

x	−3	−2	?	1	?
y	6	?	−1	?	−6

c)

x	?	1	?	14	28
y	0	?	1	?	7

d)

x	−2	1	?	4	?
y	3	?	−1	?	9

4 Im Supermarkt

Löse jede der folgenden Aufgaben anders, die erste mit einem Dreisatz, die zweite mithilfe quotientengleicher Wertepaare, die dritte mithilfe der Gleichung proportionaler Größen und die vierte grafisch:

a) 4 Kiwis kosten 1,20 Euro. Was kosten 13 Kiwis?

b) 1000 g Mehl kosten 0,89 Euro. Wie viel darf die Sondergröße von 1,6 kg maximal kosten, damit es sich lohnt?

c) 3 Dosen Katzenfutter kosten 1,47 Euro. Was kosten 19 Dosen?

d) Die kleine Packung Pralinen zu 150 g kostet 3,89 €. Ist der Preis für die große Packung von 420 g zu 9,99 € fair?

5 Tankrechnung

Mercedes findet eine alte Benzinrechnung ihres Vaters: 30 Liter Superbenzin haben damals 35,10 € gekostet.

a) Übertrage die folgende Tabelle in dein Heft und ergänze sie:

Benzinvolumen V in l	1	?	5	10	20	30	?
Kosten K in €	?	3,51	?	?	?	35,10	58,50

b) Zeichne ein V-K-Diagramm und überprüfe deine berechneten Werte.

c) Wie kannst du mit der ausgefüllten Tabelle einfach berechnen, wie viel 15 Liter und wie viel 8 Liter Benzin kosten? Welche Kosten K lassen sich mit der Tabelle einfach berechnen?

d) Gib die Gleichung an, die den Zusammenhang zwischen dem Volumen V, dem Einzelpreis P und den Kosten K (Gesamtpreis) beschreibt. Wie viel Liter Benzin erhielt man damals ungefähr für 20 €?

e) Wie viel kostet zur Zeit etwa 1 Liter Superbenzin? Um wie viel Prozent ist der Benzinpries heute höher als damals?

6 Mengen-Kosten-Diagramme

Die Abbildungen zeigen, wie die Kosten K für eine Ware von der Warenmenge abhängen.

a) Bestimme aus dem ersten Diagramm für die beiden Waren jeweils den Preis für 1 kg. Gib die Gleichungen an, die beschreiben, wie man bei bekannter Masse m und bekanntem Einzelpreis P die zugehörigen Kosten K (den Gesamtpreis) berechnen kann. Um welche Waren könnte es sich jeweils handeln?

b) Beschreibe, was das zweite Diagramm besagt. Gehe dabei auch auf die Zahlenwerte ein. Um welche Ware könnte es sich handeln?

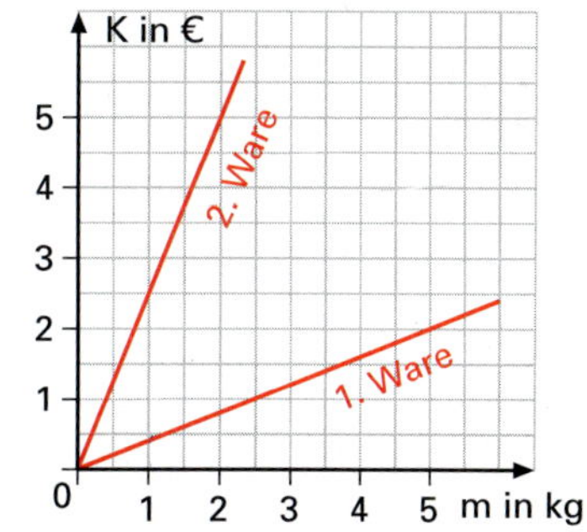

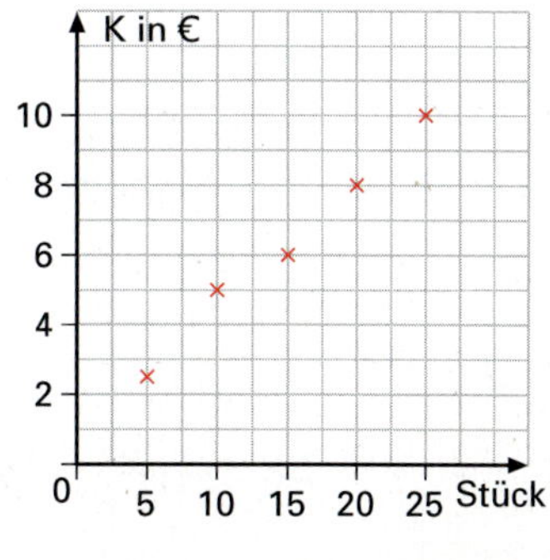

7 „Schnäppchen-Preis"

Der Supermarkt bietet Müsliriegel zu einem super niedrigen Sonderpreis an. Achim, Beate und Conny kaufen sich gleich mehrere. Achim bezahlt für seine 1,74 €, Beate 2,90 € und Conny 3,48 €. Wie viel kostet ein Riegel?

8 Frauen-Weltrekorde in der Leichtathletik

Die Amerikanerin Florence Griffith-Joyner hält mit 10,49 s den Weltrekord im 100-m-Lauf, die rechts abgebildete Deutsche Marita Koch mit 47,60 s den Weltrekord im 400-m-Lauf.

a) Florence Griffith-Joyner ist auch über 200 m Weltrekord gelaufen. Waren es 20,98 s, 21,34 s oder 23,80 s? Begründe deine Entscheidung.

b) Die Tschechin Jarmila Kratochvilová hat die kürzeste Laufzeit über 800 m benötigt. War diese 1 min 25,36 s, 1 min 35,20 s oder 1 min 53,30 s? Begründung!

9 Dein jährliches Brot

Für eine Scheibe Brot werden etwa 1500 Getreidekörner benötigt. Eine Weizenähre enthält 40 bis 60 Körner. Welchen Flächeninhalt hat das Weizenfeld, das dir dein jährliches Brot liefert?

Zum Intensivieren

10 Apfelpreise

4 kg Äpfel kosten 7,60 Euro. Was kosten 10 kg? Beschreibe, auf welche verschiedenen Arten man diese Aufgabe lösen kann.

11 Petri Heil!

Angler Petri fängt in 2 Stunden 3 Fische. Er angelt noch 3 Stunden und geht nach Hause. Wie viele Fische bringt er mit?

12 Gleichungen

Gib jeweils die Lösung an.

a) $\frac{x}{6} = \frac{5}{2}$ b) $5 = \frac{x}{0{,}2}$ c) $\frac{-5}{3} = \frac{x}{-6}$ d) $x : \frac{1}{4} = 3 : \frac{1}{2}$ e) $-\frac{1}{3} : \frac{1}{2} = x : \frac{1}{6}$

13 Umrechnung von Währungen

In den USA bezahlt man mit Dollar ($), in England mit Pfund (£). Mit den folgenden Umrechnungskursen rechnen wir Euro in Dollar bzw. Pfund um:

$$1\ € = 1{,}25\ \$;\ 1\ € = 0{,}70\ £$$

a) Was ist mehr wert, 1 € oder 1 $ bzw. 1 € oder 1 £?

b) Zeichne ein Diagramm, aus dem die Umrechnung von 0 bis 100 € in Dollar bzw. Pfund ablesbar ist.

c) Eine Bluejeans der Marke Lives kostet in New York 52,50 $. Das gleiche Modell kostet in London 30,80 £. Wo ist die Jeans billiger?

d) In der Umrechnungstabelle sind die oben angegeben Wechselkurse festgehalten. Erläutere die Bedeutung der Felder der Tabelle. Übertrage die Tabelle in dein Heft und berechne die fehlenden Umrechungskurse auf 2 Dezimalstellen gerundet.

	€	$	£
€	1	1,25	0,70
$	?	1	?
£	?	?	1

e) An Devisenbörsen werden die wichtigsten Währungen der Welt gehandelt. Warum werden dort die Umrechnungskurse nicht auf 2, sondern auf 4 Nachkommastellen genau gerundet?

f) Ermittle die zur Zeit gültigen Umrechnungskurse. Welchen Vor- bzw. Nachteil haben die aktuellen Kurse gegenüber den oben angegebenen?

14 Schwere Tageszeitungen

Nimm ein Exemplar der heutigen Ausgabe eurer Tageszeitung. Beschaffe dir damit die Daten, mit denen du die Masse der gesamten Auflage berechnen kannst. Veranschauliche diese Masse durch einen Vergleich.

15 Streichholzspiele

Bernd legt aus Streichhölzern Dreiecke. Erstelle zu jeder Figur eine Tabelle und trage die Zahl x der verwendeten Streichhölzer und die Zahl y der damit gelegten Dreiecke ein. In welchem Beispiel sind x und y proportional, wenn die Figuren in gleicher Art fortgesetzt werden? Gib jeweils einen Term an, mit dem man y aus x berechnen kann.

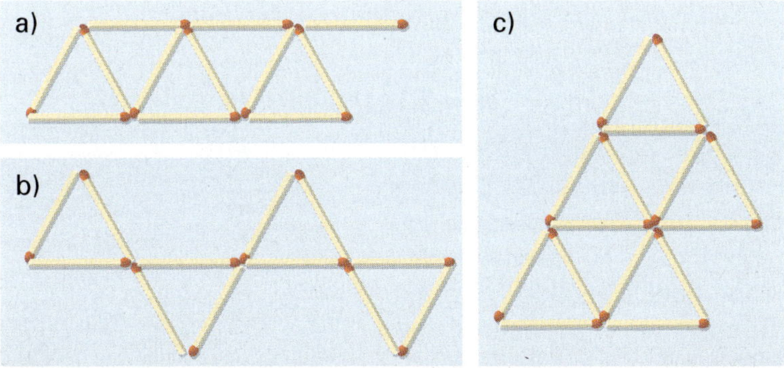

1.2 Der Kreisumfang

Die Sage vom Hahnenkreuz

In der Oberpfalz steht am Weg von Pfreimd nach Nabburg ein Kreuz, auf dem ein krähender Hahn aus Blech zu sehen ist. Zu diesem „Hahnenkreuz“ erzählt man sich folgende Sage:

Die Nabburger und die Pfreimder gerieten in Streit. Der Zorn der Nabburger war so groß, dass sie die Stadt Pfreimd überfallen wollten. Die Pfreimder erfuhren von diesem Plan und beschlossen, die Stadtmauer auszubessern und entlang dieser nachts Wachen aufzustellen. Alle 100 Schritte sollte ein Posten Ausschau halten. Die Stadtmauer bildete annähernd einen Kreis. Da kein Ratsmitglied wusste, wie man mit der bekannten Länge d der Hauptstraße – dem Durchmesser d des Kreises – den Umfang u berechnen kann, schätzen sie diesen wie folgt ab:

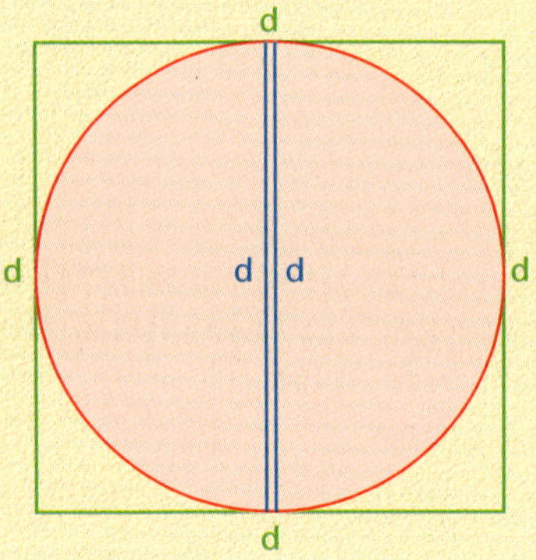

Der linke Halbkreis ist länger als die linke Seite der Hauptstraße und der rechte Halbkreis ist länger als die rechte Seite der Hauptstraße. Somit ist u größer als 2 · d. Der Kreisumfang ist aber kleiner als der Umfang 4 · d des umbeschriebenen Quadrats. Da u größer als 2 · d *und* kleiner als 4 · d *ist, müsste* u ungefähr gleich 3 · d *sein. Da die Hauptstraße 300 Schritte lang ist, muss die Stadtmauer ungefähr 900 Schritte lang sein. Für jede Nacht wurden also* 900 Schritte : 100 Schritte = 9 *Wachen benötigt.*

Es vergingen Tage, es vergingen Wochen – nichts geschah. Die 9 Wächter wurden nachlässiger und schliefen ein. In einer stockfinsteren Nacht kamen die Nabburger angeschlichen. An einer schlecht reparierten Stelle versuchten sie, über die Mauer zu klettern. Dabei löste sich ein Stein, der auf die steinige Straße krachte. Das weckte einen Hahn, der aus Leibeskräften zu schreien begann. Rasch waren die Pfreimder Bürger zur Stelle und vertrieben die Nabburger für immer.

Die Kreiszahl π

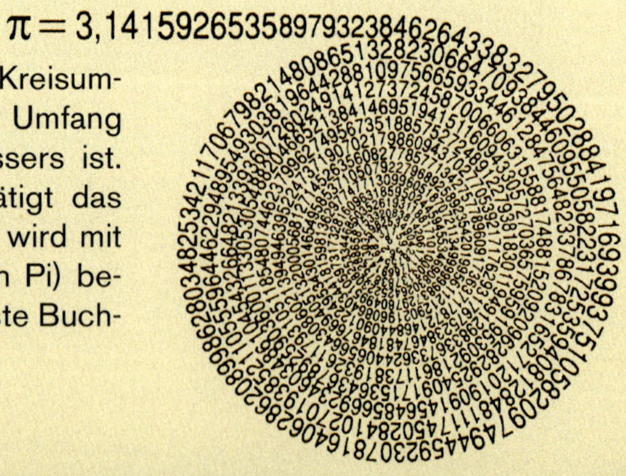

Die Abschätzung 2d < u < 4d für den Kreisumfang legt die Vermutung nahe, dass der Umfang ungefähr das Dreifache des Durchmessers ist. Die experimentelle Untersuchung bestätigt das (Aufgabe 1). Der Proportionalitätsfaktor wird mit dem griechischen Buchstaben π (sprich Pi) bezeichnet. Das ist im Griechischen der erste Buchstabe des Wortes „**P**eripherie“ für Rand. Die Kreiszahl π ist etwas größer als 3. Sorgfältige Messungen ergeben π = 3,14. Dieser Wert ist aber nur ein Näherungswert. In den meisten früheren Kulturen wurden unabhängig voneinander Näherungswerte für π entdeckt (Aufgabe 4). Heute weiß man, dass π ein unendlicher Dezimalbruch ist. Dieser ist aber im Gegensatz zu den uns bisher bekannten Dezimalbrüchen nicht periodisch. Für unsere Berechnungen genügt der Näherungswert 3,14.

Kreisumfang
Der Umfang u eines Kreises und der Durchmesser d sind proportional:

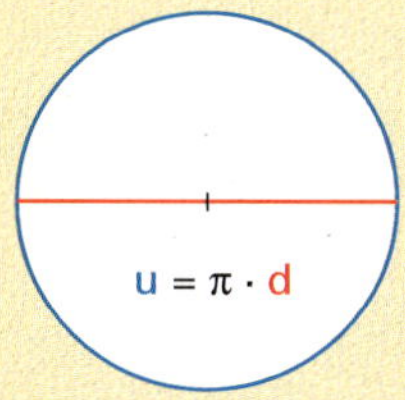

$u = \pi \cdot d$ mit $\pi \approx 3{,}14$
$u = 2 \cdot \pi \cdot r$

Aufgaben

1 Zusammenhang zwischen Umfang und Durchmesser von Kreisen

Du benötigst mindestens fünf Gegenstände mit einem kreisförmigen Querschnitt (z. B. ein Glas, einen Blumentopf, einen Teller, ...). Du sollst deren Durchmesser und Umfang messen.
Das geht am einfachsten mit einem Maßband oder auch durch Abrollen des Gegenstandes.
Lege eine Tabelle nach folgendem Muster an und trage deine Messwerte ein:

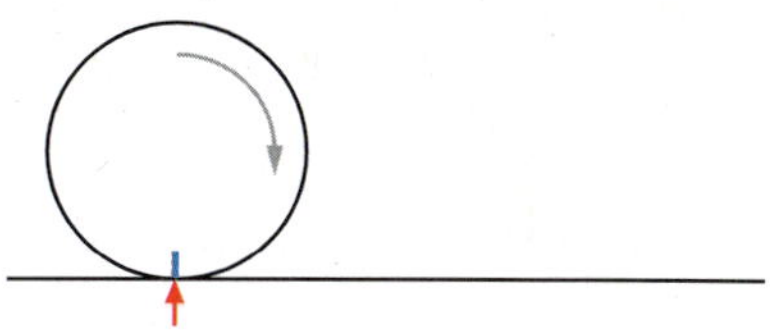

Durchmesser d in cm	?	?	?	?	?	?
Umfang u in cm	?	?	?	?	?	?
u/d	?	?	?	?	?	?

Berechne für die dritte Zeile jeweils den Quotienten u/d auf zwei Dezimalen genau. Was fällt dir dabei auf? Was kannst du daraus über den Zusammenhang zwischen u und d bei Kreisen schließen? Gib eine Gleichung zur Berechnung von u aus d an.

Kreisberechnungen

Vom Kreis mit dem Radius r, dem Durchmesser d und dem Umfang u ist jeweils eine Größe bekannt. Berechne die beiden anderen.

a) d = 9,6 cm b) r = 9,6 cm c) u = 15,7 m d) u = 62,8 m
e) $d = \frac{1}{2}$ km f) r = 25 m g) u = 88 m h) u = 2200 mm

3 Jahresringe

Der 2500 Jahre alte General-Sherman-Baum hat am Boden einen Umfang von 31,4 m.

a) Welchen Durchmesser hat der Baum am Boden?

b) Welche mittlere Breite hat ein Jahresring?

c) Wie entstehen Jahresringe? Warum sind ihre Abstände verschieden?

4 Näherungswerte für die Kreiszahl π

a) Das alte Testament beschreibt im Bericht über König Salomons Tempelbau (um 950 v.Chr.) ein großes Wasserbecken, das für die Waschungen der Priester gedacht war (1. Könige 7,23): „*Und er machte ein Meer* [Gefäß], *gegossen, von einem Rand zum anderen zehn Ellen weit, rundumher, und fünf Ellen hoch, und eine Schnur dreißig Ellen lang war das Maß ringsum.*“ Welcher Wert für π ist in diesem Bibeltext versteckt?

b) Um 2000 v. Chr. benutzten die Babylonier für π den Näherungswert $3\frac{1}{8}$, um 1850 v. Chr. die Ägypter den Wert $(\frac{16}{9})^2$, um 500 v. Chr. die Inder den Wert $(\frac{7}{4})^2$ und um 250 v. Chr. Archimedes von Syrakus den Wert $3\frac{1}{7}$. Rechne diese Näherungswerte in Dezimalbrüche um und überprüfe, auf wie viele Nachkommastellen die Werte genau sind.

5 In 67 Stunden um die Welt

Der nebenstehende Bericht erschien am 4. März 2005 in den Fürther Nachrichten.

a) Wann ist Steve Fossett gestartet? Mit welcher durchschnittlichen Geschwindigkeit ist er geflogen?

b) Der Erdradius beträgt 6378 km. Warum waren 37 000 Flugkilometer ausreichend, um die Erde zu umrunden? Wie viel Prozent vom tatsächlichen Erdumfang sind das?

c) Welchen Radius besitzt Fossetts annähernd kreisförmige Flugbahn?

In 67 Stunden um den Erdball

Abenteurer Steve Fossett sicher in Kansas gelandet

SALINA – in 67 Stunden und einer Minute um die Erde: Der US-Millionär Steve Fossett hat in den vergangenen drei Tagen ein kühnes Abenteuer à la Jules Verne bestanden. Als erster Mensch flog er mit seinem Kleinflugzeug „Global Flyer“ ohne Zwischenstopp und ohne Aufzutanken einmal um den Planeten.

Um exakt 20.48 Uhr MEZ landete er am Donnerstagabend nach 37 000 Kilometern auf dem Flughafen von Salina im US-Bundesstatt Kansas, wo er am Montag gestartet war. Mit im Gepäck hatte er einen neuen Weltrekord im Langstreckenflug.

6 Die Zeiger der Uhr des Big Ben

Der Minutenzeiger ist 14 ft lang, der Stundenzeiger 9 ft.

a) Was ist der Big Ben? Wo steht er?

b) Gib die Länge der Zeiger in cm an. (1 ft = 30,5 cm)

c) Mit welcher Geschwindigkeit in $\frac{\text{cm}}{\text{s}}$ bewegt sich die Spitze des Minutenzeigers, mit welcher Geschwindigkeit in $\frac{\text{mm}}{\text{s}}$ die Spitze des Stundenzeigers? Kann man das sehen?

7 Die Maus am Äquator

Der Erdradius beträgt 6378 km.

a) Stell dir vor, um die Erde wird am Äquator eng anliegend ein Seil gespannt. Wie lang müsste das Seil sein?

b) Nun wird das Seil um 1 m verlängert und so gespannt, dass es überall den gleichen Abstand von der Erde besitzt. Eine Maus versucht unter dem Seil hindurchzukriechen. Was meinst du, schafft sie es oder schafft sie es nicht?

c) Wie groß ist jeweils der Radius eines Kreises (in cm), wenn sein Umfang 1 m, 2 m, 3 m, 4 m, ... ist? Trage die Werte in ein u-r-Diagramm ein. Um wie viel nimmt der Radius jeweils zu, wenn der Umfang um 1 m vergrößert wird? Schafft es die Maus? Warum?

8 Französische Fahrradreifen

Auf Toms Fahrradreifen steht „700×47C". Die erste Zahl gibt den Außendurchmesser des Reifens in mm an, die zweite die Reifenbreite in mm.

a) Tom fährt auf einem Radweg durch ein kleines Rinnsal, das quer zum Weg verläuft. Nach welcher Strecke erzeugt das Vorderrad jeweils einen Abdruck auf dem Asphalt? Wie breit ist dieser etwa?

b) Bei der Suche nach dem Abdruck des Hinterrades erlebt Tom eine Überraschung. Welche?

c) Wie viele Umdrehungen macht das Vorderrad bei einer 30 km langen Fahrradtour?

Zum Intensivieren

9 Zirkelblumen

Übertrage folgende Zirkelblumen in dein Heft und bestimme jeweils die Gesamtlänge aller gezeichneten Linien für r = 2 cm. Gib anschließend für jede Blume den Term T(r) an, der diese Gesamtlänge beschreibt. Welche Zirkelblume „verbraucht" am meisten Zirkelmine?

a)

b)

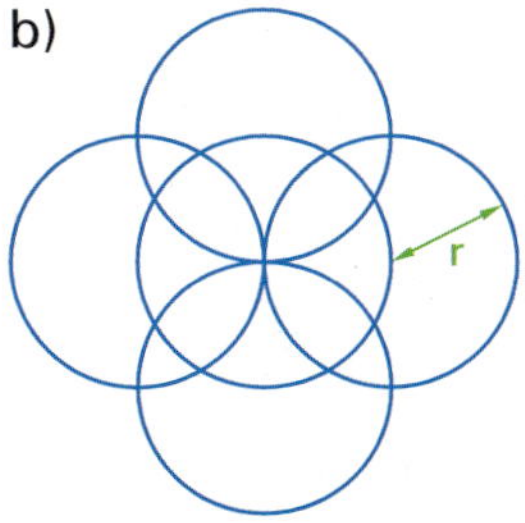

c)

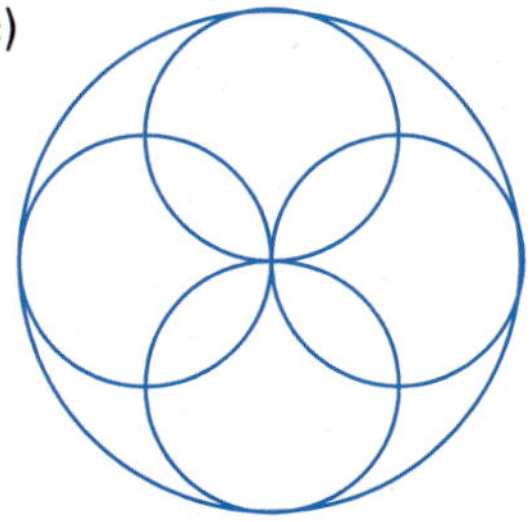

10 Kurvenvorgabe beim 400-m-Lauf

Auf einer Tartanbahn haben die Sprinter beim 400-m-Lauf zwei Kurven und zwei „Geraden" zurückzulegen. Die Kurven sind Halbkreise.

a) Warum starten die Läufer nicht nebeneinander, sondern versetzt?

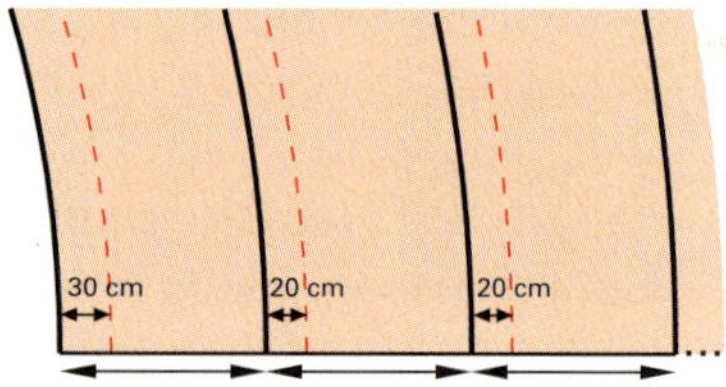

Eine Laufbahn ist 4 Fuß, d. h. 1,22 m, breit. Der Läufer auf der Innenbahn (1. Bahn) startet auf der Ziellinie. Die Bahnlänge von genau 400 m wird 30 cm entfernt vom 5 cm hohen inneren Rand gemessen. Bei allen anderen Bahnen wird die Bahnlänge 20 cm vom inneren Rand entfernt gemessen.

b) Warum macht man hier einen Unterschied?

c) Warum sind die Kurvenvorgaben der Bahnen 3 bis 8 gegenüber der vorhergehenden Bahn jeweils gleich lang? Wie lang sind diese? Wie lang ist die Kurvenvorgabe der 2. gegenüber der 1. Bahn?

d) Welche Vor- bzw. Nachteile haben die jeweiligen Bahnen für einen 400-m-Läufer?

11 Katz und Maus

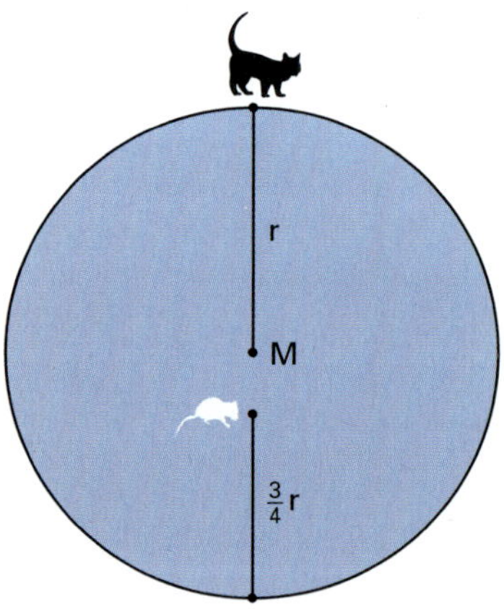

Eine wasserscheue Katze entdeckt eine Maus, die in einem kreisförmigen See badet. Die Katze kann 4-mal so schnell laufen wie die Maus schwimmt.

a) Die Maus hat es geschafft, dass der Mittelpunkt M des Sees genau zwischen ihr und der Katze liegt und sie dabei $\frac{1}{4}$r von M entfernt ist. Erreicht sie einen Uferpunkt vor der Katze, kann sie sich in Sicherheit bringen. Was macht die Maus?

b) Die Maus befindet sich im Mittelpunkt des Sees. Was macht die Maus?

c) Die Maus befindet sich an irgendeiner Stelle des Sees. Wie geht sie vor, um sich in Sicherheit zu bringen?

1.3 Indirekt proportionale Größen

Eigenschaften indirekt proportionaler Größen

Das Foto zeigt, wie zwölf Männer im Jahr 1958 auf den Osterinseln nur mit zwei Stangen, Seilen und Steinen eine große, schwere Statue (Aufgabe 1) aufgerichtet haben. Sie verwenden die Stangen als Hebel: Sie setzen eine Stange so an, dass sich diese um einen Auflagepunkt dreht und die Last davon nur wenig, die Kraft dagegen weit entfernt an der Stange angreift. Die Entfernung der Kraft vom Drehpunkt heißt Kraftarm. Die zum Anheben der Last notwendige Kraft ist umso kleiner, je länger der Kraftarm ist. Kraft und Kraftarm sind nicht direkt proportional. Sie verhalten sich umgekehrt: Eine Verdoppelung, Verdreifachung des Kraftarms bringt eine Halbierung, Drittelung der benötigten Kraft mit sich.

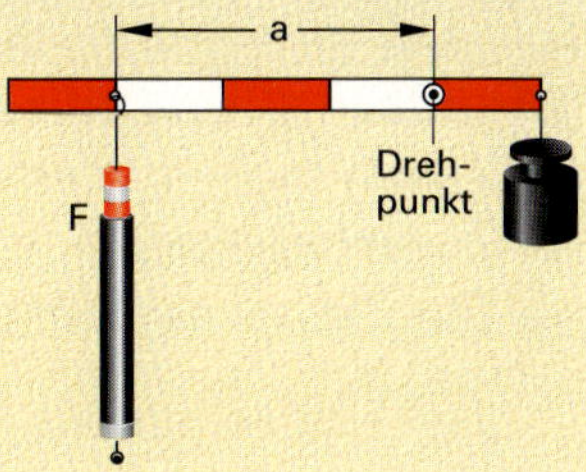

Bezeichnen wir den Kraftarm mit a und die benötigte Kraft mit F, erhalten wir z. B.:

$\cdot 2$ $\cdot 4$ $\cdot 7$

Kraftarm a in cm	5,0	10,0	15,0	20,0	…	…	35,0	…	…
Kraft F in N	3,0	1,5	1,0	0,75	…	…	0,43	…	…

: 2 : 4 : 7

> Gehört zum n-fachen Wert der einen Größe der n-te Teil des Wertes der anderen Größe, so heißen die beiden Größen **indirekt proportional**.

Beim Hebel sind Kraftarm und Kraft indirekt proportional. Da der n-fache Wert von a den n-ten Teil von F nach sich zieht, ergeben zusammengehörige Wertepaare stets den gleichen Produktwert:

$c = 3\,\text{N} \cdot 5\,\text{cm} = 1{,}5\,\text{N} \cdot 10\,\text{cm} = 1\,\text{N} \cdot 15\,\text{cm} = 0{,}75\,\text{N} \cdot 20\,\text{cm} = \ldots = 15\,\text{Ncm}$

Allgemein beschreibt den Zusammenhang zwischen F und a die Gleichung $c = F \cdot a$ (c ist konstant und $c \neq 0$).

Somit erhalten wir zu einem Hebelarm a die benötigte Kraft F durch $F = \frac{c}{a}$ $(a \neq 0)$. In unserem Beispiel ist $c = 15\,\text{Ncm}$.

Ergeben zusammengehörige Wertepaare zweier Größen stets den gleichen Produktwert, so heißen die Wertepaare **produktgleich**.

Wir zeichnen mit den Werten der Tabelle und weiteren, mit der Gleichung $F = \frac{c}{a}$ berechneten ein a-F-Diagramm: Wir erhalten eine gekrümmte Kurve. Mit wachsender Entfernung vom Ursprung nähert sich die Kurve immer mehr den Achsen an, ohne diese je zu erreichen. Eine solche Kurve nennt man **Hyperbel**.

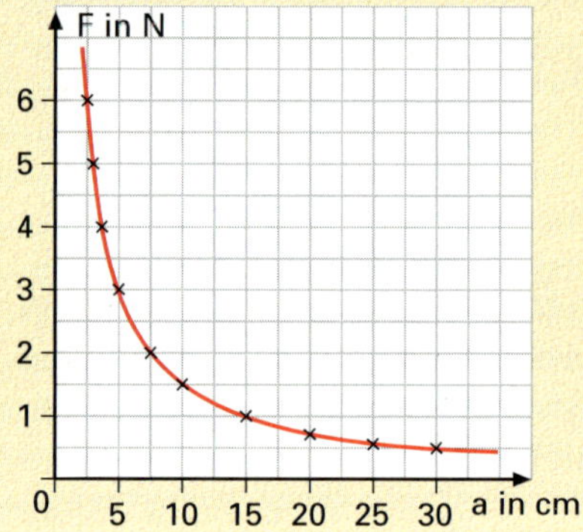

Wir fassen zusammen und verallgemeinern:

Eigenschaften indirekt proportionaler Größen x und y
1. Zum n-fachen Wert für x gehört der n-te Teil des Wertes für y.
2. Zusammengehörige Wertepaare sind produktgleich: $x_1 \cdot y_1 = x_2 \cdot y_2 = c$
3. Der Zusammenhang zwischen x und y wird durch eine Gleichung der Form $y = \frac{c}{x}$ beschrieben.
4. Das x-y-Diagramm zeigt eine Hyperbel.

Beachte: Für den Nachweis der indirekten Proportionalität zweier Größen genügt bereits eine dieser vier Eigenschaften. Jede Eigenschaft bringt die übrigen mit sich.

Aufgaben

1 Abschätzung der Masse der Statue auf den Osterinseln

Die auf Seite 19 abgebildete Statue hat näherungsweise die Form eines Quaders.

a) Schätze Länge, Breite und Höhe des Quaders ab und berechne sein Volumen.

b) Die Statue besteht aus feinkörnigen vulkanischen Ascheteilchen mit eingelagerter Lava. Dieses Gestein wird Tuff genannt. $1\,\text{dm}^3$ Tuff wiegt 2,7 kg. Wie viele Tonnen wiegt die Statue ungefähr?

2 Indirekt proportional oder nicht?

Gib an, ob bzw. unter welchen Bedingungen die folgenden Größen jeweils indirekt proportional sind.

a) Arbeiterzahl und Arbeitszeit

b) Geschwindigkeit und Fahrzeit

c) Anzahl der Eier und Kochzeit

d) Ölverbrauch und Heizdauer

e) Anzahl der leeren und der vollen Flaschen in einem vollen Kasten

f) Länge und Breite eines Quadrats

g) Grundlinie und Höhe eines Dreiecks

h) Grundfläche und Höhe eines Quaders

i) Suche mindestens noch ein weiteres Beispiel indirekt proportionaler Größen.

3 Lücken-Tabellen

Übertrage die Tabellen in dein Heft und ergänze die fehlenden Werte der Größen x und y, die indirekt proportional sind.

a)

x	2	?	1	?	4
y	3	2	?	1	?

b)

x	−3	?	−1	?	45
y	5	3	?	−2	?

c)

x	1	?	$-\frac{1}{4}$	8	$\frac{1}{2}$
y	?	−1	?	?	$\frac{1}{4}$

d)

x	−1	3	$-\frac{1}{2}$	?	?
y	?	?	$\frac{2}{3}$	$-\frac{3}{2}$	$\frac{5}{6}$

4 Ein Baukran

Am Ausleger älterer Baukräne sind Schilder angebracht, die der Kranführer von seiner Kabine aus sehen kann:

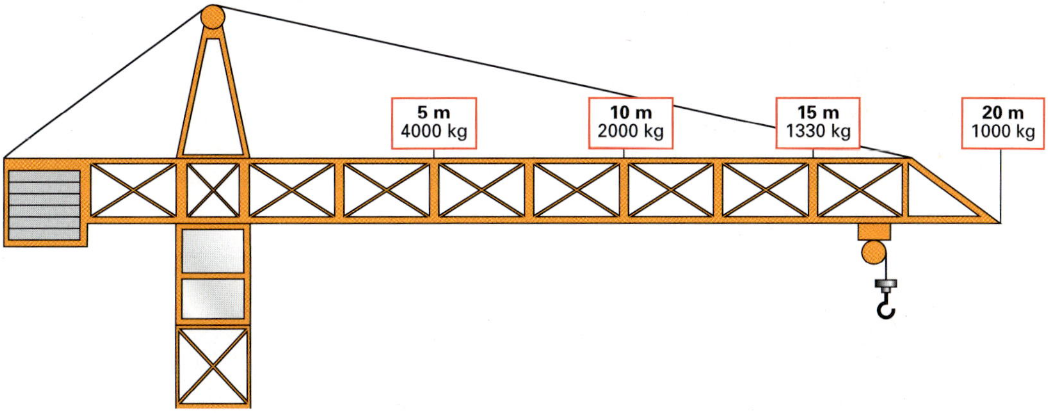

a) Was bedeuten diese Angaben?

b) Lege mit den beiden betrachteten Größen eine Tabelle an und trage die Wertepaare der Zeichnung ein. An welchen vier weiteren Stellen wären Schilder sinnvoll? Berechne dazu die Wertepaare und notiere diese in der Tabelle.

c) Zeichne mithilfe der Tabelle ein Diagramm. Was kann man daraus ablesen?

d) Stelle die Gleichung auf, die zwischen den beiden betrachteten Größen besteht.

5 In der Wüste verirrt

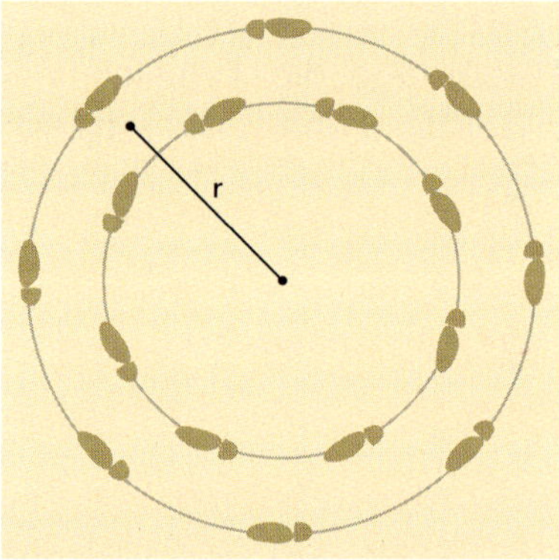

Bei den meisten Menschen sind die beiden Beine nicht gleich lang. Deshalb sind auch die Schrittlängen rechts und links nicht genau gleich groß. Läuft man z. B. in der Wüste ohne Orientierung und meint, man würde geradeaus laufen, bewegt man sich in Wirklichkeit auf einem Kreis.

a) Beschreibt jemand, dessen linkes Bein etwas länger als das rechte ist, eine Rechts- oder eine Linkskurve? Begründe deine Antwort.

Die folgende Tabelle gibt den Radius r des Kreises, den man beschreitet, in Abhängigkeit von der Differenz der Schrittlängen d an:

d in mm	1	2	3	4	5
r in m	360	180	120	90	72

b) Wie verändert sich der Radius r, wenn die Differenz d der Schrittlängen zunimmt? Welche Beziehung besteht zwischen den beiden Größen?

c) Stelle die Gleichung auf, die zwischen d und r besteht.

d) Berechne den Radius des durchschrittenen Kreises, wenn $d = 1{,}5$ mm ist.

6 Proportionalitäten im Alltag

a) Auf einer Berghütte ist Verpflegung gelagert, die für 12 Personen 21 Tage reicht. Wie lange reicht der Vorrat für 14 Personen?

b) Bei Papierrollen von gleichem Durchmesser hängt die Länge des Papiers von seiner Dicke ab. Eine Rolle enthält 100 m Papier der Dicke 0,20 mm. Wie lang ist das Papier, das nur 0,15 mm dick ist?

c) Die Firma Lux verkauft im Jahr 1 Million Glühbirnen zum Preis von je 1 €. Eine Glühbirne hat eine Lebensdauer von etwa einem Jahr. Die Forschungsabteilung entwickelt Glühbirnen mit dreifacher Lebensdauer. Welchen Preis wird die Firma für eine langlebige Glühbirne ansetzen?

7 Saftladen

Als Fruchtsaft darf nur eine Flüssigkeit bezeichnet werden, die zu 100% aus Obst gewonnen wurde. 1 Liter Fruchtsaft soll durch Zugabe von Wasser zu einem Getränk verdünnt werden. Das Volumen des Getränks bezeichnen wir mit V, seinen Fruchtanteil mit a.

a) Ergänze folgende Tabelle:

Volumen V in l	1	2	3	...	10
Fruchtanteil a in %	100	?	?	...	?

b) Zeichne ein V-a-Diagramm.

c) Stelle die Gleichung auf, die zwischen V und a besteht.

d) Nektare müssen 25% bis 50% Fruchtgehalt, Fruchtsaftgetränke 6% bis 30% Fruchtgehalt und Limonaden 3% bis 15% Fruchtgehalt aufweisen. Wie viel Liter Nektar (Fruchtsaftgetränk, Limonade) kann man aus 1 Liter Fruchtsaft mindestens bzw. höchstens herstellen?

Zum Intensivieren

8 Direkt oder indirekt proportional?

a) Auf einem Segelschiff reicht der Trinkwasservorrat bei einer Tagesration von 1,8 l pro Person 5 Tage. Nach dem Ablegen entschließt sich die Mannschaft, die Reise um einen Tag zu verlängern. Um wie viel muss die Trinkwasserration pro Tag verringert werden?

b) Auf einer Wanderkarte ist ein 7 km langes Autobahnstück 20 cm lang, ein Wanderweg 16 cm. Wie lang ist der Wanderweg in Wirklichkeit?

c) Petra steht auf einer Autobahnbrücke und zählt 100 Autos in 5 Minuten. Wie viele Autos wären es, wenn diese doppelt so schnell und mit doppeltem Sicherheitsabstand fahren würden?

d) In einem See vermehren sich die Seerosen so schnell, dass sich ihre Fläche in einem Jahr verdoppelt. Nach fünf Jahren ist der halbe See bedeckt. Nach wie vielen Jahren ist dieser vollständig bedeckt?

9 Emsige Bienen

Eine Biene muss ungefähr 75 000 km weit fliegen, um Nektar und Pollen für 500 g Honig zu sammeln.

a) Zeichne ein Diagramm, das die Honigmasse m in Abhängigkeit von der Flugstrecke d wiedergibt.

b) Stelle die Gleichung auf, die zwischen m und d besteht.

c) Wie viel Honig erhält man, wenn die Biene 1000 km weit fliegt?

d) Wie viel Honig erhält man, wenn die Biene eine Strecke zurücklegt, die gleich dem Erdumfang von 40 000 km ist?

e) Wie weit muss die Biene für 1 g Honig fliegen?

10 Flächengleiche Rechtecke

Ein Rechteck hat eine Fläche von 6 cm^2.

a) Berechne zu den in der Tabelle angegebenen Längen x die Breite y.

Länge x in cm	1	1,2	1,5	2	3	4	5	6	...
Breite y in cm	?	?	?	?	?	?	?	?	...

b) Zeichne ein Koordinatensystem ($-6 \leq x \leq 6$; $-6 \leq y \leq 6$). Trage die acht Rechtecke so in den I. Quadranten ein, dass zwei Seiten auf den Achsen liegen. Wie kannst du nun sehr schnell das x-y-Diagramm zeichnen?

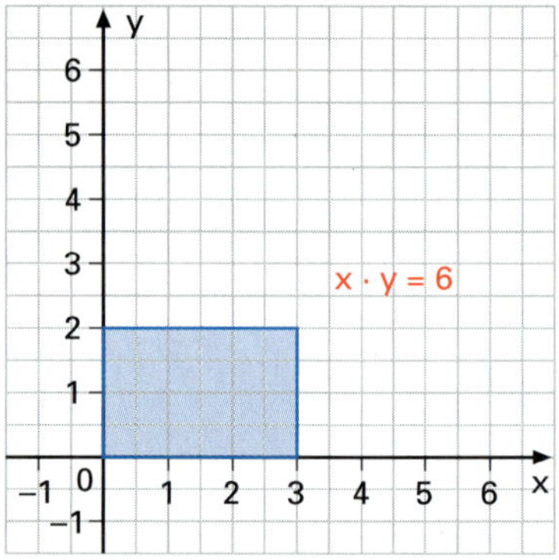

c) Erweitere die Tabelle nach links durch die Gegenzahlen der Rechteckslängen: –1; –1,2; –1,5; ... Berechne mit der Gleichung $x \cdot y = 6$ die zugehörigen y-Werte.

d) Ergänze dein x-y-Diagramm um den im im III. Quadranten verlaufenden „Ast" der Hyperbel. Wozu ist die aus beiden Ästen bestehende Hyperbel symmetrisch?

11 Grundwissen: Bruchrechnung

a) $\frac{3}{4}+\frac{3}{8}$ b) $\frac{1}{6}-\frac{1}{4}$ c) $\frac{6}{25}-\frac{3}{20}$ d) $\frac{4}{7}+\frac{3}{14}+\frac{10}{21}$ e) $\frac{1}{2}-\frac{1}{4}-\frac{1}{8}-\frac{1}{16}$

f) $2\frac{2}{47}-\frac{3}{47}$ g) $3\frac{1}{4}-14\frac{5}{8}$ h) $5\frac{1}{4}-3\frac{1}{2}$ i) $-5\frac{7}{8}+\frac{3}{4}+\frac{7}{8}-2$ k) $\frac{5}{18}\cdot\frac{9}{25}$

l) $-\frac{64}{81}\cdot\frac{27}{128}$ m) $1\frac{7}{8}\cdot\frac{4}{5}$ n) $-0{,}2\cdot(-0{,}75)$ o) $1\frac{5}{7}\cdot 0{,}\overline{3}$ p) $\frac{5}{6}:\frac{1}{3}$

q) $\frac{51}{60}:\frac{17}{30}$ r) $3\frac{1}{2}:2\frac{3}{4}$ s) $4\frac{1}{2}:(-\frac{3}{8})$ t) $-0{,}75:1\frac{1}{2}$ u) $-\frac{1}{2}+1{,}6\cdot\frac{5}{6}$

v) $-(4\frac{1}{3}+\frac{1}{6}):1{,}5$ w) $-4\frac{3}{4}:3\frac{1}{6}-\frac{1}{6}$ x) $\frac{1}{6}-\frac{5}{12}-\frac{5}{8}\cdot 0{,}8$ y) $\frac{3}{8}:0{,}625-1$

12 „Alles Käse!"

„Je mehr Käse, desto mehr Löcher.
Je mehr Löcher, desto weniger Käse.
Ergo: Je mehr Käse, desto weniger Käse."

Wo steckt der Fehler?

Von den Socken

Im Modehaus „Top-Chic“ werden Socken in Packungen mit 2 Paar, 5 Paar und 11 Paar zu den im Bild gezeigten Sonderpreisen verkauft.

1. Sind Preis und Anzahl der Paare proportional? Begründe deine Antwort.
2. Stell dir vor, du hast 10 Paar Socken im Einkaufswagen. Die Kassiererin verlangt 15 Euro. Wie machst du ihr klar, dass du nur 14 Euro bezahlen willst?
3. Der nächste Kunde möchte 6 Paar Socken kaufen. Die Verkäuferin schaut auf die Preisliste und berechnet 6 Euro. Wie kommt sie zu diesem Preis? Warum hat sie dabei einen Fehler begangen?
4. Um weitere Unklarheiten zu vermeiden, verschafft sich die Kassiererin einen Überblick über den Preis, der jeweils für die Anzahl der Paare zu bezahlen ist.

Sockenpaare	2	4	5	6	7	8	9	10	11	12	13	14	15
Preis in Euro	3	6	7	?	?	?	?	?	13	?	?	?	?

Übertrage ihre Tabelle und das zugehörige Diagramm in dein Heft. Vervollständige beide und halte dich dabei genau an die Vorgaben der abgebildeten Preisliste.
Wie viele Paar Socken bekommt man für 15 Euro?

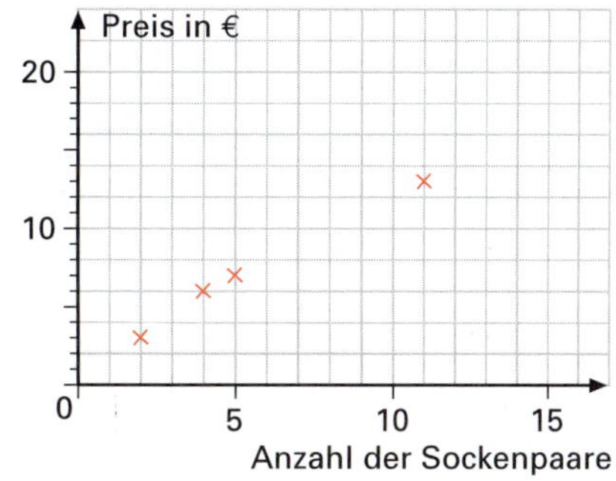

5. Zu welchen Merkwürdigkeiten führen die drei Preisangaben des Sonderangebots, wenn man nur mit ihnen die Preise der anderen Möglichkeiten ausrechnet? Warum ist das so?

2.1 Der Funktionsbegriff

Mit Funktionen Zusammenhänge beschreiben

In unserer Welt laufen Vorgänge ab: Ein Baum wächst heran, aus Rohstoffen werden Waren produziert usw. Ursachen ziehen Wirkungen nach sich. Die Biologie und die Physik erklären Ursachen, die Mathematik dagegen nicht. Sie benutzt messbare Größen, um Zusammenhänge genauer zu beschreiben (Aufgaben 1 bis 5).

Beispiel 1

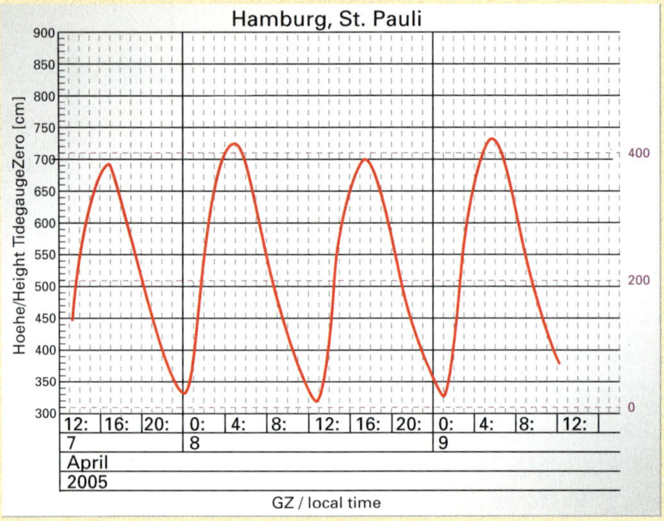

Ebbe und Flut lassen den Wasserstand im Hamburger Hafen steigen und fallen. Das oben abgebildete Diagramm zeigt die Höhe des Wasserstandes in Abhängigkeit von der Zeit vom 7. April bis 9. April des Jahres 2005. Jedem Zeitpunkt wird ein Wasserstand zugeordnet; z. B. betrug er am 8. April 2005 um 4.00 Uhr 700 cm.

Mithilfe des **Zuordnungspfeils** schreiben wir dafür kürzer:

$8.4.05, 4^{00} \mapsto 700\,\text{cm}$.

Für das Diagramm bedeutet das, dass wir zu jedem Wert der x-Achse einen y-Wert ablesen können.

Im Beispiel und in den Aufgaben 1 bis 5 zieht jeder Wert der einen Größe **genau einen** Wert der anderen Größe nach sich. Jedem Wert der einen Größe ist **genau ein** Wert der anderen Größe zugeordnet. Die Zuordnung ist **eindeutig**. Im Beispiel ist aber die umgekehrte Zuordnung „Wasserstand $\mapsto$ Zeitpunkt" nicht eindeutig (Aufgabe 6). Zu einem Wasserstand gibt es mehrere Zeitpunkte. Eindeutige Abhängigkeiten sind leichter zu beschreiben. Diese erhalten in der Mathematik einen besonderen Namen. In Anlehnung an die französische Wendung „*en fonction de*" – „*in Abhängigkeit von*" – nennt man sie Funktion.

Eine eindeutige Zuordnung heißt **Funktion**.
Wird der Größe x die Größe y eindeutig zugeordnet, schreiben wir dafür mit dem **Zuordnungspfeil**: $x \mapsto y$ (gelesen: „x wird y zugeordnet").

Mit dem Funktionsbegriff verbundene Bezeichnungen

Beispiel 2 Der freie Fall ist eine beschleunigte Bewegung. Lässt man einen Stein in einen 80 m tiefen Brunnen fallen, so nimmt seine Geschwindigkeit ständig zu. Zu jeder Fallzeit x (in Sekunden) gehört genau eine Fallstrecke y (in Metern). Die Zuordnung $x \mapsto y$ ist eine Funktion, die Fallfunktion f.

Zu jedem frei wählbaren Wert der Variablen x gibt es genau einen davon abhängigen Wert für y. Dieser durch die Funktion f bestimmte Wert wird mit **f(x)** (gelesen: „f von x") oder y bezeichnet und heißt **Funktionswert**.

In der folgenden **Wertetabelle** sind zu x = 0; 1; 2; 3; 4 Sekunden die Funktionswerte y Meter angegeben:

Fallzeit x in s	0	1	2	3	4
Fallstrecke y in m	0	5	20	45	80

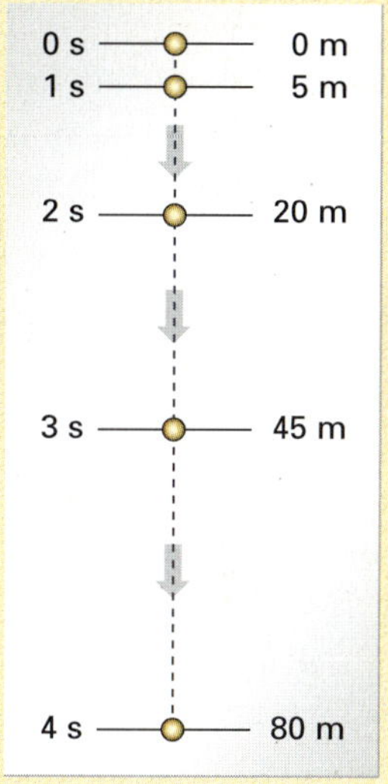

Da eine beschleunigte Bewegung vorliegt, sind Fallweg und Fallzeit nicht proportional. Der Fallweg wächst stärker. Eine Skizze der Fallwege nach 1 s, … 4 s zeigt das deutlich.

Zur doppelten Zeit gehört der vierfache Weg, zur dreifachen Zeit der neunfache Weg, zur vierfachen Zeit der 16fache Weg. Die Fallstrecke y hängt quadratisch von der Fallzeit x ab. Ein Blick auf die Tabelle zeigt: y ist das Fünffache von x^2. Also: $y = 5x^2$.

Das ist die **Gleichung der Fallfunktion f**. Der auf der rechten Seite der Gleichung stehende Term $5x^2$ heißt **Funktionsterm**.

Nicht jede Funktion lässt sich durch einen Term beschreiben. Wir können z. B. keinen Term aufstellen, der den Temperaturverlauf an einem Ort in Abhängigkeit von der Zeit angibt.

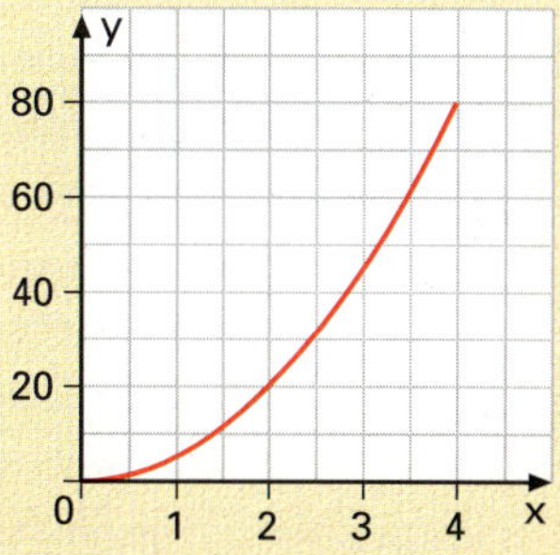

Übersichtlicher als Tabellen oder Terme sind grafische Darstellungen. Das x-y-Diagramm einer Funktion nennt man nach dem griechischen Wort *gráphein* für *zeichnen* auch **Graph** der Funktion. Mithilfe der Tabelle und Zwischenwerten, die wir mit der

Gleichung berechnen, zeichnen wir den Graphen G der Fallfunktion f. Wir sehen hier sofort: Der Graph G ist keine Halbgerade durch den Ursprung. Also sind x und y nicht proportional. G ist Teil einer Kurve, die man **Parabel** nennt.

Abhängige Größen beschreiben wir in der Mathematik durch Funktionen. Eine **Funktion f** ordnet jedem Wert x der einen Größe genau einen Wert y der anderen Größe zu. Der von x abhängige Wert **f(x)** bzw. y heißt **Funktionswert**.
Funktionen beschreibt man durch Texte, durch Tabellen und durch Graphen. Manche Funktionen lassen sich durch einen **Funktionsterm** bzw. durch eine **Funktionsgleichung** beschreiben.

Aufgaben

1 Who is who?

In der folgenden Tabelle sind für die drei Städte München, Sydney und Tokio die Monatsmittelwerte der Lufttemperatur T in °C angegeben. Dabei sind die Monate von Januar bis Dezember mit 1 bis 12 bezeichnet:

	1	2	3	4	5	6	7	8	9	10	11	12
A	3,7	4,3	7,6	13,1	17,6	21,1	25,1	26,4	22,8	16,7	11,3	6,1
B	–2,1	–0,9	3,3	8,0	12,5	15,8	17,5	16,6	13,4	7,9	3,0	–0,7
C	21,9	21,9	21,2	18,3	15,7	13,1	12,3	13,4	15,3	17,6	19,4	21,0

a) Zeichne den Verlauf der Monatsmittelwerte der Lufttemperatur in Abhängigkeit von der Zeit für die Orte A, B, und C mit verschiedenen Farben in ein gemeinsames Diagramm.

b) Beschreibe den Verlauf der Kurven. Warum weicht eine Grafik ganz wesentlich von den beiden anderen Grafiken ab? „Who is A, who is B, who is C?"

c) Berechne jeweils die mittlere Jahrestemperatur. Bei welcher Stadt sind die Temperaturschwankungen am kleinsten? Warum?

2 Autorennen

Das Diagramm zeigt die Geschwindigkeit eines Rennwagens während einer Runde auf einer ebenen Rennstrecke.

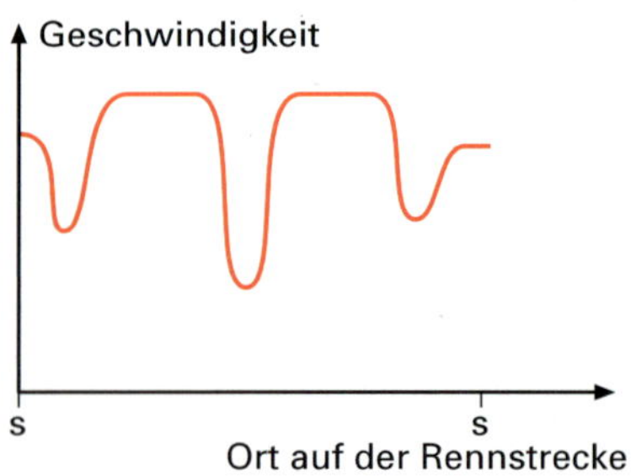

a) Beschreibe den Rennverlauf in Worten und erkläre, warum es sich dabei nicht um die erste Runde handeln kann.

b) Auf Seite 29 siehst du oben vier Rennstrecken dargestellt. Mit s ist jeweils die

Startlinie gekennzeichnet. Auf welcher dieser vier Strecken fuhr der Wagen? Begründe deine Antwort!

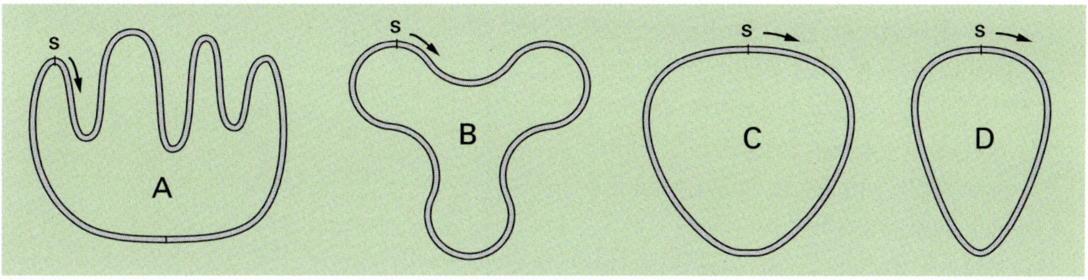

c) Zeichne für eine der übrigen Rennstrecken ebenfalls ein mögliches Ort-Geschwindigkeit-Diagramm.

③ Wer gehört zu wem?

Welches Diagramm passt zu welchem Text? Welche Größen stehen an den Achsen des Diagramms?

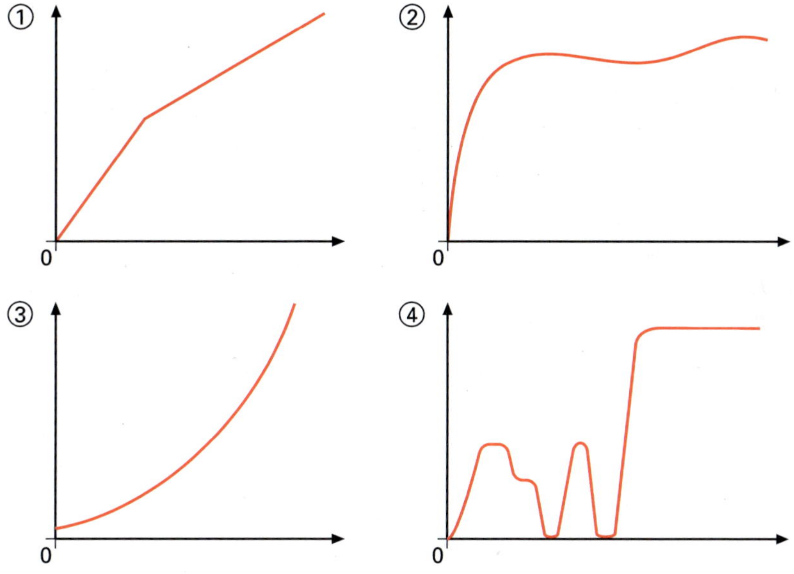

Ⓐ	Der Sprinter erreicht in zwei Sekunden eine hohe Geschwindigkeit, die er im Endspurt noch steigert.
Ⓑ	Der Bus kommt in der Stadt nur langsam voran, außerhalb dann zügig.
Ⓒ	Ab einem Kauf von 100 kg Kartoffeln gewährt der Bauer einen Rabatt von 20%.
Ⓓ	Die Anzahl der Bakterien einer Bakterienkultur verdoppelt sich jeweils innerhalb einer Stunde.

4 Grafischer Fahrplan

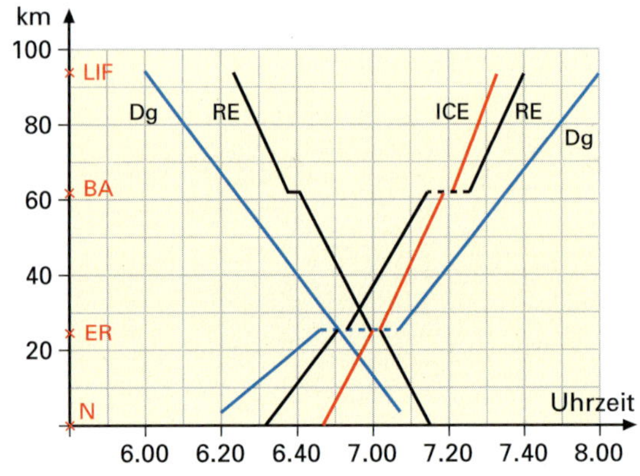

Die Abbildung zeigt einen vereinfachten Ausschnitt aus dem grafischen Fahrplan der Bahnstrecke von Nürnberg Hbf über Erlangen und Bamberg nach Lichtenfels.

a) Woran ist zu erkennen, dass es sich um eine zweigleisige Strecke handelt?

b) Gib Abfahrzeiten, Aufenthaltszeiten und Ankunftszeiten des ICE an.

c) Berechne die Geschwindigkeit des ICE, des Regionalexpresses RE und des Güterzuges Dg für die Strecke Erlangen-Bamberg.

d) Wo finden Überholvorgänge statt? Beschreibe diese.

e) Wo starten bzw. enden Güterzüge in Nürnberg?

5 Fallschirmspringer

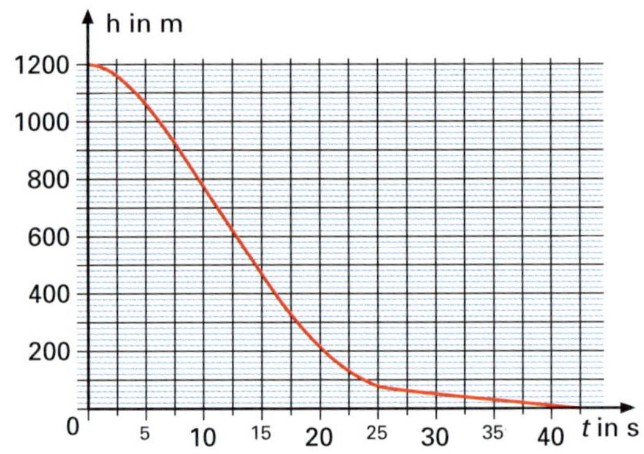

Das rechts abgebildete Diagramm zeigt, in welcher Höhe h über der Erde sich ein Fallschirmspringer zur Zeit t nach dem Absprung befindet.

a) In welcher Höhe h verlässt der Springer das Flugzeug? In welcher Höhe befindet er sich nach 5, 10, 15, ... Sekunden? Wie lang dauert der Fallschirmsprung?

b) Beschreibe mit dem Absprung beginnend, ob die Geschwindigkeit während des Sprungs zunimmt, gleich bleibt oder abnimmt. In welcher Höhe und zu welchem Zeitpunkt öffnet der Springer den Fallschirm?

c) Wann hat der Springer seine größte Fallgeschwindigkeit erreicht? Wie groß ist diese ungefähr? Warum wächst diese dann nicht weiter an? Zu welchem Zeitpunkt würde er auf dem Boden auftreffen, wenn sich der Fallschirm nicht öffnen würde?

d) Mit welcher Geschwindigkeit sinkt der Springer mit geöffnetem Fallschirm dem Boden entgegen?

6 Mehrdeutig!

Das Diagramm auf Seite 26 zeigt den Wasserstand im Hamburger Hafen in Abhängigkeit von der Zeit.

a) Zeichne das Diagramm zur umgekehrten Zuordnung „Wasserstand $\mapsto$ Zeit". Trage nach rechts den Wasserstand und nach oben die Zeit ab.

b) Jan erzählt: „Als ich am Hafen stand, betrug der Wasserstand 5 m.“ Wann war das?

c) Wie erkennt man an einem x-y-Diagramm sofort, ob durch $x \mapsto y$ jedem x-Wert genau ein y-Wert zugeordnet wird?

7 Funktionstest

Welche der folgenden Zuordnungen sind keine Funktionen? Warum?

a) Person ↦ Schuhgröße

b) Name ↦ Körpergröße

c) Ganze Zahl ↦ Quadratzahl

d) Quadratzahl ↦ ganze Zahl

e) Zahl ↦ Betrag der Zahl

f) Quersumme ↦ natürliche Zahl

g) Dreieck ↦ Winkelsumme

h) n-Eck ↦ Winkelsumme

i) Vielfaches von 180° ↦ Anzahl der Ecken des zugehörigen n-Ecks

k) Basiswinkel ↦ Winkel an der Spitze eines gleichschenkligen Dreiecks

l) Umfang ↦ Flächeninhalt eines Rechtecks

m) Oberfläche ↦ Volumen eines Würfels

8 Graphen

Beschreibt das Diagramm eine Funktion $x \mapsto y$? Begründung!

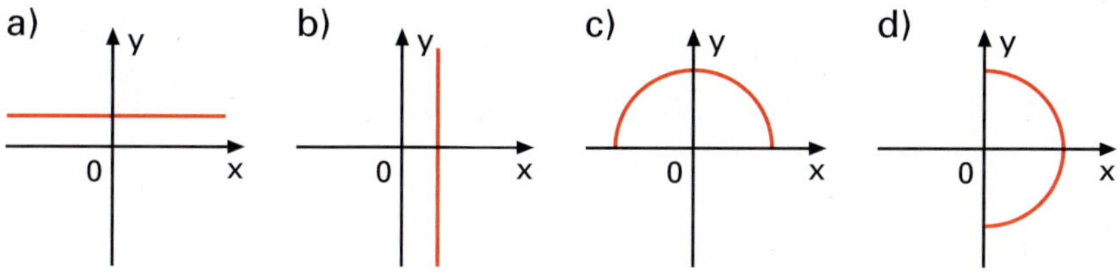

9 Proportionalitäten

Auch bei der direkten und indirekten Proportionalität handelt es sich um Funktionen: Dem n-fachen Wert der einen Größe ist der n-fache Wert bzw. der n-te Teil der anderen Größe zugeordnet.

a) Wie lautet die Funktionsgleichung zweier direkt proportionaler Größen x und y? Wie sieht der zugehörige Funktionsgraph aus? Gib ein Beispiel an.

b) Wie lautet die Funktionsgleichung zweier indirekt proportionaler Größen x und y? Wie sieht der zugehörige Funktionsgraph aus? Gib ein Beispiel an.

10 Die Betragsfunktion

Die Funktion f, die jeder rationalen Zahl x ihren Betrag $|x|$ zuordnet, heißt Betragsfunktion.

a) Lege eine Wertetabelle an und gib für das Intervall von –3 bis 3 mit einer Schrittweite von 0,5 die Funktionswerte $|x|$ an.

b) Zeichne den Graphen der Betragsfunktion im Intervall $-3 \leq x \leq 3$.

11 Känguru und Hürdenläufer

Wenn ein Lebewesen beim Laufen seine Geschwindigkeit v erhöht, vergrößert es entweder seine Schrittlänge l, seine Zahl n der Schritte pro Sekunde oder beides.

Biologen haben entdeckt, dass das Känguru bei Geschwindigkeiten von $10\,\frac{km}{h}$ bis $50\,\frac{km}{h}$ nur seine Schrittlänge l verändert, nicht aber seine Schrittzahl n pro Sekunde.

a) Bei der Geschwindigkeit $10\,\frac{km}{h}$ beträgt die Länge eines Sprungs 1,2 m. Wie viele Sprünge macht das Känguru in einer Sekunde?

b) Lege eine Wertetabelle mit der Geschwindigkeit v in $\frac{km}{h}$, der Länge eines Sprungs l in m und der Zahl n der Sprünge pro Sekunde an. Gib zu den Geschwindigkeitswerten $10\,\frac{km}{h}$, $20\,\frac{km}{h}$, …, $50\,\frac{km}{h}$ jeweils l und n an.

c) Wir betrachten die Funktionen $v \mapsto l$ und $v \mapsto n$ für Geschwindigkeiten von 10 bis $50\,\frac{km}{h}$. Zeichne ihre Graphen.

Bei einem 110-m-Hürdenläufer ist das Laufverhalten „umgekehrt“: Zwischen den 10 Hürden, die etwa in einem Abstand von 9 m stehen, macht er stets drei Schritte.

d) Wie unterscheiden sich die Werte für l und n eines schnelleren Läufers von den Werten eines langsameren Läufers?

e) Skizziere für einen Hürdenläufer die Graphen der Funktionen $v \mapsto l$ und $v \mapsto n$.

12 Wenn die Welt ein Dorf mit 100 Einwohnern wäre …

… und die Weltbevölkerung des Jahres 2000 von etwa 6 Milliarden Menschen wäre im richtigen Verhältnis verkleinert worden, dann wären davon

12 Europäer,
14 Afrikaner,
14 Amerikaner (5 Nord- und 9 Latein-) und
60 Asiaten.

Wie sich die einzelnen Bevölkerungsgruppen weiterentwickeln, hängt von den jeweiligen Lebensbedingungen ab. Heute geht man näherungsweise davon aus, dass in diesem Dorf bis zum Jahr 2050 alle 25 Jahren die Europäer um 1 Person weniger würden, hingegen die Afrikaner um 9 Personen, die Amerikaner um 3 Personen und die Asiaten um 14 Personen mehr würden.

a) Um wie viel Prozent nehmen die einzelnen Bevölkerungsgruppen in 25 Jahren gegenüber dem Jahr 2000 ab bzw. zu?

b) x ist die Anzahl der Jahre, die seit dem Jahr 2000 verstrichen sind. Gib die Abnahme y_{Eu} der Europäer, die Zunahme der Afrikaner y_{Af}, die Zunahme der Amerikaner y_{Am} und die Zunahme der Asiaten y_{As} in Abhängigkeit von x an ($2000 \leq x \leq 2050$).

c) Gib die Gesamtzahl y der Personen des Dorfes in Abhängigkeit von x an. Um wie viel nimmt die Anzahl der Dorfbewohner pro Jahr zu?

d) Zeichne den Graphen der Funktion $x \mapsto y$ für die Zeit von 2000 bis 2050.

e) Wie viele Menschen leben im Jahr 2050 im Dorf? Um wie viel Prozent hat die Bewohnerzahl gegenüber dem Jahr 2000 zugenommen?

f) Wie viele Menschen leben voraussichtlich im Jahr 2050 auf der Erde?

13 Funktionsgleichungen gesucht!

Überprüfe zunächst, ob x und y direkt oder indirekt proportional sind. Versuche dann die Funktionsgleichung $y = f(x)$ aufzustellen.

	x	0	1	2	3	4	5
a)	y	0	3	6	9	12	15
b)	y	–	1	$\frac{1}{2}$	$\frac{1}{3}$	$\frac{1}{4}$	$\frac{1}{5}$
c)	y	–	2	1	$\frac{2}{3}$	$\frac{1}{2}$	$\frac{2}{5}$
d)	y	0	−2	−4	−6	−8	−10
e)	y	3	1	−1	−3	−5	−7
f)	y	−3	−2	−1	0	1	2
g)	y	0	1	4	9	16	25
h)	y	0	2	8	18	32	50
i)	y	1	2	5	10	17	26

14 Bergauf und bergab

Ein zerstreuter Professor wanderte über die links abgebildete Bergkette von einer Hütte zu einem See. Ab und zu verlor er etwas. Wenn er den Verlust bemerkte, kehrte er um und sammelte den Gegenstand wieder ein. Sein mitgeführter Höhenmesser zeichnete sein Auf und Ab in Abhängigkeit von der Zeit t auf (rechte Abb.).

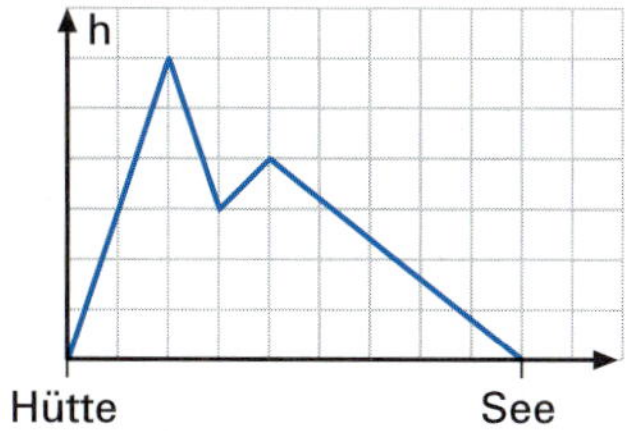

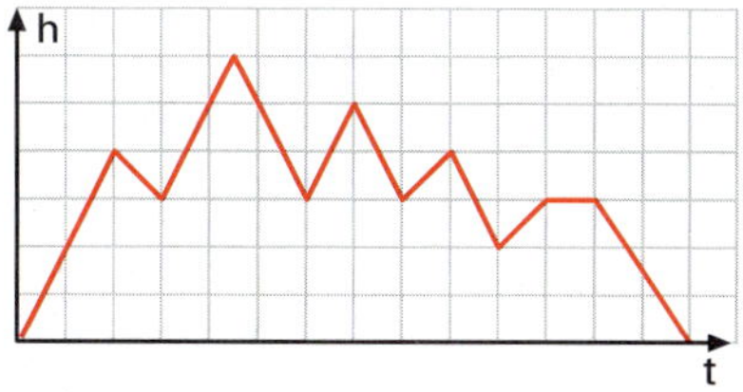

Wie oft ist er auf dem Weg von der Hütte zum See umgekehrt?
a) zweimal b) dreimal c) viermal d) fünfmal e) neunmal

Zum Intensivieren

15 Die Funktion als Maschine

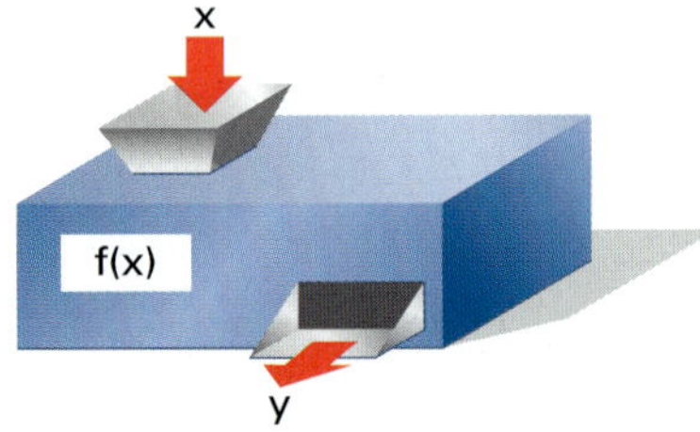

Funktionen kann man sich auch als Maschinen vorstellen, in die man Zahlen x eingeben kann. Mit einem Rechenprogramm werden die eingegebenen Zahlen verarbeitet. Die eindeutig berechnete Zahl y wird dann ausgegeben.

a) Caro zahlt für ihr Handy eine monatliche Grundgebühr von 11,90 Euro und einen Preis pro Minute von 0,58 Euro. Bezeichnet man mit x die Dauer der monatlichen Telefongespräche in Minuten und mit y die monatlichen Gebühren, dann ist die Zuordnung $x \mapsto y$ eindeutig und damit eine Funktion. Mithilfe der Funktionsgleichung $y = 11{,}90 + 0{,}58x$ kann man Werte berechnen. Diese Funktion können wir auch als Programm in einer Tabellenkalkulation simulieren. Vollziehe die folgenden Schritte auf deinem Computer nach:

In die Felder der ersten Zeile geben wir Werte für x ein. In das Feld A2 geben wir unsere Funktionsgleichung mit dem Gleichheitszeichen beginnend ein:

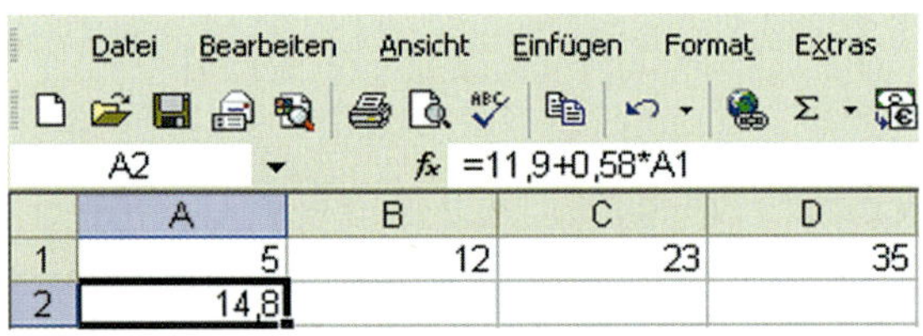

	A	B	C	D
1	5	12	23	35
2	14,8			

Nach Drücken der Return-Taste erhalten wir im Feld A2 den für x = 5 berechneten y-Wert. Wenn wir mit der Maus nun an die rechte untere Ecke des schwarzen Kästchens gehen und dieses über die Felder nach rechts ziehen, kopiert sich die Funktionsgleichung in alle Felder der zweiten Zeile und wir erhalten für alle x-Werte die zugehörigen y-Werte:

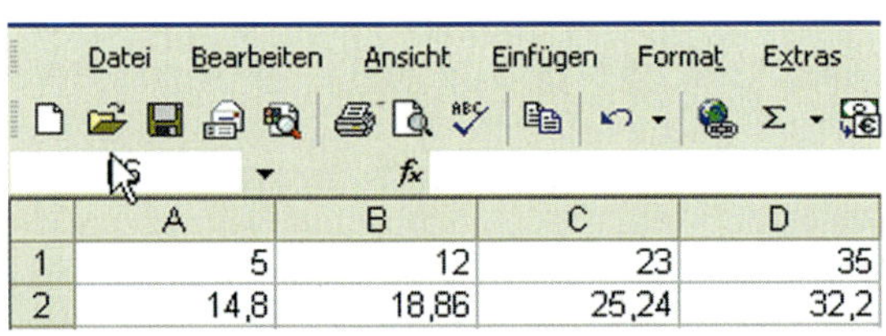

	A	B	C	D
1	5	12	23	35
2	14,8	18,86	25,24	32,2

b) Erstelle selbst eine Funktion in Form eines Rechenprogramms, das für die Funktion mit der Gleichung $y = 2x + 5$ eine Wertetabelle für $x = -4, -3, \ldots, 4$ erstellt.

c) Welche Maschine arbeitet genau umgekehrt wie die „$2x + 5$"-Maschine? Gib die zugehörige Funktionsgleichung an.

2.2 Der Flächeninhalt des Kreises

Die Formel

Jonas hat großen Hunger. In der Pizzeria „Dino" steht er vor der Frage, ob er zwei Schinkenpizzas mit dem Radius 10 cm zu je 5 € oder eine Schinkenpizza mit dem Radius 14 cm zu 10 € bestellen soll. Was ist vorteilhafter? Für die Entscheidung, welche Fläche größer ist, benötigt Jonas die Formel für die Kreisfläche.

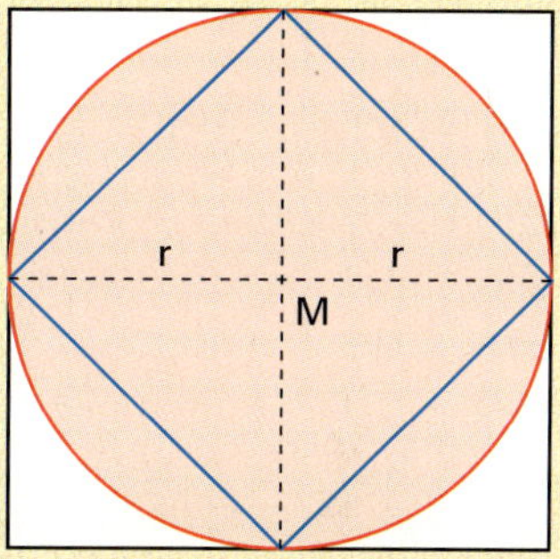

Diese schätzen wir zunächst ab: Die Fläche einer Pizza ist kleiner als die Grundfläche der Schachtel, in der sie geliefert wird. Mathematisch ausgedrückt: Die Kreisfläche A_{Kreis} ist kleiner als die Fläche des umbeschriebenen Quadrats. Da dessen Seitenlänge 2r ist, ist A_{Kreis} kleiner als $(2r)^2 = 4r^2$.

Klappen wir die vier Eckpunkte des umbeschriebenen Quadrats so nach innen, dass sie mit dem Mittelpunkt M zusammenfallen, erhalten wir ein einbeschriebenes Quadrat. Sein Flächeninhalt ist halb so groß wie der des ursprünglichen Quadrats, also $2r^2$. Die Kreisfläche A_{Kreis} ist größer als $2r^2$.

Die Kreisfläche A_{Kreis} lässt sich folglich durch $2r^2 < A_{Kreis} < 4r^2$ abschätzen. Das legt die Vermutung nahe: A_{Kreis} ist gleich $3r^2$, oder vielleicht πr^2?

Um diese Vermutung zu überprüfen, schneiden wir einen Kreis aus und falten ihn so, dass 16 gleich große, Tortenstücken ähnliche Teile entstehen. Aus den Stücken legen wir eine Figur, deren Flächeninhalt wir berechnen können:

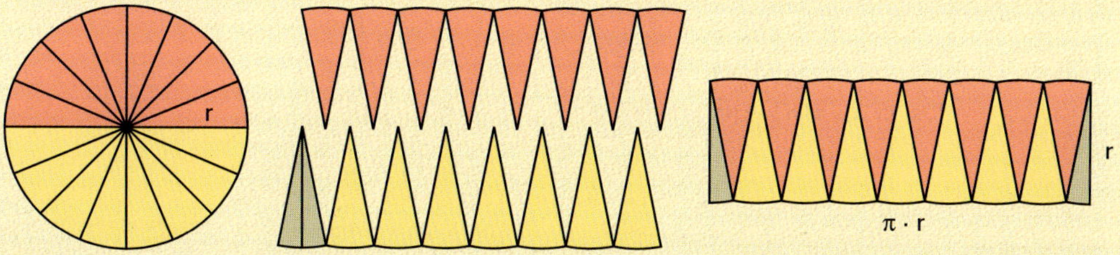

Die Breite b der Figur ist r. Die Länge l der gewellten Linie ist der halbe Kreisumfang: $l = \frac{1}{2} \cdot \pi \cdot d = \pi \cdot r$. Erhöhen wir die Anzahl der Stücke von 16 auf 32, von 32 auf 64, von 64 auf 128, …, so flachen die Wellenlinien ab und strecken sich mehr und mehr zu einer nahezu geraden Linie. Wir erhalten näherungsweise ein Rechteck mit der Breite b und der Länge l:

$$A_{Kreis} = A_{Rechteck} = l \cdot b = \pi \cdot r \cdot r = \pi \cdot r^2.$$

Flächeninhalt des Kreises

Ein Kreis mit dem Radius r hat den Flächeninhalt: $A_{Kreis} = \pi \cdot r^2$

Damit kann Jonas seine Entscheidung treffen:
Eine kleine Pizza hat den Flächeninhalt $A_{klein} = \pi \cdot r^2 = \pi \cdot (10\,cm)^2 \approx 314\,cm$,
eine große Pizza hat den Flächeninhalt $A_{groß} = \pi \cdot r^2 = \pi \cdot (14\,cm)^2 \approx 616\,cm$.

Die beiden kleinen Pizzas sind um $12\,cm^2$, d. h. um einen „Bissen“, größer als die große Pizza.

Der Flächeninhalt als quadratische Funktion des Radius

Zu jedem Radius r kann eindeutig der zugehörige Flächeninhalt A des Kreises berechnet werden: $A = \pi \cdot r^2$. A ist eine **quadratische Funktion** von r. Der Graph der Funktion ist Teil einer Parabel. Mithilfe des Graphen kann auch umgekehrt zu einem bekannten Flächeninhalt A der zugehörige Radius bestimmt werden.

Beispiel

Eine rechteckige Familienpizza hat einen Flächeninhalt von $1250\,cm^2$. Wie groß wäre ihr Radius, wenn sie rund wäre?

Wir zeichnen mithilfe einer Wertetabelle (Aufgabe 11) den Graphen der Funktion $r \mapsto A$ und lesen ab: $r \approx 20\,cm$.

Auch rechnerisch können wir für r nur einen Näherungswert bestimmen:

$A = \pi \cdot r^2$

$r^2 = \frac{A}{\pi} = \frac{1250\,cm^2}{3,14} \approx 398,1\,cm^2$

Da $r^2 \approx 400\,cm^2$ ist, folgt $r \approx 20\,cm$.

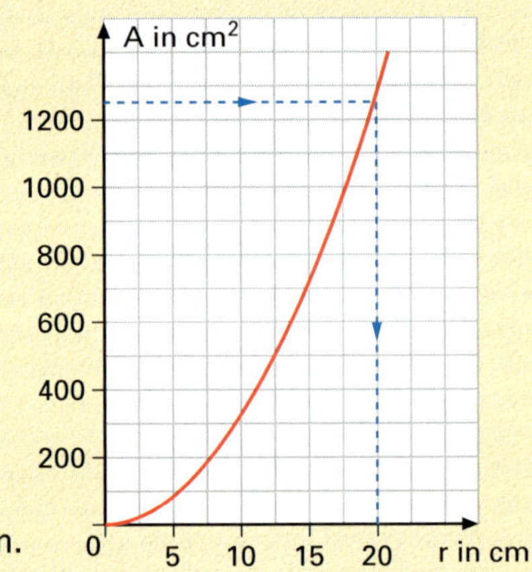

Aufgaben

1 **Berechnungen am Kreis**

Von einem Kreis mit dem Radius r, dem Durchmesser d, dem Umfang u und dem Flächeninhalt A ist jeweils eine der Größen bekannt. Berechne die drei anderen Größen.

a) $r = 8\,m$ b) $d = 1\,km$ c) $u = 0,785\,m$ d) $u = 40\,000\,km$
e) $A = 706,5\,cm^2$ f) $A = 0,785\,m^2$ g) $A = 3,14\,a$ h) $A = 28,26\,ha$

2 Münzen

Miss den Durchmesser und berechne Umfang und Flächeninhalt einer

a) 1-Cent-Münze b) 10-Cent-Münze c) 1-Euro-Münze.

3 Kreis und Kreisring

Der Durchmesser des kleinen Kreises beträgt 5 cm, der des großen 7 cm.

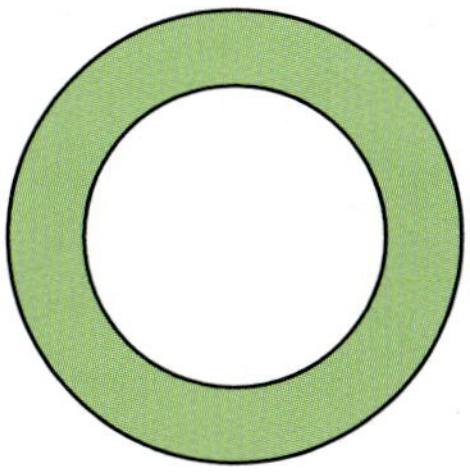

a) Wer besitzt den größeren Flächeninhalt, der kleine Kreis oder der Kreisring?

b) Um wie viel Prozent ist die kleinere Fläche kleiner als die größere Fläche?

4 Von Kreisbögen begrenzte Figuren

Zeichne folgende Figuren zunächst in dein Heft und berechne anschließend jeweils Umfang und Flächeninhalt der farbigen Figur. Ein Kästchen ist 0,5 cm lang und 0,5 cm breit.

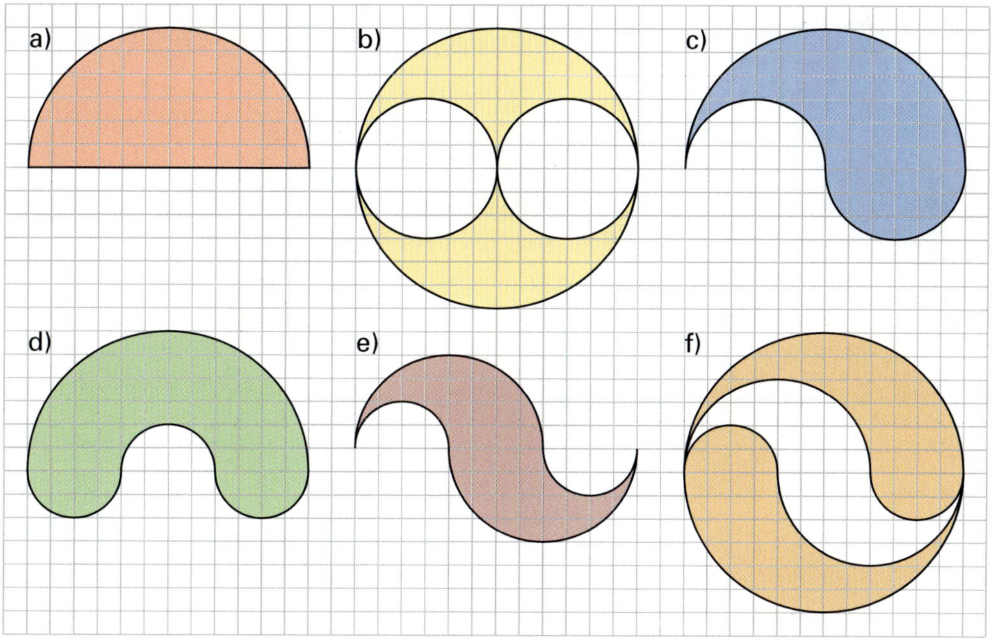

5 Pizza-Express

In einer Pizzeria kostet eine Pizza Margaritha mit einem Radius von r = 10 cm 5 Euro. Jede der Zutaten Schinken, Champignons und Salami kostet für diese Größe 50 Cent extra. Bei gleichem Belag sind Preis und Fläche proportional.

a) Was kostet eine Schinken-Champignon-Pizza mit r = 15 cm? Um wie viel Prozent haben sich Preis bzw. Fläche erhöht?

b) Was kostet eine Minipizza (Salami, Schinken) mit r = 5 cm?

6 Bleiverglasung

Glaser Thomas soll einen quadratischen Fensterrahmen der Seitenlänge 120 cm mit farbigen, kreisförmigen Glasscheiben verglasen. Da er zwischen den Glasscheiben möglichst wenig Blei benutzen will, überlegt er sich, ob die Bleifläche mit der wachsenden Anzahl der Glasscheiben ab- oder zunimmt.

a) Was vermutest du?

b) Berechne zu den drei gezeichneten Fällen jeweils die Glas- und die Bleifläche. Wie viel Prozent der gesamten Fensterfläche sind das jeweils?

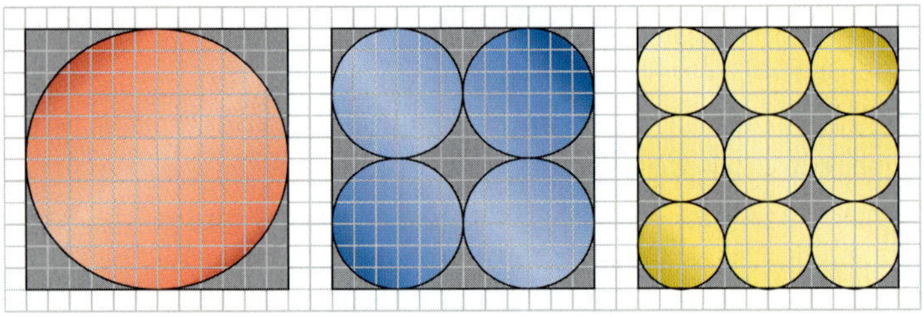

c) Welche Anzahl von Glasscheiben würdest du Thomas empfehlen?

7 Umfang und Flächeninhalt als Funktionen des Radius

a) Übertrage die Wertetabelle in dein Heft und berechne die Werte für den Umfang u und den Flächeninhalt A eines Kreises mit dem Radius r.

r in cm	0	0,5	1,0	1,5	2,0	2,5	3,0
u in cm	?	?	?	?	?	?	?
A in cm²	?	?	?	?	?	?	?

b) Zeichne die Graphen der Funktionen $r \mapsto u$ und $r \mapsto A$.

c) Wie viele Kreise mit dem Radius 1 cm haben zusammen den gleichen Umfang bzw. Flächeninhalt wie ein Kreis mit dem Radius 3 cm?

d) Berechne den Flächeninhalt eines Kreises, dessen Radius halb so groß ist wie der eines Kreises mit 78,5 cm² Flächeninhalt.

8 Qual der Wahl

a) Suche zu jedem Graphen die passende Funktionsgleichung aus:

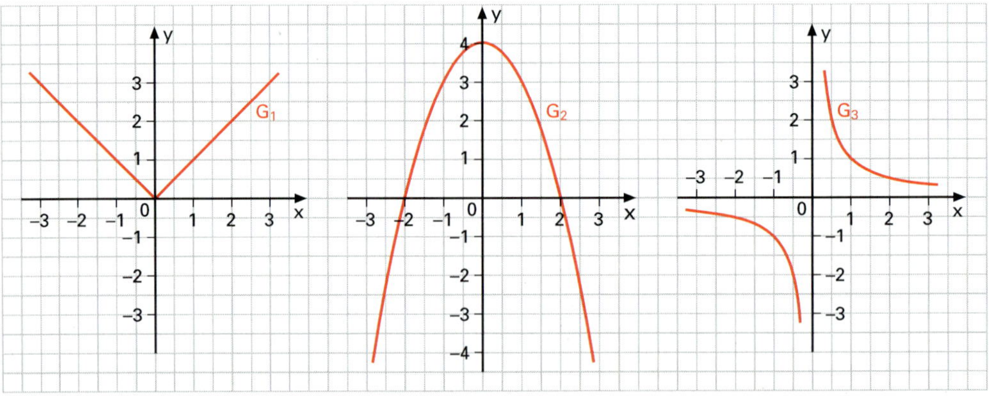

$y = x$; $y = x^2$; $y = |x|$; $y = (2 + x)(2 - x)$; $y = x^2 + 4$; $y = 4 - x^2$;

$y = \frac{1}{x}$; $y = \frac{1}{x^2}$; $y = \frac{1}{x^3}$

b) Lies aus den Graphen ab, welche x-Werte den Funktionswert $y = 2$ besitzen.

c) Bestimme die x-Werte mit dem Funktionswert Null: $f(x) = 0$

9 Die Quadratfunktion

Die Funktion f, die jeder rationalen Zahl x ihr Quadrat x^2 zuordnet, heißt Quadratfunktion.

a) Lege eine Wertetabelle an und berechne für das Intervall von −3 bis 3 mit einer Schrittweite von 0,5 die Funktionswerte.

b) Der Graph der Quadratfunktion heißt Parabel. Zeichne die Parabel im Intervall $-3 \leq x \leq 3$.

10 Hundeleben

Schäfer Schorsch hat seine Schafe während der Nacht in einem 12 m langen und 10 m breiten Pferch eingesperrt und seinen Hund an einer Ecke des Schafpferches mit einer 15 m langen Leine angebunden.

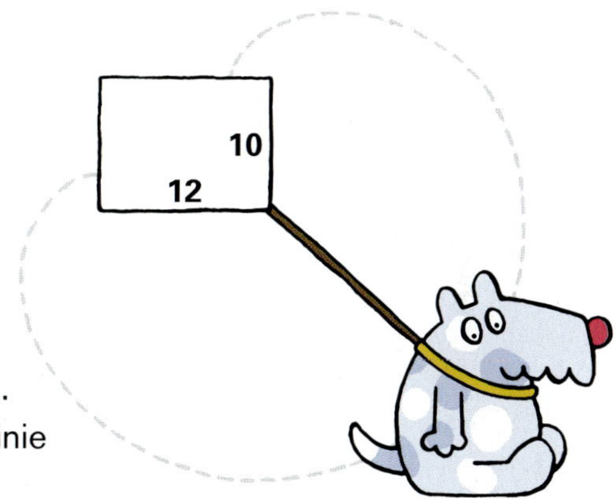

a) Konstruiere die Begrenzungslinie des Bereichs, der dem Hund zugänglich ist.

b) Berechne die Länge der Begrenzungslinie dieses Bereichs.

c) Berechne den Flächeninhalt dieses Bereichs.

Zum Intensivieren

11 Tabellenkalkulation

a) Erstelle mithilfe einer Tabellenkalkulation eine Wertetabelle für die Funktion $A(r) = \pi r^2$ für das Intervall $0 \leq r \leq 20$ mit der Schrittweite 2,5.
Dazu musst du in das eingerahmte Feld die Formel „=B1 ^2*3,14" eingeben, auf Return drücken und anschließend den schwarzen Rahmen an der rechten unteren Ecke bis zum Feld J2 ziehen.

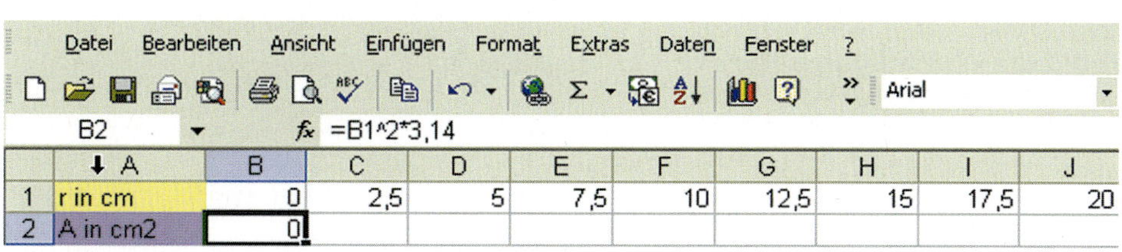

	A	B	C	D	E	F	G	H	I	J
1	r in cm	0	2,5	5	7,5	10	12,5	15	17,5	20
2	A in cm2	0								

b) Überlege dir eine geeignete Skalierung der Achsen und zeichne den zugehörigen Graphen.

c) Überprüfe anhand des Graphen, wie sich die Fläche A bei einer Verdreifachung von r verändert.

d) Bestimme mithilfe des Graphen den Radius eines Kreises mit $A = 200\,\text{cm}^2$, $A = 800\,\text{cm}^2$ bzw. $A = 1250\,\text{cm}^2$.

12 Flächenumrechnungen

Eine rechteckige Familienpizza hat einen Flächeninhalt von $1250\,\text{cm}^2$.

a) Wie lang und wie breit könnte die Pizza sein?

b) Rechne den Flächeninhalt in m^2, dm^2 und mm^2 um.

c) Wie viele dieser Pizzas passen auf einen $3\,\text{m} \times 1{,}20\,\text{m}$ großen rechteckigen Tisch?

d) Wie viel Liter Tomatensoße braucht der Pizzabäcker für 20 solcher Pizzas, wenn er die Soße 2 mm dick auf die Pizza streicht?

e) Wie viele Scheiben Salami benötigt man für eine solche Pizza, wenn ca. 30 % der Pizza mit Salami belegt ist und die Salami einen Durchmesser von 5 cm hat?

f) Welche Fläche kann man mit 300 Schachteln für diese Pizza auslegen?

13 Grundwissen: Umrechnen von Größen

Schreibe mit der in der Klammer angegebenen Einheit:

a) 9 dm [mm]	b) 7 mm [cm]	c) 2,57 m [dm]	d) 654,7 m [km]
e) 5 cm [km]	f) $7\,\text{m}^2$ [cm^2]	g) $125\,\text{m}^2$ [a]	h) $7203\,\text{m}^2$ [ha]
i) $17\,\text{cm}^3$ [ml]	k) 854,7 l [m^3]	l) 15 ml [l]	m) $12\,\text{cm}^3$ [m^3]
n) 92 kg [g]	o) 234 g [kg]	p) 456,91 t [kg]	q) 93,502 kg [t]
r) 3 h [min]	s) 12 min [h]	t) 2 h 3 min [h]	u) 2 h 5 min [s]

14 Ziegenpeter

Peter sorgt für die Ziege Antonia. Zum Grasen hängt er sie an eine Leine, die an einem Pflock befestigt ist. Wenn die Leine 3 m lang ist, reicht das Gras der Kreisscheibe gerade aus, damit Antonia satt wird. Am Montag ist die Leine 3 m lang. An jedem weiteren Tag der Woche verlängert sie Peter jeweils um 1 m. Wird Antonia an jedem Wochentag satt?

Schweizer Pyramide,

Die längste Treppe der Welt führt auf die Schweizer Pyramide, den Berg Niesen im Berner Oberland. Neben einer der steilsten Standseilbahnen, der Niesenbahn, führen 11674 Stufen von der Talstation (700 m ü.M.) zur Bergstation. Einmal im Jahr findet ein Wettlauf auf dieser ungewöhnlichen Strecke statt.

1. Die 11674 Stufen überwinden einen Höhenunterschied von 1635 Metern. Wie hoch ist demnach eine Stufe?
2. Elena interviewt einige Teilnehmer für ihre Schülerzeitung:
   Eric: "Für 250 Höhenmeter habe ich wie geplant durchschnittlich eine halbe Stunde gebraucht."
   Urs: "Ich versuche immer, einen Rhythmus von 3 Stufen pro Sekunde zu halten. Das hat heute sehr gut funktioniert."
   Mattis: "Ich durfte bei der Mittelstation (1669 m ü. M.) anfangen, weil ich noch so jung bin. Nach 40 Minuten war ich oben!"

Elena möchte herausfinden, wer der schnellste Treppensteiger ist, und zeichnet dazu ein Diagramm. Elenas Vater hat auch teilgenommen; seinen Rennverlauf hat sie schon teilweise eingetragen.

Übertrage das vorgegebene Diagramm in dein Heft, vervollständige es und zeichne entsprechende Linien zu den Angaben der anderen Läufer ein. Verwende die angegebenen Startpunkte.

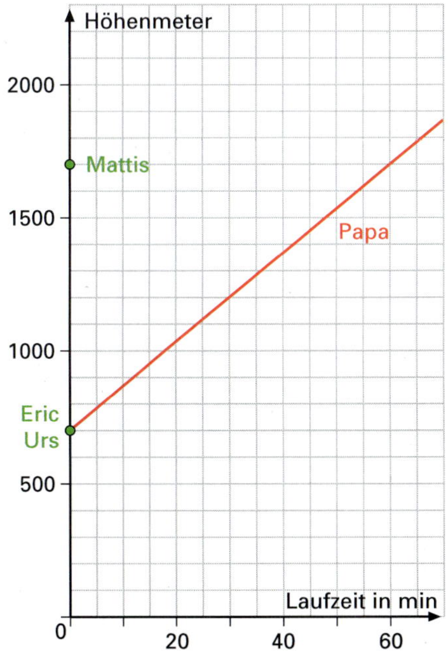

3. Lege eine Tabelle an und trage für die vier Läufer jeweils ein, wie viele Höhen-Zentimeter und wie viele Stufen jeder pro Sekunde geschafft hat. Runde dabei sinnvoll. Wer war der schnellste Treppensteiger?
4. Urs behauptet: "Mattis ist sowieso der Schnellste. Seine Linie beginnt viel weiter oben im Diagramm." Stimmt das?
5. Zwei der Läufer waren etwa gleich schnell. An welcher Eigenschaft der Geraden im Diagramm kann man das erkennen? Welche andere Eigenschaft der Geraden spielt hierfür keine Rolle?

3.1 Graphen linearer Funktionen

Die lineare Funktion

Alexander ist mit seinen Eltern in den USA im Urlaub. Im Fernsehen sieht er den Wetterbericht mit den Temperaturvorhersagen für den nächsten Tag:

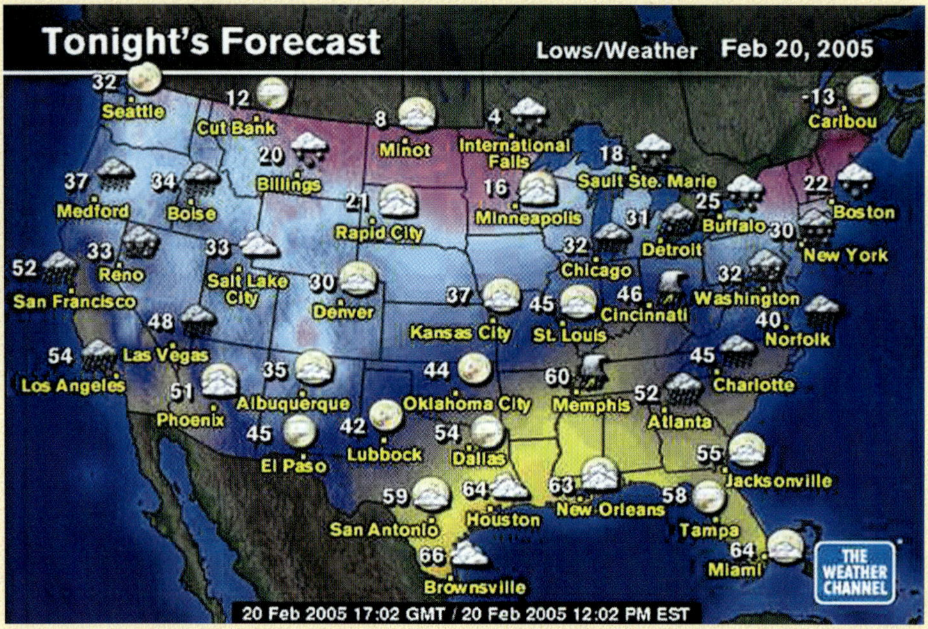

Alexander wundert sich über die Zahlen. Sein Vater erklärt ihm, dass man in den USA die Temperatur in einer anderen Einheit misst, nämlich in Grad Fahrenheit.

Um die Temperatur z. B. in Phoenix in °C zu ermitteln, betrachten wir ein Thermometer mit zwei Skalen, eine für Grad Celsius und eine für Grad Fahrenheit: 50 °F entsprechen 10 °C. In Buffalo ist die Fahrenheit-Temperatur halb so groß: 25 °F. Ein Blick auf das Thermometer zeigt uns, dass die entsprechende Celsius-Temperatur aber nicht halb so groß ist, sondern mit ungefähr –4 °C sogar negativ ist. Also sind Celsius- und Fahrenheit-Temperatur nicht direkt proportional.

Um eine Umrechnungsformel für die beiden Größen zu finden, erstellen wir zunächst eine Tabelle mit Werten, die wir von den Skalen des Thermometers gut ablesen können:

Temperatur in °C	-10	0	10	20	30
Temperatur in °F	14	32	50	68	86

Aus der Tabelle entnehmen wir, dass eine Erhöhung um 10 °C jeweils eine Erhöhung um 18 °F nach sich zieht.

Um eine Gleichung zwischen der Celsius- und der Fahrenheit-Temperatur zu finden, tragen wir die Werte der Tabelle in ein Koordinatensystem ein:
Alle fünf Punkte liegen auf einer Geraden. Diese verläuft nicht durch den Ursprung, da die Temperaturwerte nicht direkt proportional sind. Die Zuordnung

Celsius-Temperatur $\mapsto$ Fahrenheit-Temperatur

ist aber eindeutig und damit eine Funktion.

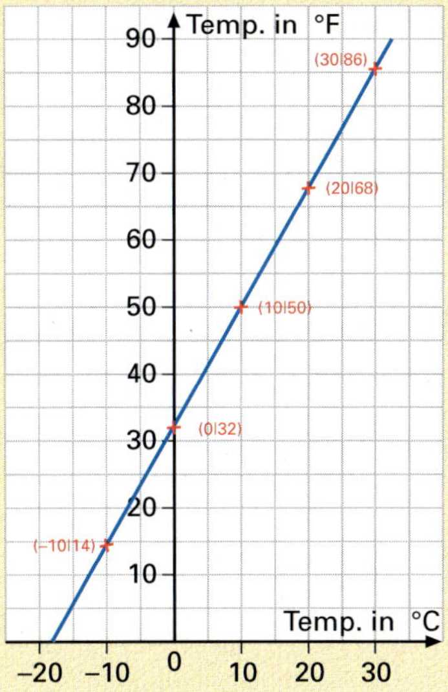

Eine Funktion, deren Graph eine Gerade ist, heißt **lineare Funktion**.

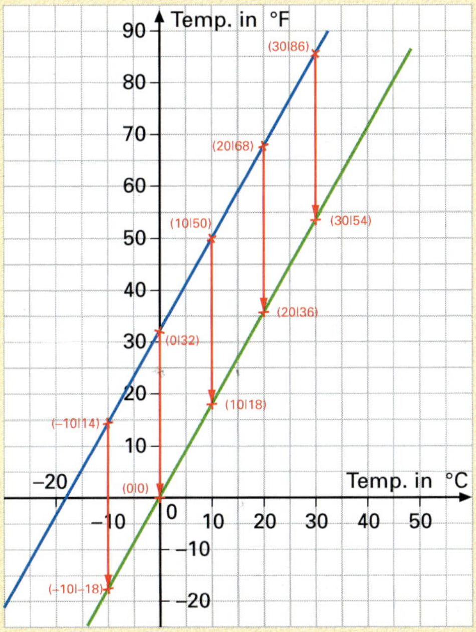

Um die gesuchte Gleichung der linearen Funktion aufzustellen, verschieben wir zunächst jeden der fünf Punkte um 32 Einheiten nach unten und erhalten so eine Ursprungsgerade. Diese beschreibt eine Proportionalität. Den zugehörigen Proportionalitätsfaktor m berechnen wir als Quotient $\frac{y}{x}$ der jeweiligen Wertepaare: $m = \frac{54}{30} = \frac{36}{20} = \frac{18}{10} = \frac{9}{5}$.

Die Gleichung für die grüne Gerade lautet somit $y = \frac{9}{5}x$.

Bei der blauen Geraden ist jeder y-Wert um 32 nach oben verschoben. Deshalb müssen wir 32 addieren, um ihre Gleichung zu erhalten: $y = \frac{9}{5}x + 32$.

Damit können wir die Celsius-Temperatur x in die Fahrenheit-Temperatur y umrechnen.

Für 25 °C, also $x = 25$, erhalten wir $y = \frac{9}{5} \cdot 25 + 32 = 9 \cdot 5 + 32 = 77$ also 77 °F.

Die blaue Gerade ist Graph einer linearen Funktion. Sie hat die Gleichung $y = \frac{9}{5}x + 32$. Die Gleichung ist von der Form $y = mx + t$. m und t vertreten im Gegensatz zu den Lösungsvariablen (Unbekannten) x und y feste rationale Zahlen. m und t bestimmen die Form der Gleichung. Man bezeichnet sie als

Parameter. Das Wort *Parameter* kommt aus dem Griechischen und bedeutet „*Nebengröße*".

y = mx ist die Gleichung einer Proportionalität und damit die Gleichung einer Geraden durch den Ursprung.

Kommt in der Gleichung y = mx noch der Summand t hinzu, so ändert dieser alle y-Werte um t. Bei positivem t wird die Ursprungsgerade nach oben, bei negativem t nach unten verschoben (Aufgabe 1). Wir erhalten eine zu y = mx parallele Gerade. Also ist der Graph jeder Funktion, deren Gleichung die Form y = mx + t hat, eine Gerade.

> Die Funktion f(x) = mx + t mit den Parametern m und t ist eine lineare Funktion.

Die Steigung und der y-Achsenabschnitt

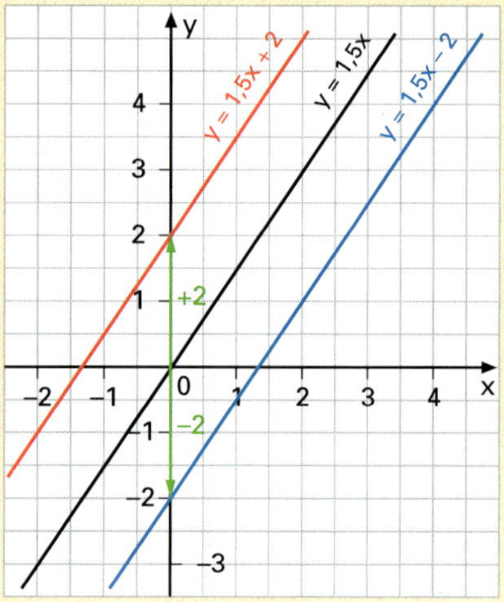

Gegenüber der Ursprungsgeraden y = 1,5x ist die Gerade y = 1,5x + 2 um 2 Einheiten nach oben, die Gerade y = 1,5x − 2 um 2 Einheiten nach unten verschoben. Die Gerade y = 1,5x + 2 schneidet deshalb die y-Achse im Wert 2, die Gerade y = 1,5x − 2 im Wert −2. Allgemein:

Die Gerade y = mx + t schneidet die y-Achse im Wert t. Deshalb heißt t auch **y-Achsenabschnitt**.

Die Bedeutung des Faktors m verdeutlicht uns Aufgabe 2. Ist m positiv, **steigt** die Gerade von links nach rechts. Sie ist umso steiler, je größer m ist. Deshalb nennt man m **Steigung** der Geraden.

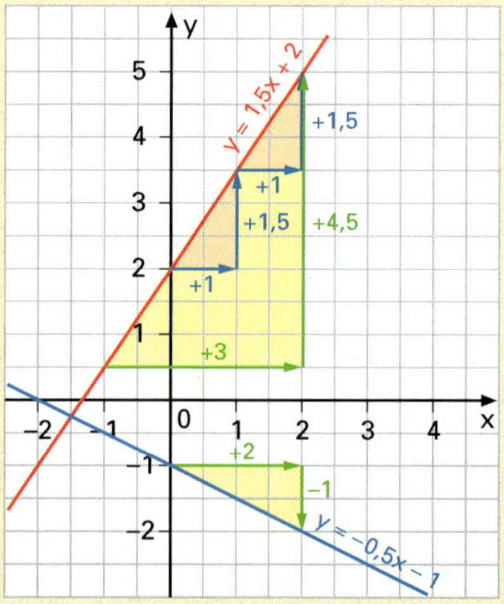

Ist m negativ, **fällt** die Gerade von links nach rechts. Wir sprechen dann von einer negativen Steigung.

Um die geometrische Bedeutung der Steigung m für eine Gerade zu finden, betrachten wir zunächst das Beispiel y = 1,5x + 2.

Starten wir auf der Geraden und gehen um +1 nach rechts, müssen wir um +1,5 nach oben gehen, um wieder auf der Geraden anzukommen. Gehen wir um 3 · (+1) = +3 nach rechts, müssen wir um 3 · (+1,5) = +4,5 nach oben gehen. Das dabei jeweils entstehende rechtwinklige Dreieck nennt man **Steigungsdreieck**. Offensichtlich ist der **Quotient „Höhenzuwachs** durch **waagrechten Zuwachs"** eines Steigungsdreiecks gleich der Steigung der Geraden:

$$m = \frac{+1{,}5}{+1} = \frac{+4{,}5}{+3} = 1{,}5$$

Um dies auch für fallende Geraden zu überprüfen, betrachten wir das Beispiel $y = -0{,}5x - 1$. Starten wir auf der Geraden und gehen um +2 nach rechts, müssen wir um 1 nach unten gehen. Wir sagen dazu: Der Höhenzuwachs ist negativ und schreiben −1. So erhalten wir: $m = \frac{-1}{+2} = -0{,}5$.

Die Gerade $y = mx + t$ hat die **Steigung m** und den **y-Achsenabschnitt t**. Die Steigung m ist gleich dem Verhältnis aus Höhenzuwachs durch waagrechten Zuwachs eines Steigungsdreiecks:

$$m = \frac{\text{Höhenzuwachs}}{\text{waagrechter Zuwachs}}$$

Durch zwei verschiedene Punkte verläuft eine einzige Gerade. Somit muss sich aus zwei gegebenen Punkten eindeutig die Gleichung dieser Geraden aufstellen lassen. Dabei hilft uns zunächst die Steigung m, die wir mit einem (gedachten) Steigungsdreieck ermitteln.

Beispiel

Eine Gerade verläuft durch die Punkte A(2|5) und B(4|13). Wir berechnen zunächst den Höhenzuwachs des von A und B erzeugten Steigungsdreiecks: $13 - 5$. Der zugehörige waagrechte Zuwachs ist $4 - 2$. Also ist die Steigung $m = \frac{13-5}{4-2} = \frac{8}{2} = 4$.

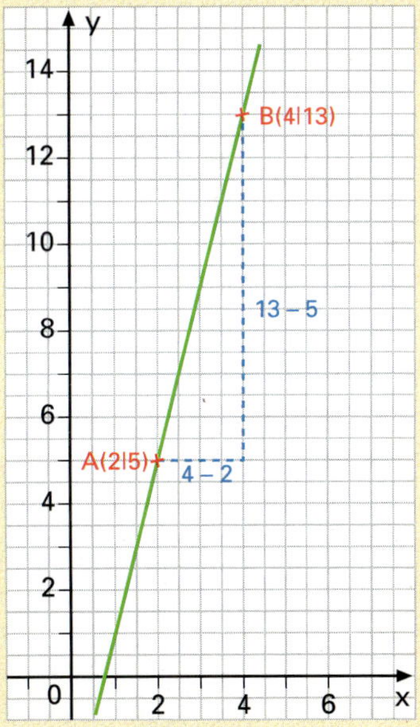

Jetzt wissen wir: $y = 4x + t$.

Da A und B auf der Geraden AB liegen, müssen ihre Koordinaten die Gleichung erfüllen.

Um t zu erhalten, setzen wir deshalb die Koordinaten von A oder von B in die Gleichung ein, z. B. für x den Wert 2 und für y den zugehörigen Wert 5. Damit erhalten wir $5 = 4 \cdot 2 + t$ bzw. $5 = 8 + t$ und folglich $t = 5 - 8 = -3$.

Die Gleichung der Geraden AB lautet somit $y = 4x - 3$.

Aufgaben

1 Gemeinsames m (für Gruppen- bzw. Expertenarbeit geeignet)

Wir betrachten die linearen Funktionen $f_1(x) = 2x$, $f_2(x) = 2x + 5$, $f_3(x) = 2x + 3{,}5$ und $f_4(x) = 2x - 1$.

a) Erstelle für die Funktionen zunächst eine Wertetabelle mit den x-Werten −2, −1, 0, 1, 2 und zeichne anschließend ihre Graphen in ein gemeinsames Koordinatensystem.

b) Beschreibe ihre gegenseitige Lage.

c) Es sei m ein fester Wert (eine Konstante). In welcher Reihenfolge berechnet man zu einem x-Wert mit der Gleichung $y = mx + t$ den zugehörigen y-Wert? Wie erhält man folglich aus Punkten der Ursprungsgeraden $y = mx$ Punkte der Geraden $y = mx + t$? Wie verlaufen daher beide Geraden zueinander?

2 Gemeinsames t (für Gruppen- bzw. Expertenarbeit geeignet)

Wir betrachten die linearen Funktionen $f_1(x) = x + 1$, $f_2(x) = 2x + 1$, $f_3(x) = 3x + 1$, $f_4(x) = 0x + 1$, $f_5(x) = -x + 1$ und $f_6(x) = -2x + 1$.

a) Erstelle für die Funktionen zunächst eine Wertetabelle mit den x-Werten −2, −1, 0, 1, 2 und zeichne anschließend ihre Graphen in ein gemeinsames Koordinatensystem.

b) Stell dir vor, du müsstest auf den Geraden jeweils von links nach rechts entlanglaufen. Bei welcher wäre das am einfachsten, bei welcher am anstrengendsten? Welchen Namen würdest du dem Faktor m vor dem x geben?

3 Sprechen lernen

Der Umfang des Wortschatzes eines Kindes nimmt mit dem Alter zu. Für ein Alter a zwischen 20 und 50 Monaten kann die Anzahl n der bekannten Wörter für ein normal entwickeltes Kind mit folgender Formel näherungsweise berechnet werden: $n = 60a - 900$.

a) Erstelle eine Wertetabelle mit den a-Werten 20, 25, 30, …, 50. Zeichne den zugehörigen Funktionsgraphen.

b) Wie viele Wörter lernt ein Kind vom 20. bis zum 50. Monat seines Lebens durchschnittlich pro Monat?

c) Welches Ergebnis liefert die Berechnungsformel für ein 10 Monate altes Kind? Deute das Ergebnis!

d) Wie lange würde es bei gleich bleibenden Lernfortschritten dauern, bis ein Mensch alle etwa 120 000 Wörter gelernt hat, die im Duden stehen?

4 Geraden gesucht

Zeichne mithilfe des y-Abschnitts und eines Steigungsdreiecks die Geraden mit den folgenden Gleichungen.

a) $y = 2x + 3$	b) $y = 2x - 3$	c) $y = -2x + 3$	d) $y = -2x - 3$
e) $y = 3x - 2$	f) $y = 2 - 3x$	g) $y = 1{,}2x + 4$	h) $y = 2{,}6x + 4$
i) $y = 2{,}2 - 0{,}4x$	k) $y = -1{,}8x - 0{,}1$	l) $y = \frac{3}{4}x + 1$	m) $y = \frac{1}{3}x - 2$

5 Gleichungen gesucht

Gib die Gleichungen der rechts dargestellten Geraden mithilfe des y-Abschnitts und der Steigung an.

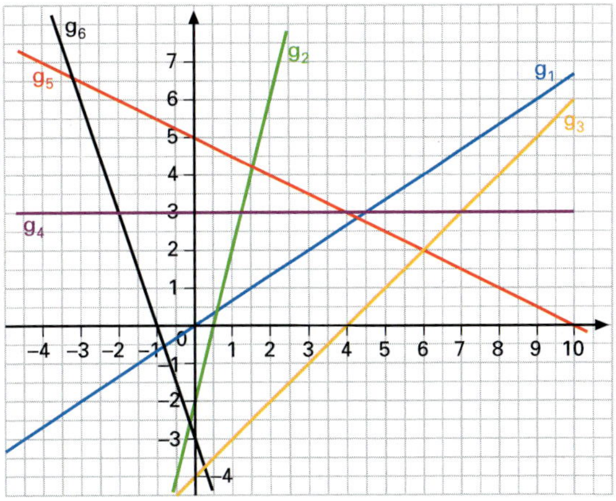

6 Besondere Geraden

Zeichne folgende Geraden in ein Koordinatensystem. Wie verlaufen diese jeweils zu den Koordinatenachsen?

a) $y = x$ b) $y = -x$ c) $y = 2$
d) $y = -1$ e) $x = 3$ f) $x = -2$

Welche dieser Geraden sind keine Funktionsgraphen?
Die Gleichung $y = x$ in der Form $y = mx + t$ lautet $y = 1 \cdot x + 0$.
Schreibe b) bis d) entsprechend.

7 Zahlenfolgen

Finde zu folgenden Zahlenpaaren jeweils einen zugehörigen Funktionsterm und entscheide anschließend, ob es sich um eine lineare Funktion handelt:

a) $(-1|0), (3|4), (4|5), (11|12), \ldots$
b) $(-2|-4), (-1|-2), (4|8), (9|18), \ldots$
c) $(-2|-9), (0|-5), (1|-3), (10|15), \ldots$
d) $(-4|17), (-1|2), (3|10), (5|26), \ldots$
e) $(-3|4), (-1|4\frac{2}{3}), (2|5\frac{2}{3}), (6|7), \ldots$
f) $(-2|8), (-1|2), (2|8), (4|32), \ldots$

8 Zahnradbahnen

Die folgende Tabelle enthält von zwei Zahnradbahnen der Alpen die Höhe der Talstation, die Höhe der Bergstation und die Länge nach der Karte (d.h. die horizontal gemessene Länge).

Name	Talstation		Bergstation		horizontale Länge
Pilatusbahn	Luzern	440 m	Pilatus	2070 m	3,9 km
Zugspitzbahn	Grainau	750 m	Schneefernerhaus	2650 m	11,0 km

a) Eine der beiden Bergbahnen ist die steilste Bahnstrecke der Welt. Welche?

b) Berechne die mittleren Steigungen der beiden Bergbahnen. Gib die Werte in Prozent an. Was würde eine Steigung von 100 % bedeuten?

c) In der Eisenbahntechnik versteht man unter der Steigung – im Gegensatz zur Mathematik und zum Straßenbau – den Quotienten aus Höhenzuwachs durch Gesamtlänge. Sind diese Werte größer oder kleiner als die in b) berechneten?

9 Steigungen im Alltag

a) Wie kann man aus der Stufenbreite und der Stufenhöhe die „Steigung“ (Steilheit) einer Treppe berechnen?
Berechne die Steigungen der drei unten dargestellten Treppen und gib diese in Prozent an. Um was für eine Treppe könnte es sich jeweils handeln?

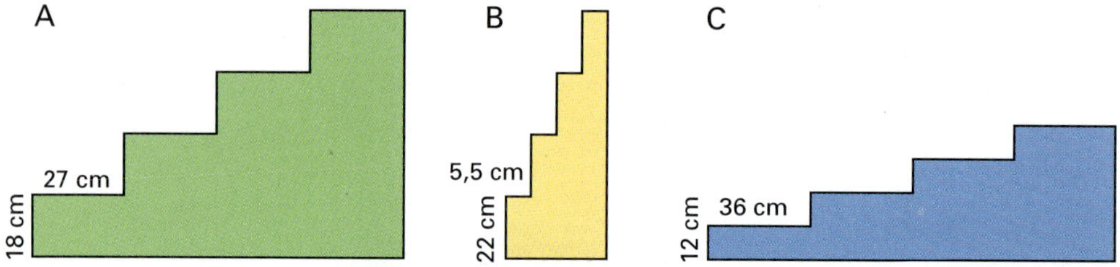

b) Ermittle die Steigung der rechts abgebildeten Rutsche. Schätze dazu die benötigten Maße ab. Gib die Steigung in Prozent an.

c) Bei Straßen wird die Steigung auf einem Verkehrsschild in Prozent angegeben. Warum sind diese Werte für einen Autofahrer interessant?
Vergleiche die rechts angezeigte Steigung einer Straße mit den Werten von Aufgabe a) und b).

10 Punkte und lineare Funktionen

Prüfe durch Zeichnung und Rechnung, ob die folgenden Punkte oberhalb, unterhalb oder auf der angegebenen Geraden liegen:

a) $y = -x + 2$; $A(1|0)$; $B(1|1)$; $C(1|2)$

b) $y = \frac{1}{2}x - 2$; $A(-1|1)$; $B(2|-1)$; $C(1|-2)$

c) $y = 3 - \frac{1}{4}x$; $A(0|3)$; $B(-1{,}5|3)$; $C(1{,}3|3)$

11 Geradengleichung gesucht (für Expertenarbeit geeinget)

Bestimme die Gleichungen der Geraden, die

a) durch die beiden Punkte $P(0|-1)$ und $Q(2|2)$ verläuft,

b) durch den Punkt $P(4|5)$ verläuft und die Steigung $m = 3$ hat,

c) durch den Punkt $P(4|2)$ verläuft und die y-Achse bei $y = -2$ schneidet,

d) durch die beiden Punkte $P(-3|5)$ und $Q(5|2)$ verläuft,

e) parallel zur Geraden $y = -0{,}5x + 3$ verläuft und durch $P(0|7)$ geht.

12 Geraden durch zwei Punkte

Bestimme die Gleichungen der Geraden durch folgende Punkte:

a) A(0|2), B(1|5) b) C(0|−3), D(1|−4) c) E(0|1), F(2|2)
d) G(0|−1), H(2|2) e) I(1|3), K(4|9) f) L(1|−1), M(4|5)
g) N(−4|−3), P(6|2) h) Q(−2|5), R(2|−1) i) S(−3|0), T(6|6)
k) U(−3|−2), V(−7|−2) l) W(−2|$\frac{1}{4}$), X(1|−$\frac{5}{4}$) m) Y(−4|−2), Z(2|0)

13 Besonderes Viereck

Ein Viereck hat die Eckpunkte A(−1|3), B(−1|−2), C(3|1) und D(1,5|3). Zeichne das Viereck. Um welches besondere Viereck handelt es sich? Stelle die Gleichungen der Geraden AC, BD, AB, BC, CD und DA auf. Berechne den Flächeninhalt des Vierecks.

Zum Intensivieren

14 Funktionsplotter

Computer können die Aufgabe übernehmen, Zeichnungen zu erstellen. Programme, die nach Eingabe der Funktionsgleichung den zugehörigen Graphen zeichnen, heißen **Funktionsplotter**.

Damit können wir auch die Bedeutung von m und t in der linearen Funktion veranschaulichen. Wir geben in die entsprechende Zeile des Programms z. B. den Term 2x + t ein. Der Parameter t soll die Werte von 0 bis 4 mit der Schrittweite 1 annehmen. Die zugehörigen Geraden zeichnet das Programm in Farbabstufungen von blau nach rot, nachdem der „OK-Button“ gedrückt wurde.

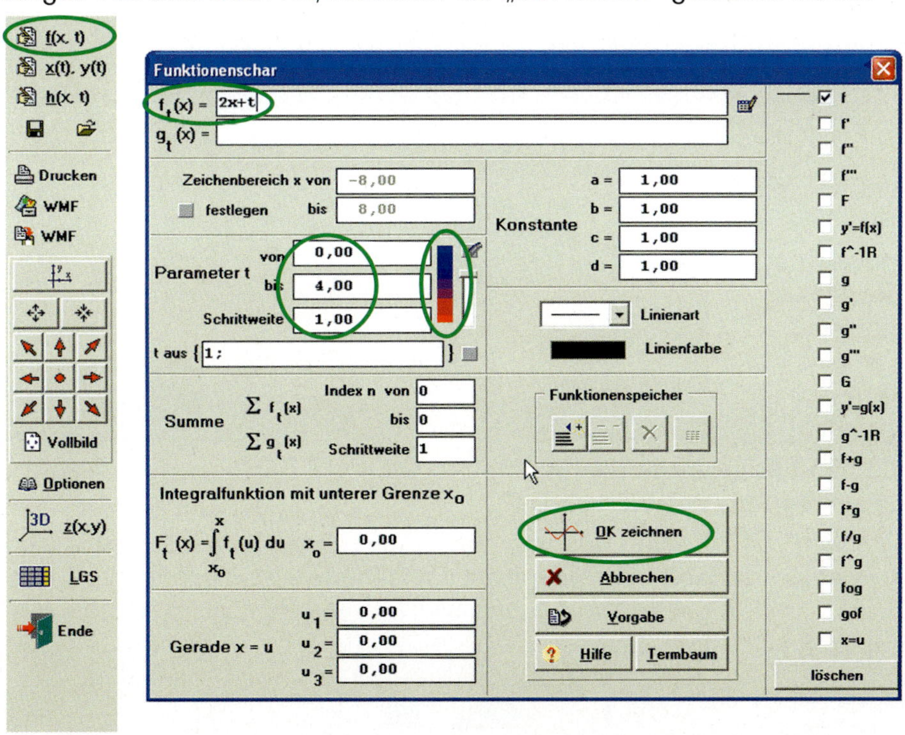

Welchen Einfluss hat der Parameter t auf den Verlauf der Geraden? Da der Parameter dieses Programms immer t heißt, muss man zur Untersuchung der Steigung beispielsweise den Term $tx + 1$ eingeben.

15 Fahrradtour

Annika bringt an ihrem Fahrrad einen Tacho an. Dieser zählt die Anzahl der Umdrehungen des Vorderrades und berechnet daraus die gefahrenen Kilometer. Dazu muss Annika zunächst den Umfang dieses Rades messen und eingeben.

a) Wie kann Annika den Radumfang ohne flexibles Maßband ermitteln?

Annika macht ihre erste Radtour mit dem neuen Tacho:

b) Sind die Größen „Fahrzeit“ und „Distanz“ proportional? Welche Distanz hätte Annika wohl nach 45 min bzw. nach 1 h 10 min abgelesen?

c) Erstelle ein Zeit-Weg-Diagramm, indem du die zu den 6 Messwerten gehörigen Punkte in ein Koordinatensystem einträgst und geradlinig verbindest (t-Achse: 1 h ≙ 4 cm, s-Achse: 2 km ≙ 1 cm). Was ist in den dabei entstehenden drei Abschnitten wohl passiert?

d) Berechne die Steigungen der drei Abschnitte aus dem t-s-Diagramm. Welche anschauliche Bedeutung haben sie?

e) In der ersten halben Stunde hat sich Annikas Vorderrad 3866-mal gedreht. Wie groß ist der Raddurchmesser?

f) Annikas Tacho hat auch eine Anzeige für die durchschnittliche Geschwindigkeit. Was zeigt diese nach 3 Stunden an? Wie groß war Annikas Durchschnittsgeschwindigkeit, wenn man nur ihre reine Fahrzeit berücksichtigt?

16 Fläche „wegzaubern“

Durch Umlegen der Teile des Quadrats ist das Rechteck entstanden.

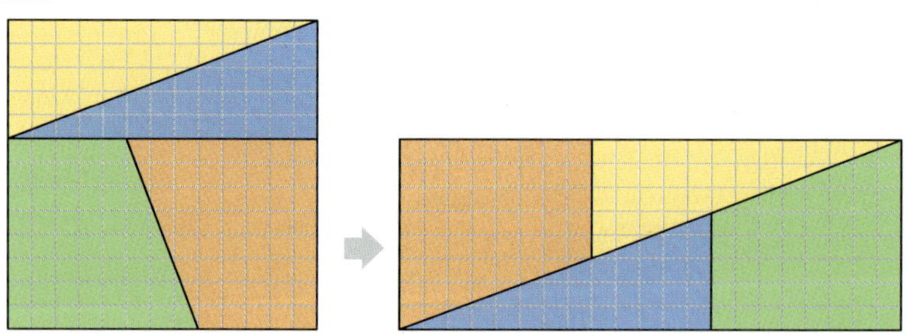

a) Berechne den Flächeninhalt des Quadrats und den Flächeninhalt des Rechtecks, wenn ein Kästchen 0,5 cm lang und 0,5 cm breit ist. Was fällt dir auf?

b) Berechne zur Erklärung des überraschenden Ergebnisses die Steigung der im Rechteck verlaufenden Diagonale auf mehrere Arten: mit dem bräunlichen Trapez, mit dem gelben Dreieck, mit dem blauen Dreieck und mit dem grünen Trapez. Erkläre den „Zauber“.

3.2 Lösen von Problemen mit linearen Funktionen

Nullstelle einer Funktion

Den Zusammenhang zwischen der Celsius-Temperatur x und der Fahrenheit-Temperatur y beschreibt die Gleichung $y = \frac{9}{5}x + 32$. Damit kann man zu jedem Celsius-Wert x den zugehörigen Fahrenheit-Wert y berechnen. Wir wollten aber das Umgekehrte, nämlich zu den Fahrenheit-Werten der amerikanischen Wetterkarte von Seite 42 die zugehörigen Celsius-Werte ermitteln. Z. B. möchten wir wissen, welcher Celsius-Wert der Temperatur 59 °F in San Antonio entspricht.

Mithilfe des Graphen bestimmen wir den gesuchten Wert zeichnerisch (Aufgabe 1): Wir tragen die waagrechte Gerade $y = 59$ ein und lesen den zugehörigen x-Wert ab: $x = 15$.

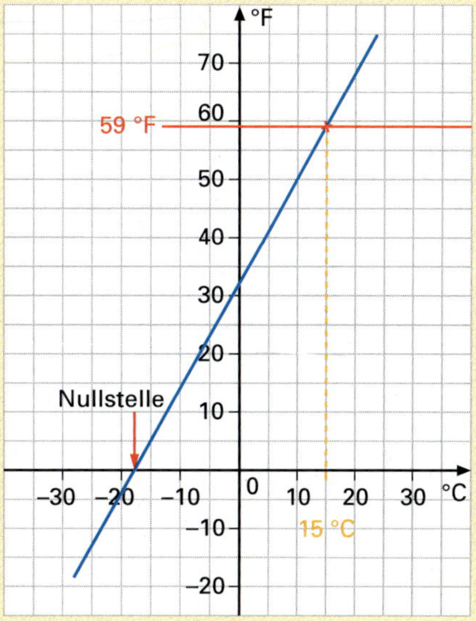

Mit der Gleichung können wir den Wert auch berechnen: Wir setzen $y = 59$ und lösen nach x auf:

$$\begin{aligned} 59 &= \frac{9}{5}x + 32 && \mid -32 \\ 27 &= \frac{9}{5}x && \mid \cdot \frac{5}{9} \\ 27 \cdot \frac{5}{9} &= x \\ x &= 15 \end{aligned}$$

Wir erhalten so auf zwei Arten zu 59 °F den Wert 15 °C.

Der Nullpunkt der Celsius-Skala ist der Gefrierpunkt von Wasser. Hat der Nullpunkt der Fahrenheit-Skala auch eine besondere Bedeutung? Um das zu überprüfen, berechnen wir, welche Celsius-Temperatur 0 °F entspricht.

> Ein x-Wert, dem durch eine Funktion f der Funktionswert Null zugeordnet wird, heißt **Nullstelle** der Funktion: $f(x) = 0$

Zum Berechnen der Nullstelle setzen wir in der Gleichung $y = 0$:

$$\begin{aligned} 0 &= \frac{9}{5}x + 32 && \mid -32 \\ -32 &= \frac{9}{5}x && \mid \cdot \frac{5}{9} \\ -32 \cdot \frac{5}{9} &= x \\ x &= -17{,}\overline{7} \end{aligned}$$

Die Nullstelle unserer Funktion ist also $-17{,}\overline{7}$. 0 °F entspricht etwa −17,8 °C. Dieser Temperaturwert hat keine besondere Bedeutung.

Der Schnittpunkt zweier Geraden

Wenn wir zu einem vorgegebenen y-Wert den zugehörigen x-Wert einer linearen Funktion grafisch bestimmen, schneiden wir eine schräge Gerade mit einer waagrechten. Rechnerisch haben wir den zugehörigen x-Wert durch Gleichsetzen der beiden Gleichungen $y = 59$ und $y = \frac{9}{5}x + 32$ ermittelt. Dieses Verfahren erweitern wir auf die Berechnung der Koordinaten des Schnittpunkts zweier beliebiger Geraden.

Beispiel Schnittpunkt der beiden Geraden $y = -x + 4$ und $y = x - 2$.

Grafische Lösung:

Wir zeichnen die Geraden in ein gemeinsames Koordinatensystem und lesen ab: S(3|1)

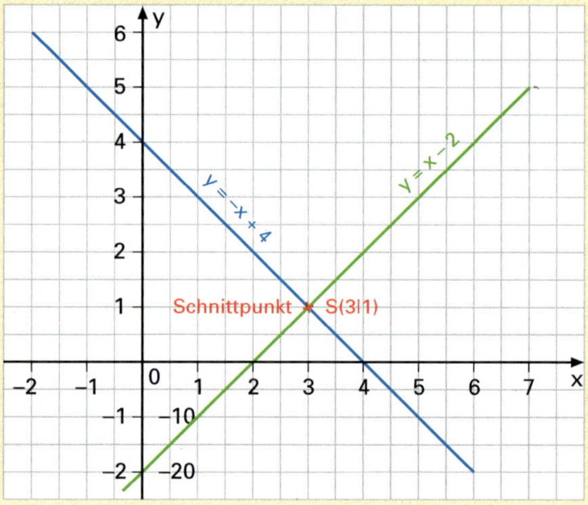

Rechnerische Lösung:

Wir suchen den gemeinsamen Punkt beider Geraden. Das bedeutet: Wir suchen den x-Wert, zu dem beide Gleichungen den gleichen y-Wert ergeben. Da der y-Wert der Gleiche ist, können wir die Terme dafür gleichsetzen und erhalten so eine Gleichung für den unbekannten x-Wert. Diese Gleichung lösen wir dann nach x auf:

$$-x + 4 = x - 2 \quad |+x$$
$$4 = 2x - 2 \quad |+2$$
$$6 = 2x \quad |:2$$
$$x = 3$$

Um den zugehörigen y-Wert zu bestimmen, müssen wir $x = 3$ in eine der beiden Gleichungen einsetzen. Wir erhalten somit $y = 3 - 2 = 1$ oder auch $y = -3 + 4 = 1$, also S(3|1).

Aufgaben

1 **Heiß oder kalt?**
Ermittle mithilfe des Diagramms von Seite 43 oben die Celsius-Temperatur zu a) 25 °F, b) 45 °F und c) 75 °F. Beschreibe, wie du dabei vorgehst.

2 Für welchen x-Wert ist der Funktionswert von f jeweils gleich 7? Löse jeweils zeichnerisch und rechnerisch!

a) $f(x) = 2x - 1$ b) $f(x) = -5x + 2$ c) $f(x) = -\frac{1}{3}x + 1$

3 **Nullstellenbestimmung**
Berechne die Nullstellen folgender linearer Funktionen. Überprüfe deine Rechnung mithilfe einer Zeichnung.

a) $f(x) = 4x - 2$ b) $f(x) = -3x - 3$ c) $f(x) = -\frac{1}{2}x + 5$ d) $f(x) = -0{,}8x + 4$

4 **Nullstelle gegeben**
Wie lautet die Gleichung einer linearen Funktion mit der Nullstelle 3 und für die zusätzlich gilt:

a) $m = 2$ b) $t = -1$ c) $m = -\frac{1}{2}$ d) $t = 12$

5 **Achsenschnittpunkte**
Bestimme durch Zeichnung und Rechnung die Koordinaten der Schnittpunkte mit den Achsen.

a) $y = 2x + 4$ b) $y = 2x - 3$ c) $y = 2 - \frac{2}{3}x$ d) $y = -3 - \frac{3}{4}x$ e) $y = \frac{4}{5}x + \frac{3}{5}$

6 **Die Wanne ist voll, ...**
Herbert öffnet den Wasserhahn seiner Badewanne. Pro Sekunde fließen 0,25 Liter zu. Wann ist die Wanne voll?

7 **Heizöl**
Ein nicht leerer Öltank mit 6000 Litern Fassungsvermögen wird gleichmäßig aufgefüllt. Nach 4 Minuten ist dieser zu 25 % gefüllt, 22 Minuten später zu 75 %.

a) Zeichne zum Füllvorgang den Graphen der Funktion „Fülldauer ↦ Ölvolumen im Tank“.
b) Wie lautet die Gleichung dieser Funktion?
c) Wie viele Liter Öl befanden sich bei Beginn des Füllvorgangs noch im Tank? (Zeichnerische und rechnerische Lösung!)
d) Wann ist der Tank vollständig gefüllt? (Zeichnerische und rechnerische Lösung!)

8 Höhenmessung mit dem Thermometer

Auf der Insel Sylt siedet das Wasser bei 100 °C, auf dem Gipfel des Montblanc in der Höhe von 4807 m schon bei 83,7 °C. Mit wachsender Höhe eines Ortes über dem Meeresspiegel nimmt die Siedetemperatur des Wassers ab.

a) Was dürfte der Grund dafür sein?

b) Der Zusammenhang zwischen der Höhe x (in m) und der Siedetemperatur y (in °C) lässt sich in sehr guter Näherung durch eine lineare Funktion beschreiben. Lege ein Koordinatensystem an ($0 \leq x \leq 10000$, $0 \leq y \leq 100$). Trage mithilfe der beiden obigen Werte den Graphen der linearen Funktion ein. Stelle ihre Gleichung auf. Runde auf 3 gültige Stellen.

c) Bei welcher Temperatur siedet das Wasser auf dem Großen Arber (1456 m), bei welcher an deinem Wohnort?

d) Damit das Eiweiß in einem Ei gerinnt, ist eine Temperatur von mindestens 90 °C erforderlich. Ab welcher Höhe bleibt der Versuch, wie gewohnt Eier zu kochen, erfolglos? Auf welchem Berg ist das z. B. der Fall? Womit muss man in diesen Höhen Eier kochen?

e) Vor seinem Aufstieg vom letzten Lager bis zum Gipfel des Mount Everest kochte sich Reinhold Messner einen Tee. Das Wasser siedete bei 72,9 °C. Welchen Höhenunterschied musste Reinhold noch überwinden?

9 Schnittpunkte zweier Geraden

Bestimme die gemeinsamen Punkte der Graphen folgender linearer Funktionen sowohl zeichnerisch als auch rechnerisch.

a) $f_1(x) = 2x + 3$ und $f_2(x) = x + 2$

b) $f_1(x) = -2x + 1$ und $f_2(x) = -x + 2$

c) $f_1(x) = x + 2{,}5$ und $f_2(x) = 3x - 1{,}5$

d) $f_1(x) = -\frac{1}{2}x + 1$ und $f_2(x) = x - 2$

e) $f_1(x) = 2x + 3$ und $f_2(x) = 2x - 2$

f) $f_1(x) = \frac{1}{2}x - 1$ und $f_2(x) = -\frac{1}{3}x + 3$

10 Kerzen

Eine der Kerzen ist anfangs 15 cm lang und wird in jeder Stunde um 1 cm kürzer. Die andere ist 30 cm lang und wird in jeder Stunde um 3 cm kürzer.

a) Erstelle eine Wertetabelle und berechne die Kerzenlängen nach 1 h, 2 h, ..., 10 h. Wie lautet jeweils der Term T(x), der die Länge der Kerze in

Abhängigkeit der Brenndauer x beschreibt? Beschreibe das Abbrennen der beiden Kerzen jeweils durch eine Funktionsgleichung.

b) Zeichne die zugehörigen Graphen in ein gemeinsames Koordinatensystem.

c) Nach welcher Brenndauer sind beide Kerzen gleich lang? Wann ist jede der beiden Kerzen völlig abgebrannt? Welche Eigenschaften der Kerze und welche anderen Faktoren bestimmen die Brenndauer und die Geschwindigkeit des Abbrennens?

Zum Intensivieren

11 Grundwissen: Lösen von Gleichungen

Löse folgende Gleichungen:

a) $-10x+3-2x=0$ b) $17x+4=18x-5$ c) $-3x-5=-9x-7$

d) $0{,}1x+0{,}2=0{,}3x+1{,}7$ e) $\frac{x}{2}+\frac{3}{5}=4x+\frac{1}{5}$ f) $-\frac{x}{3}+\frac{2}{3}=\frac{1}{5}(x-2)$

12 Der Brombachsee

Der Brombachsee in Mittelfranken ist ein Speichersee. Er wurde gebaut, um in Zeiten geringen Niederschlags die in die Rezat abfließende Wassermenge zu erhöhen. Der See hat insgesamt ein Volumen von 144 Mio. m^3. Davon sind aber nur 75 Mio. m^3 nutzbar, da man den Stausee nicht vollständig entleeren kann. Der Brombachsee erhält sein Wasser vom Altmühlsee: Der maximale Zufluss beträgt $70\,\frac{m^3}{s}$. Der Brombachsee ist so weit wie möglich geleert (Zeitpunkt $t=0$) und wird mit maximalem Zufluss gefüllt.

a) Wie viele Mio. m^3 Wasser fließen an einem Tag zu? Berechne zu $t=0\,d, \ldots, t=10\,d$ mit einer sinnvollen Schrittweite das Wasservolumen V des Sees und halte die Werte in einer Tabelle fest.

b) Zeichne ein t-V-Diagramm.

c) Gib die Gleichung der Funktion $t \mapsto V$ an.

d) Wie lange dauert es, bis der See vollständig gefüllt ist?

e) Wie lange kann der vollständig gefüllte Brombachsee eine Wassermenge von $10\,m^3$ (bzw. $5\,m^3$) pro Sekunde in die Rezat abgeben?

f) Um wie viel Prozent wird dadurch die Wasserführung der Rezat erhöht, wenn diese bei Niedrigwasser nur $9\,\frac{m^3}{s}$ Wasser beträgt?

13 Treppenlauf

Der nebenstehende Artikel erschien im Jahr 2005 in den Nürnberger Nachrichten.

> *Exakt 1576 Stufen in zehn Minuten*
>
> **Den Rekord verfehlt**
>
> Australier gewann Hochhaus-Lauf
>
> **NEW YORK (rtr) – Der 27jährige Australier Terry Purcell hat das diesjährige Wettrennen zur Spitze des Empire State Building in New York gewonnen.**
>
> Der Computerspezialist schaffte die 1576 Stufen im engen Treppenhaus des Gebäudes in zehn Minuten und 49 Sekunden. Er ließ damit 145 Konkurrenten hinter sich. Die Treppenläufer mußten 320 Meter Höhenunterschied bis zur Aussichtsplattform im 89. Stock des Empire State Building überwinden. Der Rekord liegt bei zehn Minuten und 18 Sekunden.

a) Wie hoch ist eine Treppenstufe im Empire State Building?

b) Gib die von Terry benötigte Zeit und die Rekordzeit in Sekunden an. Um wie viel Prozent lag Terrys Zeit über dem Rekord?

c) Warum beschreibt die Gleichung $h = \frac{320}{649}t$ Terrys Höhe h bei seinem Lauf nicht zu jedem Zeitpunkt t richtig? Zeichne die Gerade mit der obigen Gleichung in ein Koordinatensystem. Trage eine Kurve ein, die den Verlauf von Terrys Rennen richtig beschreiben könnte.

d) Stelle dir einen weiteren Läufer vor, der gleichzeitig mit Terry startet und von oben nach unten läuft. Dieser läuft gleichmäßig und benötigt dafür insgesamt 240 s. Stelle für diesen Läufer eine Gleichung auf, die seine Höhe h in Abhängigkeit der Zeit t beschreibt. Berechne, in welchem Stockwerk er und Terry sich treffen, wenn Terry auch gleichmäßig läuft.

14 Zwei Leitern

In einer engen Gasse sind zwei ausziehbare Leitern an die gegenüber liegenden Hausfassaden gelehnt. Die oberen Endpunkte C und D der Leitern liegt 8 m bzw. 4 m über dem Pflaster.

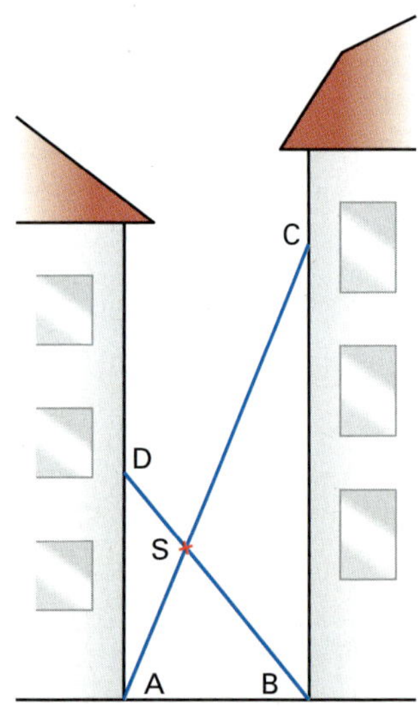

a) Der Abstand der beiden Hausfassaden betrage 3 m. Nimm A als Ursprung eines Koordinatensystems. Stelle die „Gleichungen der beiden Leitern" auf. Berechne, in welcher Höhe über dem Pflaster und in welchem Abstand von den Hausfassaden der Kreuzungspunkt S der Leitern liegt.

b) Überprüfe deine Rechnung, indem du die Zeichnung mit einem dynamischen Geometrieprogramm anfertigst. Lass dir die y-Koordinate als Abstand zur x-Achse anzeigen. Fertige deine Zeichnung so an, dass du anschließend durch Ziehen am Punkt C den Abstand der Hausfassaden verändern kannst.
Hinweis: Zeichne zunächst eine zur x-Achse parallele Gerade im Abstand von 8 cm, lege auf dieser einen beliebigen Punkt C fest („Punkt an Linie binden") und fälle von C ein Lot auf die x-Achse. Beobachte, wie sich die Höhe von S in Abhängigkeit vom Abstand der Hausfassaden verändert.

c) Weise die Richtigkeit deiner Beobachtung nach, indem du in der Rechnung von a) den Abstand 3 m zu d verallgemeinerst.

3.3 Lösen linearer Ungleichungen

Kletternde Preise

Daniela ist Sportkletterin. Pro Eintritt in die Kletterhalle muss sie 10,50 Euro bezahlen. Daniela überlegt deshalb, ob es für sie günstiger ist, eine Jahreskarte für 120 Euro zu kaufen. Damit würde sich der Eintrittspreis auf 5,50 Euro reduzieren. Ab wie viel Klettertagen lohnt sich diese Möglichkeit?

Wir bezeichnen die Anzahl der Klettertage mit x und stellen für beide Tarife die Terme auf. Der Tagestarif wird durch $f(x) = 10{,}5x$ und der Jahrestarif durch $g(x) = 5{,}5x + 120$ beschrieben.

Für welche x-Werte ist g(x) kleiner als f(x)? Wie lautet die Lösungsmenge der Ungleichung $g(x) < f(x)$?

Es handelt sich in beiden Fällen um lineare Funktionen mit Geraden als Graphen. Für die grafische Lösung zeichnen wir diese zunächst in ein gemeinsames Koordinatensystem.

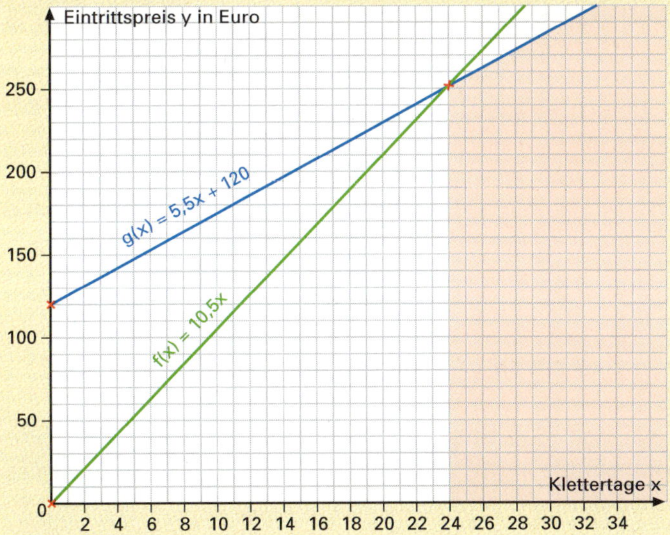

Wir erkennen: Der Jahrestarif g(x) ist zunächst höher, steigt aber flacher an und liegt schließlich ab dem Schnittpunkt der beiden Geraden unterhalb des Tagestarifs f(x). Die Jahreskarte lohnt sich also bei mehr als 24 Klettertagen. Die Lösungsmenge unseres Problems lautet somit $L = \{25; 26; 27; \ldots\}$.

Die Lösungsmenge einer Ungleichung

In unserem Beispiel geht es um eine Anzahl von Tagen, d.h. um natürliche Zahlen. Wie sieht die Lösungsmenge der Ungleichung $x > 24$ aber mit der Grundmenge $\mathbb{Q}$ der rationalen Zahlen aus? Da es keine kleinste rationale

Lösungszahl gibt, mit der man das Aufschreiben der Lösungsmenge beginnen könnte, geben wir die **Menge in beschreibender Form** an:

$L = \{x \mid x > 24\}$ (gelesen: „Menge aller Zahlen, die größer als 24 sind").

Diese Menge können wir auf der Zahlengeraden veranschaulichen. Da die Zahl 24 nicht dazu gehört, stellen wir sie durch einen kleinen Kreisring dar:

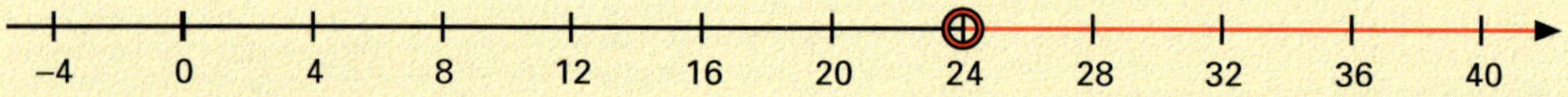

Im Gegensatz dazu enthält die Menge $L = \{x \mid x \geq 24\}$ alle Zahlen, die größer oder gleich 24 sind. Die Randzahl 24 gehört nun dazu. Sie wird durch einen ausgefüllten Kreis gekennzeichnet:

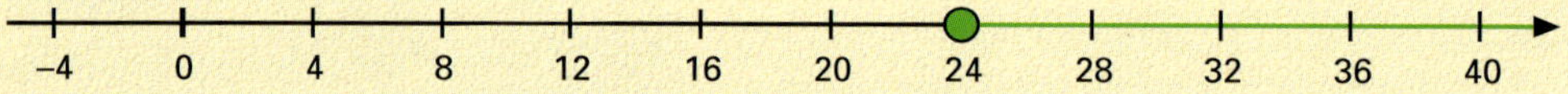

Der Menge $L = \{x \mid x \geq 24\}$ entspricht auf der Zahlengeraden eine Halbgerade.

Zahlenmengen, deren Bild auf der Zahlengeraden Strecken oder Halbgeraden (mit oder ohne Endpunkten) sind, heißen **Intervalle**. Die aus der Geometrie bekannte Schreibweise für Strecken [AB] bzw. Halbgeraden [AB überträgt man auf Intervalle. Da die Zahlengerade weder links noch rechts ein Ende besitzt, führt man hierfür die Symbole $-\infty$ für „minus Unendlich" bzw. $+\infty$ für „plus Unendlich" ein.

Die **Intervallschreibweise** für die betrachteten Zahlenmengen lautet:

$L = \{x \mid x \geq 24\} = [24; \infty[$ und $L = \{x \mid x > 24\} =]24; \infty[$.

An der Richtung der eckigen Klammer erkennen wir, ob die am Rand des Intervalls gelegene Zahl noch zum Intervall gehört oder nicht: Gehört sie dazu, öffnet man die Klammer nach innen, gehört sie nicht dazu, öffnet man die Klammer nach außen.
So ist beispielsweise $]4; 28] = \{x \mid 4 < x \leq 28\}$ die Menge aller Zahlen von 4 bis 28, wobei die 28 zur Menge gehört, die 4 jedoch nicht:

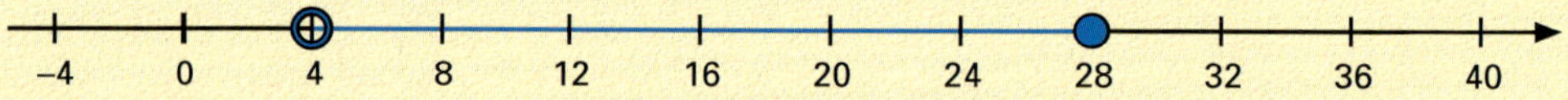

Wir nennen dieses Intervall **links offen** und **rechts abgeschlossen**.

Beachte: Die Symbole $-\infty$ und $+\infty$ besagen, dass das Intervall ohne Grenzen immer weiter geht. Es gibt dort keine Randpunkte. Die Symbole $-\infty$ und $+\infty$ sind deshalb offene Intervallgrenzen.

Umformungsregeln für Ungleichungen

Wir wollen Ungleichungen nicht nur zeichnerisch, sondern auch rechnerisch lösen. Gelten dabei die gleichen Umformungsregeln wie beim Lösen von Gleichungen?

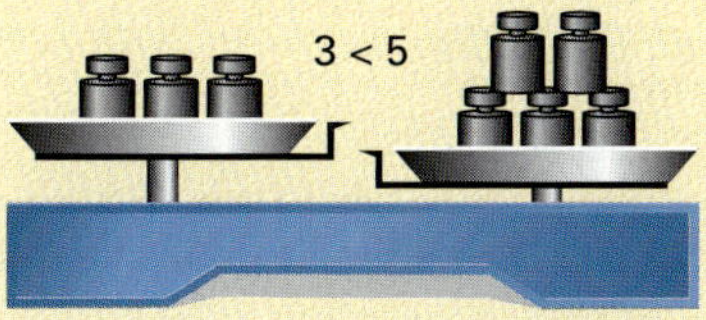

Das Lösen von Gleichungen haben wir mit einer Waage veranschaulicht. Das ist auch bei Ungleichungen möglich. Ist z. B. die linke Seite kleiner als die rechte, ist im Waagemodell die linke Waagschale oben und die rechte unten.
Daran ändert sich nichts, wenn wir auf beiden Seiten gleich viel dazu- oder wegnehmen.
Daran ändert sich ebenfalls nichts, wenn wir das Gewicht beider Seiten mit der gleichen positiven Zahl multiplizieren oder durch die gleiche positive Zahl dividieren.

Beispiele

a) $3 < 5 \mid +7$
$10 < 12$

b) $3 < 5 \mid -7$
$-4 < -2$

c) $3 < 5 \mid \cdot 6$
$18 < 30$

Aber: Die Multiplikation beider Seiten der Ungleichung mit der negativen Zahl −1 lässt sich auf der Waage nicht veranschaulichen.

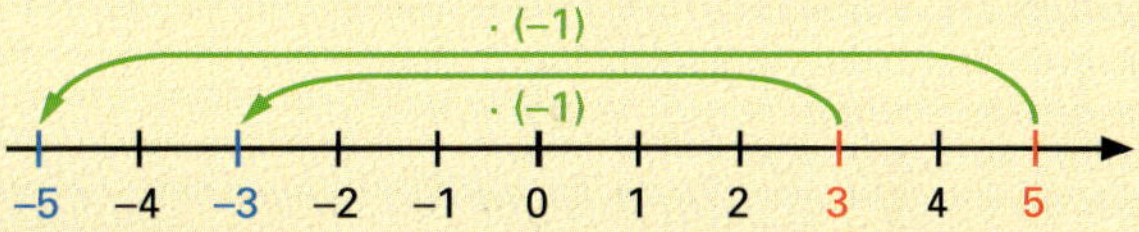

Wir betrachten deshalb die Zahlengerade. Die Multiplikation mit −1 bedeutet hier eine Spiegelung am Nullpunkt. Dabei wird die Lage der Punkte zueinander vertauscht. Aus der Ungleichung $3 < 5$ wird durch Multiplikation mit −1 die Ungleichung $-3 > -5$, das Ungleichheitszeichen dreht sich um! Das lässt sich auf das Multiplizieren und Dividieren mit beliebigen negativen Zahlen erweitern.

Wir halten somit fest:

Umformungsregeln für Ungleichungen
Die Lösungen einer Ungleichung ändern sich nicht, wenn wir
1. auf beiden Seiten die gleiche Zahl bzw. den gleichen Term addieren oder subtrahieren,
2. beide Seiten mit derselben positiven Zahl multiplizieren bzw. durch dieselbe positive Zahl dividieren,
3. beide Seiten mit derselben **negativen Zahl multiplizieren** bzw. **durch** dieselbe **negative Zahl dividieren** und gleichzeitig das **Ungleichheitszeichen umkehren**.

Beispiele

a) Schrittweise x isolieren

$4x - 3 < 2 + 2x \mid -2x \quad G = \mathbb{Q}$
$2x - 3 < 2 \mid +3$
$2x < 5 \mid :2$
$x < 2{,}5$
$L =]-\infty; 2{,}5[$.

b) Rechnerisch: „Kletterhallentarife“

$5{,}5x + 120 < 10{,}5x \mid -10{,}5x \quad G = \mathbb{N}_0$
$-5x + 120 < 0 \mid -120$
$-5x < -120 \mid :(-5)$
$x > 24$
$L = \{25; 26; 27; \ldots\}$.

Aufgaben

1 **Preiswerte Kunst**

Rosita hat zwei attraktive Plakate der Münchner Künstlergenossenschaft erhalten, die zum Besuch einer Ausstellung im Haus der Kunst einladen. Ein Plakat möchte sie ihrer Freundin Eva in Hamburg senden. Ist das als Päckchen möglich? Informiere dich dazu im Internet über das Höchstgewicht sowie die Mindest- und Höchstmaße von Päckchen.

2 **Intervalle**

Zeichne einen Ausschnitt aus der Zahlengeraden von −7 bis 7 und markiere darauf mit verschiedenen Farben folgende Intervalle:

a) $[3;5]$ b) $]-5;-3[$ c) $]-2;0{,}5]$ d) $[1;2{,}5[$ e) $[6;+\infty[$ f) $]-\infty;-6[$

3 **Intervallschreibweise**

Zeichne jeweils einen Ausschnitt aus der Zahlengeraden und markiere mit Farbstift die in beschreibender Form gegebenen Intervalle I. Gib I auch in Intervallschreibweise an.

a) $I = \{x \mid 1 < x < 4{,}5\}$ b) $I = \{x \mid -3{,}5 < x \leq -1\}$ c) $I = \{x \mid x \leq -3\}$
d) $I = \{x \mid x \geq 1\}$ e) $I = \{x \mid -1{,}5 \leq x \leq 2{,}5\}$ f) $I = \{x \mid x > -1\}$
g) $I = \{x \mid x < 0\}$ h) $I = \{x \mid x > 0\}$ i) $I = \{x \mid x \geq 0\}$

4 **Grafisches Lösen**

Bestimme zeichnerisch die Lösungsmenge folgender Ungleichungen und gib diese sowohl in beschreibender Form als auch in Intervallschreibweise an ($G = \mathbb{Q}$):

a) $4x - 1 < x + 1$ b) $-x + 1 > 2x - 2$ c) $x - \frac{1}{2} \geq -2x - 3{,}5$
d) $\frac{1}{2}x - \frac{1}{2} \leq 1$ e) $-\frac{1}{3}x + 3 < \frac{1}{6}x + 1$ f) $\frac{3}{2} > -\frac{x}{2} + 2$

5 **Lösen durch Hinschauen**

Gib jeweils die Lösungsmenge zu den Grundmengen $\mathbb{N}_0$ und $\mathbb{Q}$ an.

a) $x + 5 < 10$ b) $x - 3 < 2$ c) $x - 3 \leq 2$ d) $x + 1 < x$
e) $x + 1 > x$ f) $2x \geq 10$ g) $-2x \geq -6$ h) $-3x < 6$
i) $-6x \leq 3$ k) $3x \geq 2x$ l) $x^2 \leq 25$ m) $2x^2 \geq 32$

6 **Lösungsmenge gesucht**

Bestimme die Lösungsmenge rechnerisch ($G = \mathbb{Q}$).

a) $3x < 2x - 4$ b) $\frac{1}{3}x \geq -6$ c) $3{,}5x + 9 \leq 6{,}5 - 4x$
d) $2x - 3 < 3{,}2x + 3$ e) $\frac{1}{5} + 1{,}8x > 2(x - 1)$ f) $-4(1 - x) \leq 2(2x + 1)$
g) $3(2 - 6x) + 2(5x - 1) \leq 3(3 - 2x)$ h) $-2(x - 3) - 3(3 - 2x) < -3(1 - x)$
i) $x - [x - 2(x - 3)] \geq x - 2[x - 3(x - 4)]$ k) $\frac{3}{4}x - 1 < \frac{1}{3}(x - 6) - \frac{7}{12}x$
l) $\frac{1}{2}(5x - \frac{1}{3}) - \frac{2}{5}(3x + \frac{1}{2}) > \frac{1}{3}(2x + \frac{8}{3}) - \frac{5}{2}(x - \frac{1}{3})$ m) $\frac{2}{3}(\frac{3}{2} - x) - \frac{5}{6}x \leq \frac{3}{2}(x + \frac{4}{3})$

7 Verkehrsbeschränkungen

Zu jedem der rechts dargestellten Verkehrszeichen ist eine Situation beschrieben. Stelle dazu eine Ungleichung auf und gib die Lösung an.

a) Ein Lkw wiegt leer 2,5 t. Wie schwer darf die Ladung sein?

b) Ein Lkw besitzt eine Ladefläche, die 1,20 m über der Fahrbahn liegt. Wie hoch darf die Ladung sein?

c) Ein Pkw fährt mit einer Geschwindigkeit von 55 $\frac{\text{km}}{\text{h}}$ auf das rechts abgebildete Verkehrsschild zu. Wie stark muss der Fahrer die Geschwindigkeit reduzieren?

d) Ein Lkw ist so beladen, dass die Vorderachse mit 1,5 t und die Hinterachse mit 2,3 t belastet sind. Wie schwer darf eine zusätzliche Ladung sein?

e) Ein Lkw ist so beladen, dass die Vorderachse mit 2,5 t und die Hinterachse mit 4,5 t belastet sind. Wie schwer darf eine zusätzliche Ladung sein?

8 Alpenverein

Eine Übernachtung in einer Berghütte des Alpenvereins kostet für Mitglieder 25 Euro, für Nichtmitglieder dagegen 35 Euro. Wie viele Nächte müsste ein Mitglied jährlich in der Hütte verbringen, damit sich bei einem Jahresbeitrag von 55 Euro die Mitgliedschaft rentiert?

9 TF – Tolle Flächen

Wie groß darf x in den Buchstaben T und F jeweils werden, damit

a) der Umfang höchstens 35 (cm) wird,

b) die Fläche höchstens 33 (cm^2) wird,

c) sowohl a) als auch b) gilt,

d) beide den gleichen Umfang haben,

e) beide die gleiche Fläche haben?

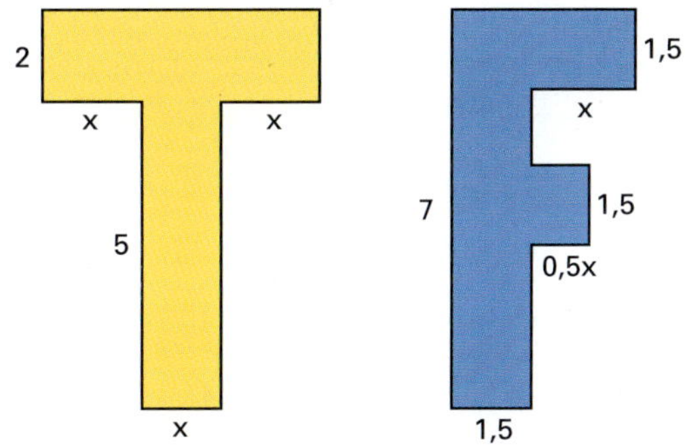

10 „Tarifdschungel"

Yannik hat die Wahl zwischen zwei Handytarifen. Der Sun&Fun-Tarif kostet nur eine monatliche Grundgebühr von 5 Euro. Pro Gesprächsminute sind 0,80 Euro zu bezahlen. Der Business-Tarif kostet 30 Euro Grundgebühr, dafür sinkt der Preis pro Gesprächsminute auf 0,25 Euro. Ab wie viel Minuten im Monat lohnt sich der Business-Tarif? Löse sowohl zeichnerisch als auch rechnerisch!

Zum Intensivieren

11 Im Klassenzimmer

In einer Klasse sind k Jungen und m Mädchen. Fasse in Worte!

a) $k < m$ b) $k \leq m$ c) $k \leq 2m$ d) $k > m+3$

e) $k \geq \frac{m}{2}$ f) $\frac{m}{2} < k < m$ g) $k \leq 0{,}8m$ h) $k+m \geq 34$

12 Drunter oder drüber?

a) Setze die x-Koordinaten der Punkte $P(4|5{,}5)$, $Q(7|4)$, $R(7|6{,}5)$ in die Gleichung $y = -x+13$ ein und entscheide, ob die Punkte oberhalb, auf oder unterhalb der zugehörigen Geraden liegen.

b) Wir betrachten das Dreieck ABC mit $A(2|2)$, $B(8|5)$ und $C(5|8)$. Wie muss ein Punkt bezüglich der drei Geraden AB, AC und BC jeweils liegen, damit er innerhalb des Dreiecks ABC liegt? Stelle die Gleichungen der drei Geraden auf. Entscheide damit, ob P, Q, R innerhalb oder außerhalb des Dreiecks ABC liegen. Überprüfe deine Rechnungen anhand einer Zeichnung.

13 Grafische und rechnerische Lösung

a) Zeichne die Geraden mit den Gleichungen $y = \frac{1}{3}x+1$ und $y = -3x+11$ in ein Koordinatensystem und bestimme den Schnittpunkt S.

b) Lies die Lösungsmenge der Ungleichung $\frac{1}{3}x+1 < -3x+11$ ab.

c) Löse nun die Ungleichung von Teilaufgabe b) rechnerisch.

d) Ändere den Term auf der linken Seite der Ungleichung so ab, dass sich die gleiche Lösungsmenge ergibt.

14 Zusatztraining

Gib die Lösungsmenge in Intervallschreibweise an ($G = \mathbb{Q}$)!

a) $3x-5 < 3(x-8)-2(3-5x)$ b) $3(x-2)-7 \leq 5(1-x)+2x$

c) $\frac{5}{4}x-1 < \frac{4}{3}(x+2)-\frac{5}{12}x$ d) $\frac{9}{4}(\frac{4}{9}x-8)-\frac{5}{6}(12-6x) > \frac{5}{2}x$

15 Grundwissen: Prozentrechnung

A) 30 von 75 Autos sind blau. Wie viel Prozent sind das?

B) 18 % von 500 Autos sind rot. Wie viele Autos sind rot?

C) 24 % der Autos sind 60 Stück. Wie viele Autos sind es insgesamt?

Berechne den

A) **Prozentsatz**	B) **Prozentwert**	C) **Grundwert**
a) 40 von 90	a) 40 % von 90	a) 40 % sind 50
b) 12 von 30	b) 12 % von 30	b) 12 % sind 30
c) 480 von 500	c) 42 % von 55	c) 13 % sind 52

Kollisionskurs

Der erfahrene Fluglotse Franz "Gucki" Altmann beobachtet schon seit einiger Zeit, wie sich der Airbus A und die Boeing B, die sich auf seinem Radarschirm genau senkrecht übereinander befinden, langsam näher kommen.

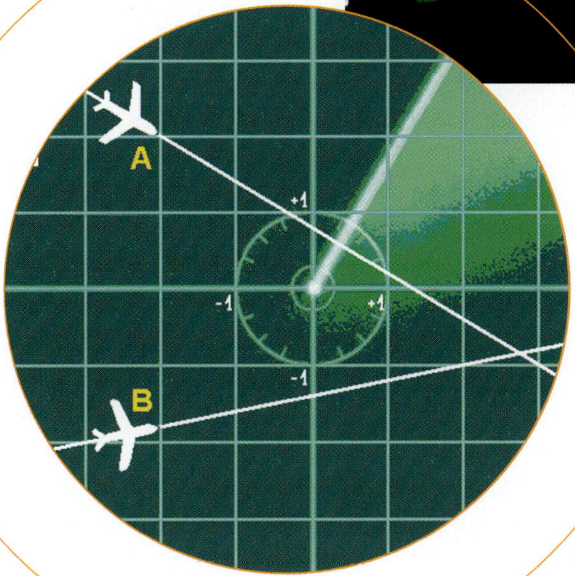

Franz beschreibt die Bahn der Flugzeuge mit den Gleichungen:

Airbus: $y_A = -\frac{3}{5}x + 0{,}8$

Boeing: $y_B = \frac{1}{5}x - 1{,}4$

1. Wie kann Franz diese Gleichungen dem Bildschirm entnehmen? Erkläre!
2. Lies auf dem Radarschirm die Koordinaten des Schnittpunktes S der beiden Flugrouten ab. Setze den x-Wert in beide Gleichungen ein und überprüfe, ob sich näherungsweise der abgelesene y-Wert ergibt.
3. Berechne die Koordinaten des Schnittpunktes S der beiden Flugrouten. Vergleiche mit den abgelesenen Werten.
4. Warum greift Franz nicht ein, obwohl die Flugzeuge gleichzeitig am selben Punkt S seines Radarschirms ankommen werden?
5. Welches Flugzeug ist schneller? Warum?

4.1 Lineare Gleichungen mit zwei Variablen

Gleichungen mit zwei Unbekannten

Bisher war beim Lösen einer Gleichung nur der Wert einer einzigen Variablen gesucht. Es gibt aber viele Probleme, die auf Gleichungen mit zwei oder mehr Unbekannten führen.

Sun-Fun-Tarif
SMS: 0,20 €
Minute: 0,80 €

Beispiel Thea hat zum rechts angegebenen Tarif eine Handy-Rechnung über 10 Euro ohne eine Aufschlüsselung der Leistungen bekommen. Unbekannt ist die Anzahl x der Minuten, die sie telefoniert hat, und die Anzahl y der SMS, die sie verschickt hat.
Da eine Minute 0,80 € und eine SMS 0,20 € kostet, beschreibt die Gleichung $0{,}8x + 0{,}2y = 10$ die Kosten. Eine Lösung ist z. B. $x = 10$ und $y = 10$, eine andere $x = 5$ und $y = 30$.

Wir wollen die Lösungen nicht durch Raten, sondern systematisch finden. Dazu lösen wir unsere Gleichung nach y auf:

$$0{,}8x + 0{,}2y = 10$$
$$0{,}2y = -0{,}8x + 10$$
$$y = -4x + 50$$

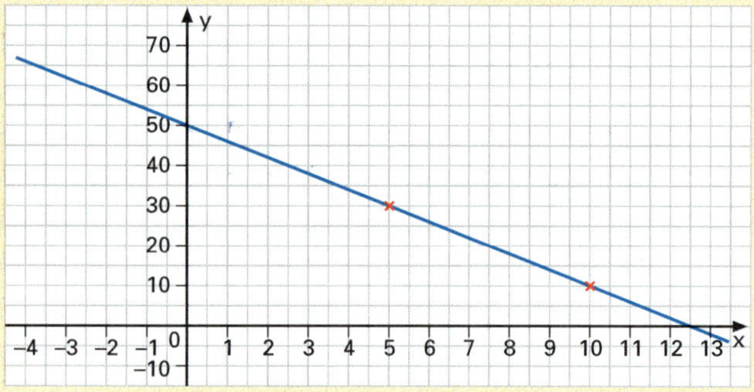

Das ist die Gleichung einer Geraden. Die Koordinaten aller Punkte der Geraden sind Lösungen unserer Gleichung.
Aber: Nur die Punkte der Geraden im I. Quadranten mit ganzzahligen Koordinaten sind Lösungen unseres Handy-Problems. Wir schreiben diese wie die Punktkoordinaten als Paare $(x|y)$ und erhalten mithilfe der nach y aufgelösten Gleichung:

$$L = \{(0|50), (1|46), (2|42), (3|38), \ldots, (11|6), (12|2)\}.$$

Unsere Handy-Aufgabe hat somit 13 Lösungen. Würden wir anstatt der natürlichen Zahlen alle rationalen Zahlen zulassen, gäbe es für die Gleichung $0{,}8x + 0{,}2y = 10$ unendlich viele Lösungen.

Unsere Ausgangsgleichung ist von der Form $ax + by = c$ mit den Parametern $a = 0{,}8$, $b = 0{,}2$ und $c = 10$. x und y sind die Lösungsvariablen.

Gleichungen von der Form $ax + by = c$ mit den Parametern a, b, c ($a, b \neq 0$) und den Lösungsvariablen x und y heißen **lineare Gleichungen mit zwei Unbekannten**. Ihre Lösungen sind Wertepaare $(x|y)$. Diese finden wir rechnerisch, wenn wir die Gleichung nach y auflösen und grafisch, wenn wir die Koordinaten von Punkten auf der zugehörigen Geraden ablesen.

Systeme linearer Gleichungen

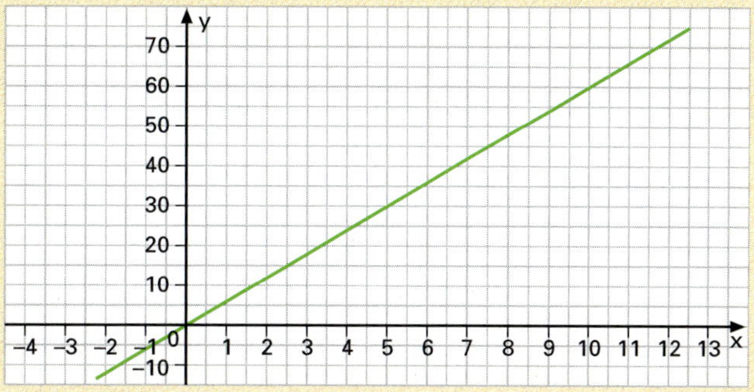

Um die 13 Lösungen unseres Handy-Beispiels weiter einzuschränken, benötigen wir noch eine zusätzliche Information: Im Mittel schreibt Thea in einem Monat sechsmal so viele SMS wie sie Minuten telefoniert. Diesen Zusammenhang beschreibt die lineare Gleichung $y = 6x$ bzw. $6x - y = 0$. Die zugehörige Gerade ist eine Ursprungsgerade mit der Steigung 6. Folgende Paare ganzzahliger Koordinaten im I. Quadranten erfüllen diese Bedingung:

$$L = \{(0|0), (1|6), (2|12), (3|18), \ldots\}.$$

Gehen wir davon aus, dass die Handy-Rechnung beide Bedingungen erfüllt, suchen wir jene Lösungen, welche die erste Gleichung **und** auch die zweite Gleichung erfüllen.

Ein **Gleichungssystem** besteht aus mehreren Gleichungen mit denselben Unbekannten. Die Lösungen eines **linearen Gleichungssystems mit zwei Unbekannten** sind diejenigen Zahlenpaare, die jede Gleichung erfüllen.

In unserem Beispiel lautet das Gleichungssystem:

(I) $0{,}8x + 0{,}2y = 10$
(II) $6x - y = 0$

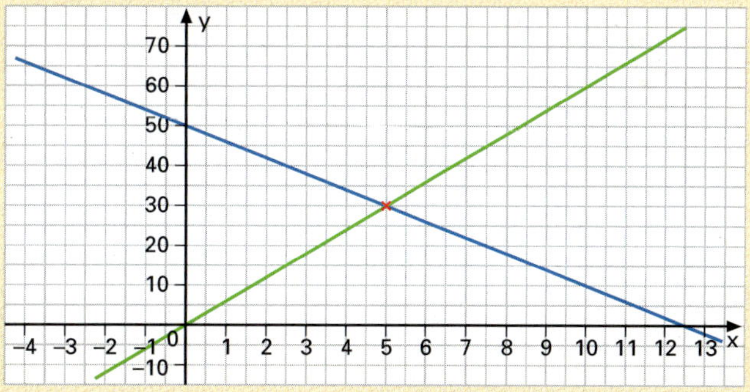

Die durch diese beiden Gleichungen bestimmten Geraden

(I) $y = -4x + 50$
(II) $y = 6x$

schneiden sich im Punkt S(5|30). Das Gleichungssystem hat also genau eine Lösung, nämlich $x = 5$ und $y = 30$; zusammengefasst: $L = \{(5|30)\}$.

Thea hat also im letzten Monat 5 Minuten telefoniert und 30 SMS geschrieben.

Grafische Lösung eines linearen Gleichungssystems
Die Zahlenpaare, die ein Gleichungssystem erfüllen, sind die Koordinaten der gemeinsamen Punkte der zugehörigen Geraden.

Bei der **rechnerischen Lösung** ermitteln wir in gewohnter Weise die Koordinaten des Schnittpunkts der beiden Geraden: Wir lösen beide Gleichungen nach y auf und setzen gleich. Deshalb sprechen wir vom **Gleichsetzverfahren.**

(I) $y = -4x + 50$ Gleichsetzen: $-4x + 50 = 6x$

(II) $y = 6x$ $\quad 50 = 10x$

$x = 5$

Wir erhalten den zugehörigen y-Wert, indem wir x in (I) oder (II) einsetzen: $y = 30$.

Gleichsetzverfahren
Wir lösen beide Gleichungen nach y auf und setzen die erhaltenen Terme gleich. So ergibt sich *eine Gleichung* für die *eine Unbekannte* x. Ihre Lösung setzen wir in eine der beiden Ausgangsgleichungen ein, um den Wert für y zu erhalten.

Wenn keine Einschränkungen angegeben sind, lassen wir künftig für die Variablen alle rationalen Zahlen zu.

Aufgaben

1 Zahlenrätsel
Welches der beiden folgenden Rätsel kannst du leichter lösen? Warum? Stelle zu jedem der beiden Rätsel eine Gleichung auf und löse sie. Worin unterscheiden sich die beiden Gleichungen?

a) Wenn man zum Dreifachen der gesuchten Zahl 10 addiert, so erhält man 4.
b) Wenn man zum Dreifachen der gesuchten Zahl x das Sechsfache der Zahl y addiert, erhält man 18.

2 Beim Bäcker
Michael hat 8 Euro für den Einkauf bekommen. Er überlegt: „Da kann ich 3 Croissants und 20 Brötchen kaufen“. Stimmt das? Gibt es noch andere Möglichkeiten? Löse systematisch!

3 Umfang eines Rechtecks
Welche Seitenlängen kann ein Rechteck mit dem Umfang 36 cm haben? Stelle dazu eine Gleichung auf. Bestimme Lösungen grafisch und rechnerisch. Gib auch nicht ganzzahlige Werte an.

4 Grafisches Lösen
Löse die folgenden linearen Gleichungssysteme grafisch.

a) (I) $2x + y = 4$
(II) $x - y = 2$

b) (I) $2x + 2y = -1$
(II) $-1{,}5x - 3y = -1{,}5$

c) (I) $3x + 2y = 5$
(II) $8x - 2y = 10$

5 Gleichsetzverfahren

Löse folgende lineare Gleichungssysteme mit dem Gleichsetzverfahren:

a) (I) $x+y=1$
(II) $y-x=2$

b) (I) $2x-6y-21=0$
(II) $8x-3y=0$

c) (I) $3x-4y-6{,}4=0$
(II) $5x-7y-10{,}5=0$

d) (I) $8x-5y=2$
(II) $x+y=3$

6 Eindeutig lösbar?

Löse zunächst die folgenden drei linearen Gleichungssysteme grafisch und beantworte anschließend die Frage: „Hat ein lineares Gleichungssystem immer genau eine Lösung?“. Löse anschließend die Gleichungssysteme rechnerisch und überprüfe damit deine Aussagen.

a) (I) $2x+3y=9$
(II) $x-y=2$

b) (I) $2x-3y=3$
(II) $4x-6y=-9$

c) (I) $3x+4y=5$
(II) $1{,}5x+2y=2{,}5$

7 Vermeiden von Brüchen

Löst man Gleichungen nach y auf, so erhält man manchmal mehrere Brüche, was das Rechnen erschwert. Warum darf man die Gleichungen auch nach x auflösen und gleichsetzen? Entscheide dich jeweils für das günstigere Verfahren.

a) (I) $x+3y=-12$
(II) $x-5y=52$

b) (I) $3x-2y+31=0$
(II) $5x+4y+15=0$

c) (I) $3x+6y=31$
(II) $3x+2y=11$

Zum Intensivieren

8 Reichweite eines Pkw

Ein Pkw startet mit vollem Tank in München, um nach Flensburg zu fahren. Das nebenstehende Diagramm zeigt den Tankinhalt in Abhängigkeit von der zurückgelegten Strecke.

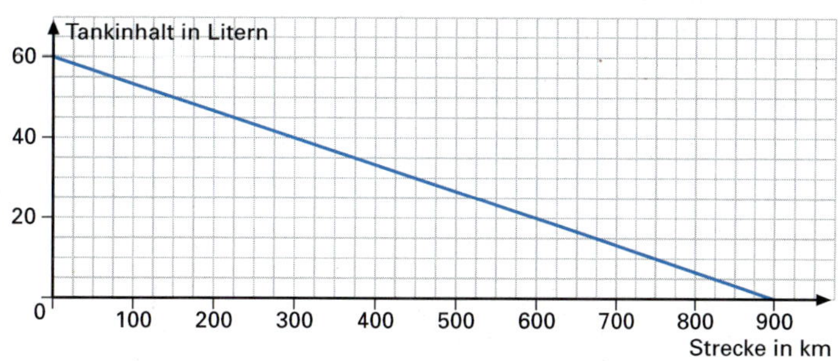

a) Erreicht der Pkw Flensburg, ohne nachzutanken? Hat der Fahrer eine Pause gemacht?

b) Wie groß ist der Benzinverbrauch pro 100 km?

c) Der Tankinhalt wird durch eine lineare Funktion beschrieben. Was bedeutet das für die Fahrweise des Pkw? Wie lautet die Gleichung der linearen Funktion?

d) Welche anschauliche Bedeutung hat die Steigung der Geraden?

e) Bei sehr niedrigen Temperaturen steigt der Benzinverbrauch um ca. 50%, bis der Motor warm gelaufen ist. Skizziere das Verbrauchsdiagramm für diese Anfangsphase!

9 Grundwissen: Ausmultiplizieren

Multipliziere den Term der linken Spalte jeweils aus. Wenn du richtig gerechnet hast, müsstest du ein Ergebnis aus der rechten Spalte erhalten.

A) $(3x+5)(2x-8)$	1) $4x+13$
B) $3(x-2)-2x(x+3)$	2) $-2x^2-3x-6$
C) $(3x-4)(x-2)+(5-x)(3x+1)$	3) $-3x^2+22x-40$
D) $5(x-4)-(3x-5)(x-4)$	4) $-x^2+3x+10$
E) $2(x-2)(x+2)-3(x+2)(x-3)$	5) $6x^2-14x-40$

10 Essigpanscherei

Vier gleich große Flaschen enthalten Essig, drei mit 5 % Essigsäure und eine mit 25 % Säure. Die vier Flaschen werden in einen Eimer geschüttet. Wie viel Prozent Essigsäure enthält die Mischung?

A) 7,5 % B) 10 % C) 12,5 % D) 15 % E) 17,5 % F) 20 %

11 Tische und Fische

Stellt der Koch auf jeden Tisch eine Portion leckren Fisch,
so fehlt einer Portion Fisch ein Tisch.
Stellt der Koch auf jeden Tisch
zwei Portionen Fisch,
so bleibt ein Tisch ohne Fisch.
Wie viel Tische?
Wie viel Fische?

(Johannes Lehmann)

Übersetze das Gedicht in zwei Gleichungen, wobei x die Anzahl der Tische und y die Anzahl der Fische sei. Löse anschließend das Gleichungssystem.

4.2 Lösungsverfahren für lineare Gleichungssysteme

Beim rechnerischen Lösen eines linearen Gleichungssystems durch Gleichsetzen wird aus *zwei* Gleichungen mit *zwei* Unbekannten *eine* Gleichung mit *einer* Unbekannten. Das Entfernen einer Unbekannten nennt man nach dem lateinischen Wort *eliminare* für *heraustreiben* **eliminieren** (Aufgabe 1). Es gibt noch weitere Verfahren zum Eliminieren von Unbekannten aus Gleichungssystemen.

Das Einsetzverfahren

Familie Meier interessiert sich für zwei rechteckige Baugrundstücke, deren Flächen gleich groß sind. Das zweite Grundstück ist jedoch um 3 m länger als das erste Grundstück, dafür um 2 m schmaler.

Kann man aus diesen Angaben bereits die Länge und die Breite der beiden Grundstücke ermitteln?

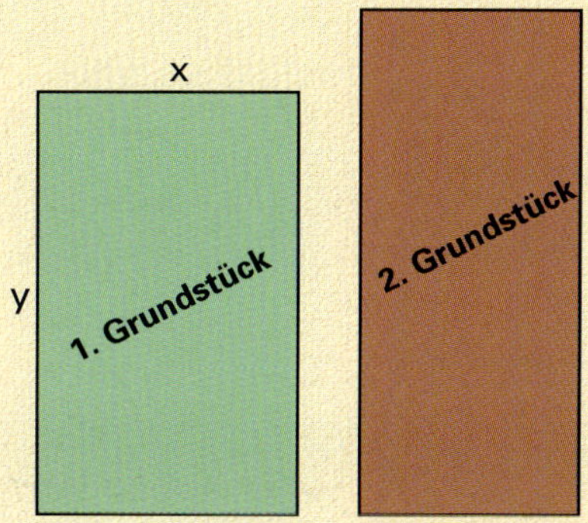

Wir stellen mithilfe der Tabelle

	Breite	Länge	Fläche
1. Grundstück	x	y	xy
2. Grundstück	$x-2$	$y+3$	$(x-2)(y+3)$

die zugehörige Gleichung auf: $xy = (x-2)(y+3)$. Da sie zwei Unbekannte enthält, ist sie nicht eindeutig lösbar. Wir brauchen dafür eine weitere Angabe, z. B.: „Beim ersten Grundstück ist die Länge um 4 m größer als die Breite“. Damit erhalten wir eine zweite Gleichung: $y = x+4$.

Also: (I) $xy = (x-2)(y+3)$
(II) $y = x+4$

Das Lösen mit dem Gleichsetzverfahren wäre aufwändig, da wir dazu Gleichung (I) zunächst nach y auflösen müssten. Zum Eliminieren einer Unbekannten ersetzen wir y in Gleichung (I) durch den Term aus Gleichung (II) $y = x+4$:

$$\text{(I)}\quad \begin{aligned} xy &= (x-2)(y+3) \\ x(x+4) &= (x-2)(x+4+3) \\ x^2+4x &= (x-2)(x+7) \\ x^2+4x &= x^2+7x-2x-14 \\ 4x &= 5x-14 \\ 14 &= x \end{aligned}$$

Setzen wir $x = 14$ in Gleichung (II) ein, ergibt sich $y = 14+4 = 18$.

Die Seiten des ersten Grundstücks sind 14 m und 18 m lang, die des zweiten 12 m und 21 m. Beide besitzen den Flächeninhalt:

$$14\,\text{m} \cdot 18\,\text{m} = 12\,\text{m} \cdot 21\,\text{m} = 252\,\text{m}^2.$$

Man kann eine Gleichung auch nach x auflösen und den Term für x in die andere einsetzen. Dann erhält man *eine* Gleichung für die *eine* Unbekannte y.

Beispiel

(I) $2x - 5y = 80$
(II) $x + 3y = -15$

Hier ist es offensichtlich zweckmäßig, Gleichung (II) nach x aufzulösen und den Term in Gleichung (I) für x einzusetzen:

(II') $x = -3y - 15$ in (I) eingesetzt: (I') $2(-3y - 15) - 5y = 80$

$$-6y - 30 - 5y = 80$$
$$-11y = 110$$
$$y = -10$$

In (II') eingesetzt: $x = -3 \cdot (-10) - 15 = 30 - 15 = 15$.
Somit ist $L = \{(15|-10)\}$.

Einsetzverfahren
Wir lösen eine der beiden Gleichungen nach einer Variablen auf und setzen den erhaltenen Term für diese Variable in die andere Gleichung ein. Dadurch erhalten wir *eine* Gleichung mit *einer* Unbekannten.

Das Additionsverfahren

Inga steht in einer Schlange am Kiosk an. Alex kauft 7 Eis und 5 Schokoriegel. Das kostet 11,90 Euro. Dann kauft Bernd 3 Eis und 5 Schokoriegel und muss 7,10 Euro bezahlen. Inga hat nur 80 Cent. Reichen diese, um entweder ein Eis oder einen Schokoriegel zu kaufen?

Bezeichnen wir den Preis für ein Eis (in Euro) mit x und den Preis für einen Schokoriegel (in Euro) mit y, erhalten wir das lineare Gleichungssystem

(I) $7x + 5y = 11{,}90$
(II) $3x + 5y = 7{,}10$

Statt dieses System mit dem Einsetzverfahren zu lösen, geht Inga geschickter vor. Sie überlegt:

„Alex hat gleich viele Schokoriegel wie Bernd, aber 4 Eis mehr als Bernd gekauft und er hat dafür 11,90 € − 7,10 € = 4,80 € mehr bezahlt. Also kostet ein Eis 4,80 € : 4 = 1,20 €. Bernd hat für die 5 Schokoriegel 7,10 € − 3 · 1,20 € = 3,50 € bezahlt. Also kostet ein Schokoriegel 70 Cent."

Aus Ingas Überlegungen lässt sich ein Lösungsverfahren für Gleichungssysteme entwickeln: Zur Veranschaulichung der Gedankengänge benutzen wir Waagen.

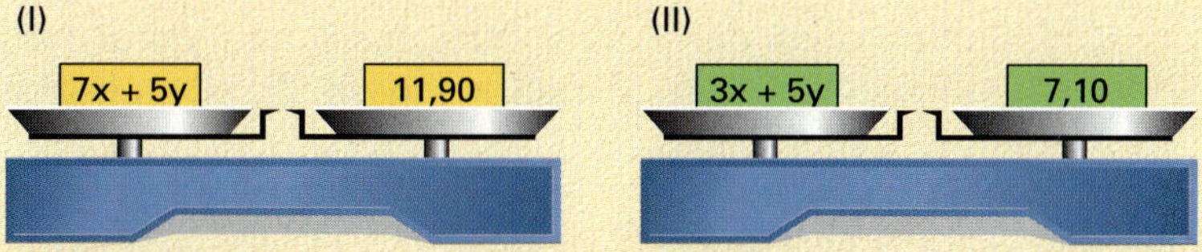

Eine Waage bleibt im Gleichgewicht, wenn wir auf beiden Seiten Gleiches wegnehmen oder dazulegen. Da uns die Waage (II) zeigt, dass $3x+5y$ und 7,10 gleich sind, können wir bei Waage (I) auf der linken Seite $3x+5y$ wegnehmen, wenn wir gleichzeitig auf der rechten Seite 7,10 wegnehmen.

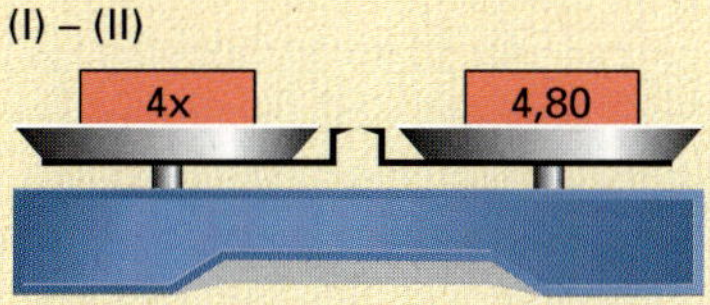

Zur besseren Übersicht trennen wir das Gleichungssystem durch einen waagrechten Strich von der Umformung:

$$\begin{array}{lrcl} \text{(I)} & 7x+5y & = & 11{,}90 \\ \text{(II)} & 3x+5y & = & 7{,}10 \\ \hline \text{(I)}-\text{(II)} & 4x & = & 4{,}80 \end{array}$$

Die neue Gleichung (I) – (II) enthält nur noch die eine Unbekannte x. Wir können nach x auflösen und erhalten $x = 1{,}20$.

Um y zu bestimmen, müssen wir $x = 1{,}20$ in eine der beiden Ausgangsgleichungen einsetzen, z. B. in (II):

$$\begin{aligned} 3 \cdot 1{,}20 + 5y &= 7{,}10 \\ 5y &= 7{,}10 - 3{,}60 \\ 5y &= 3{,}50 \\ y &= 0{,}70 \end{aligned}$$

Ein Eis kostet 1,20 € und ein Schokoriegel 70 Cent.

In unserem Beispiel hat sich die Subtraktion der beiden Gleichungen angeboten, da in jeder der Term $+5y$ vorkommt. Dieser, und damit die Variable y, wurde durch die Subtraktion eliminiert. Im Allgemeinen sind die Koeffizienten der Variablen aber verschieden. Dann müssen wir die beiden Gleichungen des Systems vor der Subtraktion bzw. Addition mit je einem geeigneten Faktor multiplizieren.

Beispiel

(I) $4x+3y=15$
(II) $6x-5y=13$

Die Multiplikation der 1. Gleichung mit 5 und der zweiten Gleichung mit 3 ergibt $+15y$ in (I) und $-15y$ in (II). Durch anschließendes Addieren wird y eliminiert:

$$\begin{array}{lll} \text{(I)} & 4x+3y=15 & |\cdot 5 \\ \text{(II)} & 6x-5y=13 & |\cdot 3 \\ \hline \text{(I')} & 20x+15y=75 & \\ \text{(II')} & 18x-15y=39 & \\ \hline \text{(I')+(II')} & 38x=114 & |:38 \\ & x=3 & \end{array}$$

In (I) eingesetzt:

$$\begin{aligned} 12+3y &= 15 \\ 3y &= 3 \\ y &= 1 \end{aligned}$$

Wir erhalten: $L=\{(3|1)\}$

Additionsverfahren
Wir multiplizieren die beiden Gleichungen so mit Faktoren, dass sich in den neuen Gleichungen die Koeffizienten bei einer der beiden Unbekannten nur im Vorzeichen unterscheiden. Durch Addieren der neuen Gleichungen verschwindet diese Unbekannte.

Anstatt eine Gleichung zu subtrahieren, können wir auch die mit -1 multiplizierte Gleichung addieren. Da Addieren einfacher als Subtrahieren ist, ersetzen wir das Subtrahieren von Gleichungen durch ein Addieren.

Aufgaben

1 Hasen und Hühner: Lösen mit zwei oder mit einer Unbekannten

Die folgende chinesische Denkaufgabe ist über viereinhalbtausend Jahre alt: „In einem Käfig sind Hasen und Hühner eingesperrt. Die Tiere haben zusammen 35 Köpfe und 94 Füße. Wie viele Hasen und wie viele Hühner sind es?“

a) Bezeichne die Anzahl der Hasen mit x und die Anzahl der Hühner mit y. Stelle eine Gleichung für die Gesamtzahl der Köpfe und eine für die Gesamtzahl der Füße auf. Löse das Gleichungssystem mit dem Gleichsetzverfahren.

b) Stelle unter Verwendung nur der einen Unbekannten x eine Gleichung für die Anzahl der Füße auf. Wie geht diese Gleichung aus der zweiten Gleichung von a) hervor? Löse die Gleichung.

c) Welches der beiden Verfahren ist für das Lösen von Textaufgaben einfacher? Warum?

2 Einsetzverfahren

Löse die folgenden linearen Gleichungssysteme:

a) (I) $2x + y = 3$
(II) $y = 2$

b) (I) $x + 2y = 15$
(II) $x = 3y$

c) (I) $5x + 3y = 5$
(II) $5x = -2y$

d) (I) $4x - 7y = 2$
(II) $7y - 9x = 3$

e) (I) $x + 2y = 5$
(II) $5x + 6y = 23$

f) (I) $5x + 4y = 8$
(II) $15x - 8y = 24$

g) (I) $24y - 21x = 23$
(II) $7x + 16y = \frac{25}{3}$

h) (I) $4x + 5y = 40$
(II) $6x - 7y = 2$

i) (I) $7x - 1 = 3x$
(II) $5x + 3y = 2$

3 Zahlenrätsel

a) Eine Zahl ist um 19 größer als eine andere. Addiert man zum Dreifachen der größeren Zahl das Doppelte der kleineren, so erhält man 323.

b) Die Summe zweier Zahlen beträgt 87, ihre Differenz 53.

c) Eine Zahl ist das Fünffache einer anderen. Ihr Produkt wird um 355 größer, wenn man die größere Zahl um 5 vermindert und gleichzeitig die kleinere um 5 vermehrt.

4 Platzprobleme

a) Ein rechteckiges Grundstück ist doppelt so lang wie breit. Verkürzt man seine Länge um 5 m und vergrößert gleichzeitig seine Breite um 6 m, so verringert sich der Flächeninhalt um 2 m². Berechne die Seitenlängen des ursprünglichen Grundstücks. Wie lang ist eine Umzäunung dieses Grundstücks?

b) Ein rechteckiges Grundstück hat einen Umfang von 60 m. Wenn man seine Länge verdoppelt und die Breite um 8 m vergrößert oder seine Breite verdoppelt und die Länge um 12 m vergrößert, so sind die beiden neuen Grundstücke flächengleich. Wie groß sind die Seitenlängen des ursprünglichen Grundstücks?

5 Additionsverfahren

Löse die folgenden linearen Gleichungssysteme:

a) (I) $x - y = 1$
(II) $x + y = 4$

b) (I) $2x + 3y = 1$
(II) $2x - 3y = 7$

c) (I) $x + 2y = 11$
(II) $x - y = 2$

d) (I) $x - y = 2$
(II) $2x + 3y = 9$

e) (I) $5x - 9y = 8$
(II) $10x - 3y = 6$

f) (I) $-5x + 2y = 6$
(II) $2x + 3y = 9$

g) (I) $0{,}3x + 0{,}2y = 0{,}8$
(II) $0{,}4x - 0{,}5y = 0{,}3$

h) (I) $\frac{1}{2}x - 2y = 4$
(II) $x + 3y = 1$

i) (I) $\frac{1}{2}x + \frac{1}{6}y = 1$
(II) $\frac{1}{4}x - \frac{1}{3}y = 3$

6 Beim Bäcker

Was kostet ein Brötchen, was kostet ein Croissant?

7 „Alles oder nichts?"

Löse die folgenden Gleichungssysteme zuerst grafisch und dann mit dem Additionsverfahren. Alle haben entweder keine oder unendlich viele Lösungen. Was bedeutet dies für deine Zeichnung bzw. für deine Rechnung? Halte deine Erkenntnisse schriftlich fest.

a) (I) $x + y = 4$
(II) $x + y = 3$

b) (I) $x + y = 4$
(II) $3x + 3y = 12$

c) (I) $2x + y = 3$
(II) $6x + 3y = 9$

d) (I) $2x + y = 3$
(II) $6x + 3y = 11$

e) (I) $8x - 12y = 5$
(II) $9y - 6x = 4$

f) (I) $2x - 3y = 1$
(II) $x = 1{,}5y$

8 Gerade gesucht

Wir suchen die Gleichung der Geraden, die durch die Punkte $A(2|-6)$ und $B(-4|9)$ verläuft. Dazu setzen wir die beiden Punkte A und B in die allgemeine Geradengleichung $y = mx + t$ ein. Anschließend lösen wir das dadurch entstehende Gleichungssystem mit den Unbekannten m und t:

A eingesetzt, also $x = 2$ und $y = -6$: (I) $-6 = 2m + t$

B eingesetzt, also $x = -4$ und $y = 9$: (II) $9 = -4m + t$

a) Löse dieses Gleichungssystem. Wie lautet die Gleichung der Geraden AB?

Bestimme anschließend nach dem gleichen Verfahren die Gleichung der Geraden, auf der die Punkte A und B liegen:

b) $A(3|6{,}5)$; $B(-4|-7{,}5)$ c) $A(-10|1)$; $B(1|-10)$ d) $A(-3|6)$; $B(9|2)$

9 „Freistil-Rechnen"

Löse mit dem Verfahren, das dir am günstigsten erscheint:

a) (I) $7x + 3y = 12$
(II) $4x - 5y = 27$

b) (I) $7y - 3x = 6$
(II) $3x + 2y = 3$

c) (I) $2x - 3y = 0$
(II) $x + 1{,}5y = 0$

d) (I) $8 + 17y = 42$
(II) $2x + 19y = 40$

e) (I) $28x + y = 33$
(II) $11y - 21x = 34$

f) (I) $8x - 12y = 5$
(II) $9y - 6x = 4$

g) (I) $4(3x - 5) - 2(y - x) = 2$
(II) $2(5x - y) - 3y = 5$

h) (I) $2(3x - y) - 3(x - y) = 1$
(II) $3(2x - y) + 4(x - 2y) = 32$

i) (I) $2{,}5x + 0{,}5y = 4$
(II) $x - 1{,}5y = 7$

k) (I) $(x - 1)(2y - 3) = y(2x - 1)$
(II) $6(x - 1)(y + 1) = (3x - 2)(2y + 3)$

10 Altersrätsel

a) Eine Mutter ist siebenmal so alt wie ihre Tochter; beide zusammen sind 40 Jahre alt. Wie alt sind Mutter und Tochter?

b) Eine Mutter war vor 7 Jahren siebenmal so alt wie ihre Tochter damals war. In 3 Jahren wird die Mutter dreimal so alt sein, wie ihre Tochter sein wird. Wie alt sind jetzt Mutter und Tochter?
Hinweis: Erstelle zunächst eine Tabelle nach folgendem Muster und fülle sie vollständig aus. Stelle anschließend zwei Gleichungen auf.

	Alter vor 7 Jahren	Alter heute	Alter in 3 Jahren
Mutter	?	x	?
Tochter	?	y	?

c) Ein Großvater und sein Enkel sind jetzt zusammen 100 Jahre alt. Vor 10 Jahren war der Großvater gerade dreimal so alt wie der Enkel. Wie alt sind beide jetzt?

d) Wenn Peter fünf Jahre jünger wäre, dann wäre er zweimal so alt wie Paul war, als er sechs Jahre jünger war; und wenn Peter neun Jahre älter wäre, dann wäre er dreimal so alt wie Paul, wenn Paul vier Jahre jünger wäre.

11 Bewegungsaufgaben

a) Schwimmt Ben mit der Strömung eines Flusses, so erreicht er eine Geschwindigkeit von $5\,\frac{km}{h}$. Schwimmt er „gegen den Strom", so beträgt seine Geschwindigkeit nur noch $2{,}4\,\frac{km}{h}$. Wie schnell fließt das Wasser? Wie viele Meter sind das in einer Sekunde? Wie viel Prozent von Bens Schwimmgeschwindigkeit sind das?

b) Ein Flug von Frankfurt nach New York über 6150 km dauert gegen den Wind 8,2 Stunden. Der Rückflug dauert 7,5 Stunden. Bestimme die Wind- und Flugzeuggeschwindigkeit unter der Voraussetzung, dass diese bei Hin- und Rückflug gleich sind.

c) Suche im Internet für einen Hin- und einen Rückflug von Frankfurt nach New York Abflug- und Ankunftzeiten. Vergleiche mit den Werten von b).

Zum Intensivieren

12 Grundwissen: Rechnen mit Brüchen

Löse folgende lineare Gleichungssysteme:

a) (I) $2{,}5x + 0{,}5y = 4$
(II) $2x - 1{,}5y = 7$

b) (I) $0{,}5x + 0{,}1y = 1$
(II) $0{,}3x - 0{,}2y = 1{,}9$

c) (I) $1{,}2x - 0{,}8y = 2$
(II) $1{,}8x + 2{,}8y = -1$

d) (I) $\frac{1}{2}x - \frac{1}{3}y = 3$
(II) $\frac{1}{4}x + y = -2$

e) (I) $\frac{1}{5}x + \frac{1}{2}y = -2$
(II) $\frac{1}{2}x - \frac{1}{4}y = 1$

f) (I) $\frac{2}{3}x - \frac{1}{5}y = 2$
(II) $\frac{1}{6}x - \frac{3}{10}y = -2$

13 Regelmäßige Vielecke

Ein Vieleck heißt regelmäßig, wenn alle Seiten gleich lang und alle Winkel gleich groß sind. Das regelmäßige Dreieck ist das gleichseitige Dreieck, das regelmäßige Viereck das Quadrat.

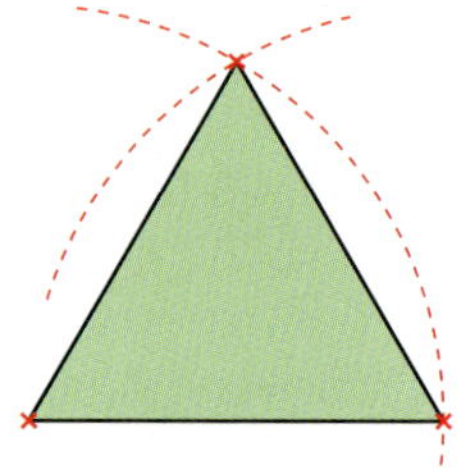

a) Konstruiere ein regelmäßiges Dreieck mit der Seitenlänge $a = 4\,\text{cm}$.

b) Konstruiere ein regelmäßiges Viereck und ein regelmäßiges Achteck, jeweils mit dem Umkreisradius $r = 4\,\text{cm}$.

c) Welches Dreieck erhält man, wenn man in einem regelmäßigen Sechseck den Umkreismittelpunkt M mit den Endpunkten einer Seite verbindet? Welcher Zusammenhang besteht also zwischen der Seitenlänge a und dem Umkreisradius r eines regelmäßigen Sechsecks? Konstruiere ein regelmäßiges Sechseck mit der Seitenlänge $a = 4\,\text{cm}$. Konstruiere ein regelmäßiges Zwölfeck mit dem Umkreisradius $r = 4\,\text{cm}$.

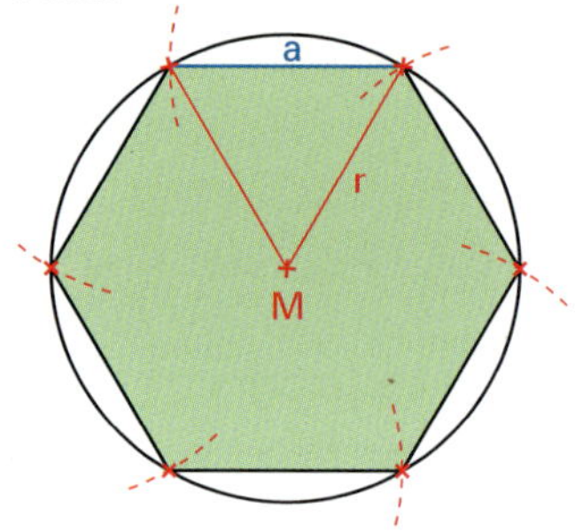

d) Goran hat regelmäßige Vielecke gezeichnet:

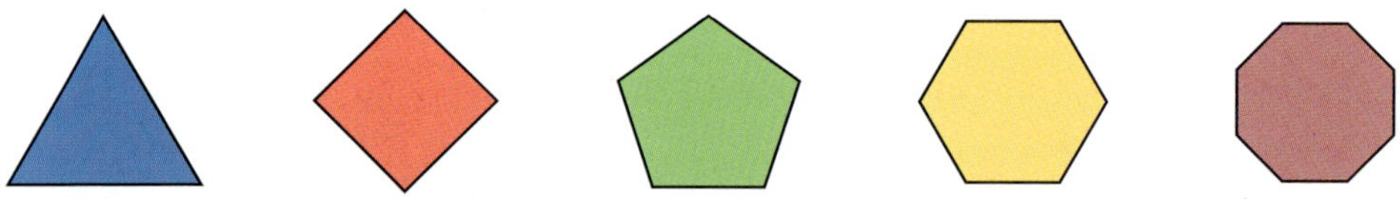

Wie groß ist jeweils die Summe der Innenwinkel?
Gib einen Term dafür in Abhängigkeit von der Anzahl n der Ecken an. Wie groß ist jeweils ein Innenwinkel in Abhängigkeit von n?
Überprüfe deine Formeln am Dreieck und am Viereck.

e) Goran denkt sich folgendes Rätsel aus:

„*Wenn ich 5 Vielecke der einen Sorte und 4 Vielecke der anderen Sorte nehme, erhalte ich insgesamt 57 Ecken. Nehme ich dagegen von der ersten Sorte 4 und von der zweiten 5, so erhalte ich 60 Ecken*“.

Berechne, welche Sorten Goran meint.
Denke dir selbst ähnliche Rätsel aus und lasse sie von deinem Nachbarn lösen.

14 Gleichungssysteme – etwas schwieriger!

a) (I) $5(x+y)-3(x-y) = 26$
(II) $3(x-y)+2(x+y) = 2$

b) (I) $5(x+y)-4(x-y) = 13$
(II) $6(2x+3y)-7(2x-3y) = 31$

c) (I) $(x-1)(2y-3) = y(2x-1)$
(II) $6(x-1)(y+1) = 3x(2y+4)$

d) (I) $4x(2y+3) = 2(y+1)(4x-1)$
(II) $y(4x-5) = 2(2x-1)(y+2)$

Bruchfunktionen und Potenzen

Abgeblitzt

Der Eingangsbereich des Fashion Cafés in New York ist als ein riesiges Kamera-Objektiv gestaltet. Dahinter treffen sich bekannte und attraktive Persönlichkeiten aus der Modebranche. Wir interessieren uns für die Daten auf dem Objektiv, denn dahinter verbergen sich bekannte und attraktive Funktionsgraphen ...

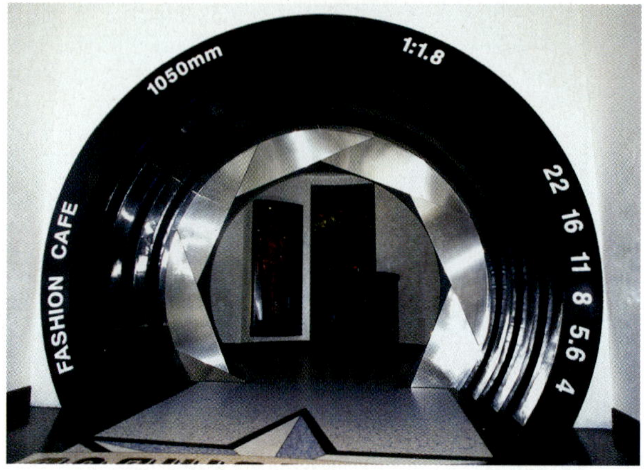

Die Zahlen **22 16 11 8 5,6 4** sind Blendenwerte. Sie beschreiben, wie groß die etwa kreisrunde Öffnung des Objektivs während der Belichtung des Films ist. Um das Geheimnis dieser Zahlenfolge zu lüften, betrachten wir die gerundeten Durchmesserwerte d und Flächeninhalte A verschiedener Blendenöffnungen x.

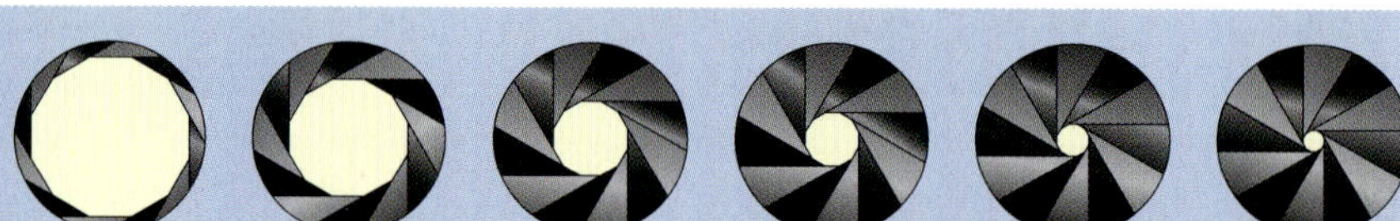

Blende x	4	5.6	8	11	16	22
d in mm	20	14	10	7	5	3,5
A in mm^2	314	156	78,5	39	19,6	9,8

1. Welchen Blendenwert benutzt man beim Fotografieren heller Gegenstände, welchen bei dunklen Objekten?

2. Wie hängen x und d voneinander ab? Berechne zum Blendenwert $x = 2$ den zugehörigen Durchmesser d. Wie kannst du zu einem beliebigen Blendenwert x den Durchmesser d berechnen?

3. Mit welchem Faktor muss man einen Blendenwert x näherungsweise multiplizieren, um zum nächstgrößeren zu kommen? Wie lautet dieser Faktor für die Durchmesser d und wie der für die Flächeninhalte A?

4. Wie berechnet man mithilfe des Durchmessers d den Flächeninhalt A? Stelle mit dieser Formel und deinem Ergebnis aus Aufgabe 2 eine Formel auf, mit der du zu einem beliebigen Blendenwert x den Flächeninhalt A berechnen kannst.

5. Zeichne in ein Koordinatensystem den Graphen der Funktion "Blende $x \mapsto$ Durchmesser d". Verwende dazu die Tabellenwerte und nimm eine Kästchenlänge als Einheit auf den Achsen. Zeichne in ein weiteres Koordinatensystem den Graphen der Funktion "Blende $x \mapsto$ Fläche A".
Teile dazu die x-Achse genauso ein und verwende auf der A-Achse den Maßstab $10\ mm^2 \triangleq 1$ Kästchenlänge. Welche Unterschiede und welche Gemeinsamkeiten weisen die Graphen von d(x) und A(x) auf?

5.1 Einfache Bruchterme und Bruchfunktionen

Bruchterme

Im Main-Tauber-Kreis findet man bei Boxberg die rechts abgebildete Bosch-Teststrecke. Sie hat die Form eines Ovals und ist 3000 m lang.

Kennen wir von einem Fahrzeug den zurückgelegten Weg s und die dafür benötigte Zeit t, können wir seine mittlere Geschwindigkeit v berechen:

$$v = \frac{s}{t} \qquad \text{(Aufgabe 1).}$$

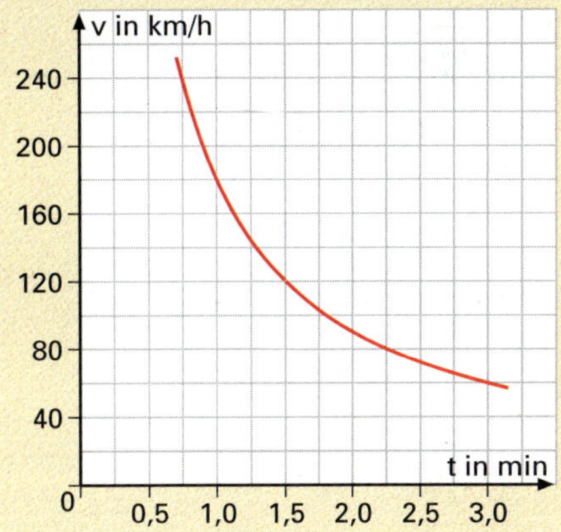

Wir wollen bei gegebenem Weg von einer Runde (s = 3,0 km) den Zusammenhang zwischen Geschwindigkeit v und Zeit t untersuchen.
Benötigt ein Rennwagen für eine Runde 3,0 min, beträgt seine Geschwindigkeit $v = \frac{3\,\text{km}}{3\,\text{min}} = 1\,\frac{\text{km}}{\text{min}} = 60\,\frac{\text{km}}{\text{h}}$.
Bei 1,5 min ist die Geschwindigkeit doppelt so groß, also $120\,\frac{\text{km}}{\text{h}}$.
Braucht der Rennwagen für eine Runde nur 1,0 min, beträgt seine Geschwindigkeit $180\,\frac{\text{km}}{\text{h}}$.
Bei vorgegebenem Weg sind Geschwindigkeit und Fahrzeit t *indirekt proportional*.
Der Graph der Funktion $t \mapsto v$ ist eine *Hyperbel*.
Im Term $\frac{s}{t}$ für die Geschwindigkeit v tritt die Variable t im Nenner auf.

> Terme, bei denen Variablen im Nenner auftreten, heißen **Bruchterme**. Für die Variablen dürfen wir keine Zahlen einsetzen, für die der Nenner Null wird.

Beachte: $\frac{3}{x}$ ist ein Bruchterm. Für x darf nicht 0 eingesetzt werden: $x \neq 0$.
Dagegen handelt es sich bei $\frac{x}{3} = \frac{1}{3}x$ um keinen Bruchterm. Setzt man in diesen Term für x = 0 ein, so erhält man $\frac{0}{3} = 0$.

> Die Menge der Zahlen, die man für eine Variable in einen Term einsetzen darf, heißt **Definitionsmenge D**.

Einfache Bruchfunktionen

In den Term $\frac{3}{x}$ dürfen wir alle rationalen Zahlen außer 0 einsetzen. Seine **Definitionsmenge** ist die Menge der rationalen Zahlen $\mathbb{Q}$ ohne 0. Dafür schreiben wir kurz $D = \mathbb{Q}\backslash\{0\}$ (gelesen: „Q ohne 0“).

> Ist der Term einer Funktion ein Bruchterm, nennt man die Funktion **Bruchfunktion**.

Auch bei Funktionen heißt die Menge der Zahlen, die man für die Funktionsvariable einsetzen darf, Definitionsmenge.

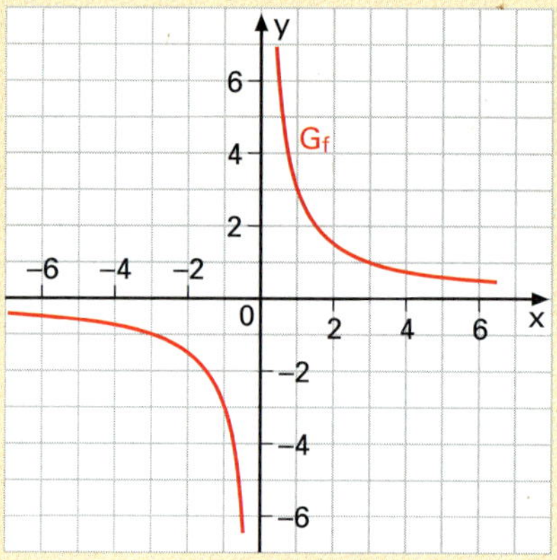

Nehmen wir $D = \mathbb{Q}\backslash\{0\}$ als Definitionsmenge der Bruchfunktion $f(x) = \frac{3}{x}$, so ist mit $P_1(1|3)$ auch $P'_1(-1|-3)$, mit $P_2(2|1{,}5)$ auch $P'_2(-2|-1{,}5)$, …, ein Punkt des Graphen G_f. Das bedeutet: Spiegeln wir die im I. Quadranten liegenden Punkte der Hyperbel am Nullpunkt, so erhalten wir einen zweiten Ast der Hyperbel im III. Quadranten. Die aus beiden Ästen bestehende Hyperbel ist punktsymmetrisch zum Nullpunkt.

Die Bruchfunktion $g(x) = \frac{3}{x-1} + 2$ hat die Definitionsmenge $D = \mathbb{Q}\backslash\{1\}$. Ihren Graphen G_g können wir aus G_f entwickeln (Aufgabe 5):

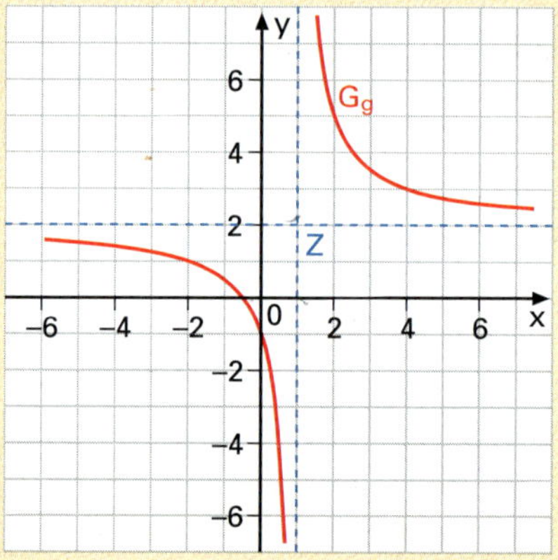

Da im Term von g anstelle von x jetzt $x-1$ steht, erhalten wir für den Bruch den gleichen Wert, wenn wir für x die um 1 höhere Zahl einsetzen. Das verschiebt die Hyperbel um eine Einheit nach rechts. Dann müssen wir noch zu jedem Bruch 2 addieren. Das erhöht alle Funktionswerte um 2. Die Hyperbel wird um 2 Einheiten angehoben.
Den Graphen G_g erhalten wir also aus G_f, indem wir diesen um eine Einheit nach rechts und um zwei Einheiten nach oben verschieben.
G_g ist somit eine Hyperbel mit dem Symmetriezentrum $Z(1|2)$.

> Eine Gerade, der sich der Graph einer Funktion immer mehr annähert, ohne sie je zu erreichen, heißt **Asymptote**.

Die x-Achse ist waagrechte Asymptote von G_f, die y-Achse senkrechte Asymptote.
G_g geht durch eine Verschiebung um 2 Einheiten nach oben und um 1 Einheit nach rechts aus G_f hervor. Deshalb ist die Gerade $y = 2$ waagrechte Asymptote von G_g, die Gerade $x = 1$ senkrechte Asymptote.

Aufgaben

1 Die Geschwindigkeit als Funktion des zurückgelegten Weges

Für die Bosch-Teststrecke von Seite 79 ist eine Messzeit von $t = 3{,}0$ min vorgegeben. Wir wollen den Zusammenhang zwischen v und s untersuchen.

a) Berechne jeweils die mittlere Geschwindigkeit eines Rennwagens, wenn er in dieser Zeit eine, zwei oder drei Runden zurücklegt.

b) Welcher Zusammenhang besteht bei vorgegebener Messzeit t zwischen Geschwindigkeit v und zurückgelegtem Weg s?

c) Zeichne den Graphen der Funktion $s \mapsto v$.

2 Bruchfunktion?

Wir untersuchen die Funktionen $f(x) = \frac{x-4}{2}$ und $g(x) = \frac{2}{x-4}$.

a) Welche der beiden Funktionen ist eine Bruchfunktion?

b) Bestimme die Definitionsmenge der Bruchfunktion.

c) Erstelle eine Wertetabelle für $-2 \leq x \leq 9$ mit der Schrittweite 1.

d) Zeichne die Graphen G_f und G_g der Funktionen in ein Koordinatensystem. Gib die Koordinaten des Symmetriezentrums Z der Bruchfunktion und die Gleichungen ihrer Asymptoten an.

e) Lies die Koordinaten der Schnittpunkte der beiden Graphen ab.

3 Definitionsmenge gesucht

Bestimme jeweils die Definitionsmenge der Bruchfunktion $x \mapsto y$.

a) $y = \frac{1}{7x}$ b) $y = \frac{1}{x-7}$ c) $y = \frac{x}{x+3}$ d) $y = \frac{1}{3x^2}$

e) $y = \frac{5x}{2x-6}$ f) $y = \frac{3x-3}{3x+3}$ g) $y = \frac{4}{(x-2)(x+2)}$ h) $y = \frac{1}{x^2-2x}$

4 Bruchterme – gewürfelt

Bilde fünf Bruchterme, indem du jeweils durch zweimaliges Würfeln mit folgender Tabelle Zähler und Nenner bestimmst:

	⚀	⚁	⚂	⚃	⚄	⚅
Zähler	x	x – 1	x + 2	2x	1 – x	2x – 1
Nenner	x + 2	x – 2	x	2x – 2	2 – x	x – 3

a) Berechne den jeweiligen Wert deiner Bruchterme, wenn du für x die Differenz der beiden gewürfelten Augenzahlen einsetzt.

b) Bestimme für jeden deiner Bruchterme die Definitionsmenge.

c) Wie viele verschiedene Bruchterme lassen sich insgesamt durch das zweimalige Würfeln bilden?

5 Hyperbel verschieben I

Die folgende Aufgabe eignet sich gut zu einer Expertenarbeit. Dazu wird die Klasse in vier Gruppen A, ..., D geteilt. Jede Gruppe bearbeitet mit ihrer Funktion die Aufgaben a) bis c). Anschließend werden neue Gruppen gebildet. Diese setzen sich aus je einer A-, einer B-, einer C- und einer D-Person zusammen. Hier erklären sich die Schüler gegenseitig ihre Erkenntnisse und bearbeiten d) und e).

Wir untersuchen die vier Bruchfunktionen

A: $f_1(x) = \frac{1}{x}$, B: $f_2(x) = \frac{1}{x-2}$, C: $f_3(x) = \frac{1}{x} + 3$, D: $f_4(x) = \frac{1}{x-2} + 3$.

a) Bestimme jeweils die Definitionsmenge.

b) Erstelle für jede Funktion eine Wertetabelle für $-4 \leq x \leq 6$ mit der Schrittweite 0,5. Trage an den Definitionslücken in die Tabelle einen waagrechten Strich ein. Berechne die Funktionswerte.

c) Zeichne jeweils den Graphen $G_1, \ldots, G_4$ und seine Asymptoten. Gib die Koordinaten des Symmetriezentrums und die Gleichungen der Asymptoten an.

d) Wie muss man jeweils die Hyperbel G_1 verschieben, um die anderen Hyperbeln G_2, G_3 und G_4 zu erhalten?

e) Zwei der drei folgenden Funktionen stimmen jeweils mit einer der Funktionen $f_1(x), \ldots, f_4(x)$ überein. Welche? Warum?

$g_1(x) = \frac{3}{3x}$, $g_2(x) = \frac{3}{3x-2}$, $g_3(x) = \frac{3}{3x-6}$

6 Hyperbel verschieben II

Wir untersuchen die vier Bruchfunktionen

$f_1(x) = \frac{2}{x}$, $f_2(x) = \frac{2}{x+1}$, $f_3(x) = \frac{2}{x} - 3$, $f_4(x) = \frac{2}{x+1} - 3$.

a) Bestimme die Definitionsmengen und erstelle für die vier Funktionen eine Wertetabelle für $-5 \leq x \leq 5$ mit der Schrittweite 0,5.

b) Zeichne die Graphen $G_1, \ldots, G_4$ und ihre Asymptoten. Gib jeweils die Koordinaten des Symmetriezentrums und die Gleichungen der Asymptoten an. Wie muss man jeweils die Hyperbel G_1 verschieben, um die anderen Hyperbeln G_2, G_3 und G_4 zu erhalten?

c) Beschreibe, was mit dem Graphen der Funktion $f_1(x) = \frac{2}{x}$ geschieht, wenn im Nenner eine Konstante t addiert wird: $f(x) = \frac{2}{x+t}$. Überprüfe deine Vermutung mithilfe eines Funktionsplotters, indem du für t die Werte von 0 bis 4 einsetzt. Was geschieht bei negativen t-Werten?

d) Beschreibe, was mit dem Graphen der Funktion $f_1(x) = \frac{2}{x}$ geschieht, wenn eine Konstante t addiert wird: $f(x) = \frac{2}{x} + t$. Überprüfe deine Vermutung mithilfe eines Funktionsplotters, indem du für t die Werte von 0 bis 4 einsetzt! Was geschieht bei negativen t-Werten?

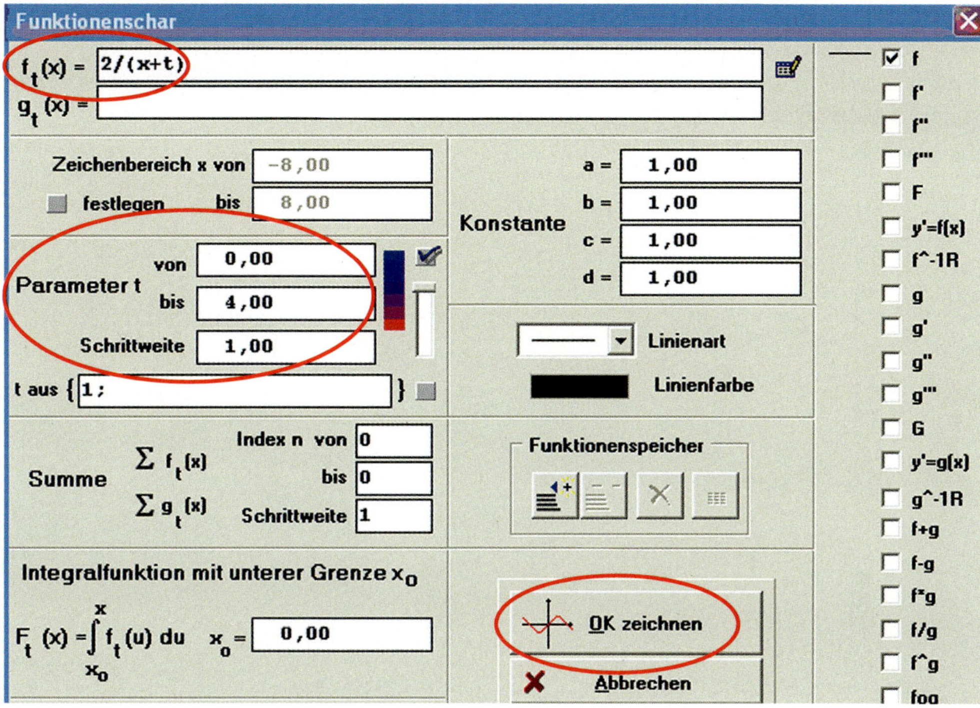

e) Wie muss man die Hyperbel G_1 verschieben, um den Graphen der Funktion $f(x) = \frac{2}{x-7} + 8$ zu erhalten?

f) Welche der folgenden Funktionen stimmen jeweils mit einer der Funktionen $f_1(x), \ldots, f_4(x)$ überein? Warum?

$g_1(x) = \frac{6}{3x+1}$, $\quad g_2(x) = \frac{6}{3x+3}$, $\quad g_3(x) = \frac{6}{3x+3} - 3$, $\quad g_4(x) = \frac{6}{3x+3} - 9$

7 Quadrat im Nenner

Wir untersuchen die vier Bruchfunktionen

$f_1(x) = \frac{1}{x}$, $\quad f_2(x) = \frac{1}{x^2}$, $\quad f_3(x) = \frac{1}{(x-2)^2}$, $\quad f_4(x) = \frac{1}{(x-2)^2} + 3$.

a) Bestimme die Definitionsmengen.

b) Erstelle für die vier Funktionen eine Wertetabelle für $-4 \le x \le 6$ mit der Schrittweite 1.

c) Zeichne die Graphen $G_1, \ldots, G_4$ und ihre Asymptoten. Gib die Symmetrie jedes Graphen an. Wie muss man den Graphen G_2 verschieben, um den Graphen G_3 bzw. G_4 zu erhalten?

d) Ergänze deine Wertetabelle um die Bruchfunktion $g(x) = \frac{1}{x^2 - 4x + 4}$ und berechne die Werte. Was fällt dir dabei auf? Beweise deine Vermutung, indem du einen Term umformst.

8 „Spurensuche“

Suche zu jedem Graphen die Gleichung der passenden Funktion aus und begründe deine Entscheidung. Überprüfe deine Entscheidung mithilfe eines Funktionsplotters.

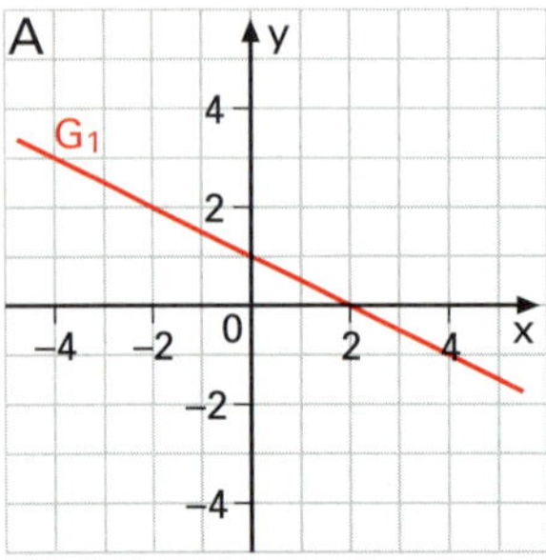

a) $y = \frac{x+2}{2}$

b) $y = \frac{2-x}{2}$

c) $y = \frac{2}{x+2}$

d) $y = \frac{2}{2-x}$

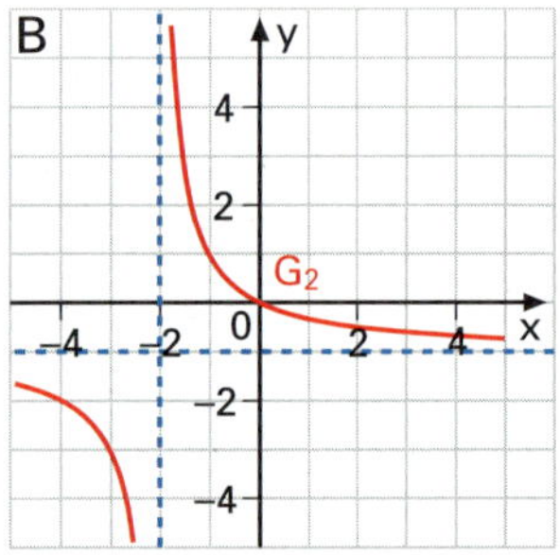

a) $y = \frac{2}{x+2} + 1$

b) $y = \frac{2}{x+2} - 1$

c) $y = \frac{2}{x-2} - 1$

d) $y = \frac{2}{x-2} + 1$

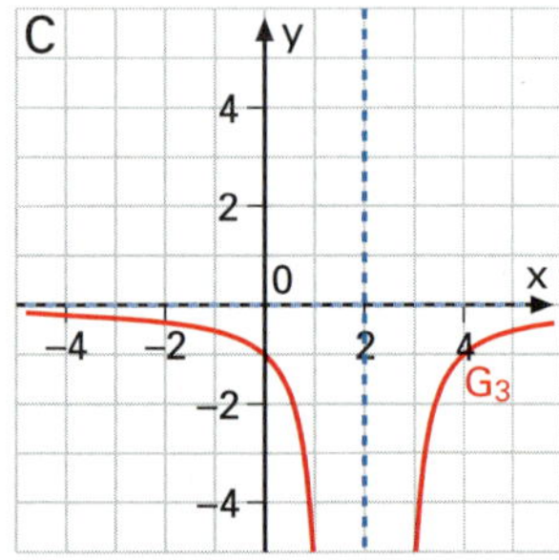

a) $y = \frac{2}{x-2}$

b) $y = \frac{(x-2)^2}{4}$

c) $y = \frac{4}{(x-2)^2}$

d) $y = \frac{-4}{(x-2)^2}$

9 Sanduhr

Seit dem 13. Jahrhundert benutzt man Sanduhren zur Zeitmessung.

a) Wie funktioniert eine Sanduhr?

b) Da der Sand in der Uhr so ausgesucht ist, dass er rieselt und nicht rutscht, besteht ein einfacher Zusammenhang zwischen der Laufzeit t und der Sandmenge m. Welcher? Skizziere ein m-t-Diagramm.

c) Wie ändert sich die Laufzeit t der Uhr näherungsweise, wenn man den Durchmesser d der Engstelle, die beide Kolben verbindet, verdoppelt bzw. verdreifacht? Skizziere ein d-t-Diagramm.

d) Die rechts abgebildeten Uhr hat eine Laufzeit von 1 Stunde. Der Durchmesser der Sandkörnchen beträgt etwa 0,6 mm, der Durchmesser der Engstelle 1,8 mm. Berechne die Querschnittsfläche A der Engstelle.

e) Wie müsste der Durchmesser der Engstelle verändert werden, damit die Laufzeit der Uhr bei gleicher Sandmenge etwa 15 Minuten beträgt?

f) Stell dir vor, du hast eine Sanduhr mit einer Laufzeit von 5 Minuten und eine mit einer Laufzeit von 3 Minuten. Wie könntest du damit die Zeit für ein 4-Minuten-Ei abmessen?

Zum Intensivieren: Wiederholung der binomischen Formeln*

Beim Multiplizieren von zweigliedrigen Summen treten vier Summanden auf. Sind die beiden Summen gleich, lassen sich Glieder nach dem Ausmultiplizieren noch zusammenfassen:

$(a+b)^2 = (a+b)(a+b) = a^2 + ab + ba + b^2 = a^2 + 2ab + b^2$

Die geometrische Veranschaulichung ist rechts dargestellt.

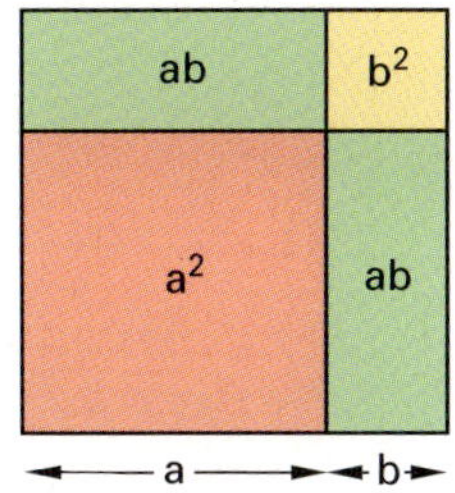

Eine *zweigliedrige* Summe heißt auch *Binom*. Die folgenden Sonderfälle der Multiplikation von Binomen sind sehr wichtig. Deshalb musst du sie auswendig wissen.

Binomische Formeln

Für beliebige rationale Zahlen a, b gilt:

1. $(a+b)^2 = a^2 + 2ab + b^2$ „Plusformel“
2. $(a-b)^2 = a^2 - 2ab + b^2$ „Minusformel“
3. $(a+b)(a-b) = a^2 - b^2$ „Plusminusformel“

Beachte: Bei der Plus- und der Minusformel tritt außer den Quadraten der beiden Glieder auch noch ihr doppeltes Produkt auf! Es gibt keine binomische Formel, bei der auf der rechten Seite nur die Summe $a^2 + b^2$ steht.

10 Multiplikationsübung

Multipliziere aus und fasse zusammen.

a) $(x-2)(x+3)$ b) $(2a-b)(2b-a)$ c) $(2x-3)(1-2x)$

d) $(x-2)(x^2-4)$ e) $(5x^2+3x)(5x-3x^2)$ f) $(3a^2-4a)(5a+6)$

g) $(3x^2+0{,}5)(2-6x)$ h) $(0{,}7-0{,}7x)(0{,}1x-0{,}1)$ i) $(0{,}125a+a^2)(8-4a)$

k) $\left(\frac{x}{2}+\frac{1}{4}\right)\left(\frac{x}{3}-\frac{1}{6}\right)$ l) $\left(\frac{2}{3}x-\frac{3}{2}y\right)\left(\frac{3}{2}x+\frac{2}{3}y\right)$ m) $\left(\frac{2}{3}a^2+a\right)\left(\frac{1}{2}a-\frac{1}{3}a^2\right)$

11 Aus einem Produkt wird eine Summe

Forme mithilfe der binomischen Formeln in eine Summe um.

a) $(x+3)^2$ b) $(x-5)^2$ c) $(a+1)(a-1)$ d) $(2x+3y)^2$

e) $(x^2-1)^2$ f) $(1-x^3)^2$ g) $(x^2+x^3)^2$ h) $(x^2-x^3)^2$

i) $(x^2\cdot x^3)^2$ k) $(3m^2-2n)^2$ l) $(3a^2-2)(2+3a^2)$ m) $(0{,}5x+2)^2$

n) $\left(x-\frac{1}{2}\right)^2$ o) $\left(\frac{1}{2}a+\frac{1}{3}b\right)\left(\frac{1}{2}a-\frac{1}{3}b\right)$ p) $\left(\frac{2}{3}a+\frac{3}{2}\right)^2$

* fakultativ

12 **Aus einer Summe wird ein Produkt**

Forme die Summe mithilfe der binomischen Formeln in ein Produkt um.

a) $x^2 + 2xy + y^2$ b) $x^2 + y^2 - 2xy$ c) $x^2 + y^2$
d) $y^2 - x^2$ e) $a^2 - 4$ f) $a^2 + 9 + 6a$
g) $25 + x^2 - 10x$ h) $x^2 + 1 + 2x$ i) $1 - x^2$
k) $1 + x^2 - 2x$ l) $25m^2 + 1 - 10m$ m) $9x^2 + 25 - 30x$
n) $9x^2 + 6xy + 4y^2$ o) $4u^2 - 9v^2$ p) $4a + a^2 + 4$

13 **Ausklammern**

Klammere zunächst einen gemeinsamen Faktor aller Glieder der Summe aus und faktorisiere dann mithilfe der binomischen Formeln weiter.

a) $5a^2 - 5b^2$ b) $3x^2 + 3y^2 - 6xy$ c) $18x^2 - 2y^2$
d) $27u^2 + 3v^2 + 18uv$ e) $a^2b - 4b$ f) $x^3 - xy^2$
g) $x^3 - x$ h) $12p^2 + 12p + 3$ i) $50n^2 + 2 - 10n$

14 **Quadrate verschieben**

Es sei n eine ungerade natürliche Zahl. In einem Quadrat der Seitenlänge n cm reihen sich längs der beiden Diagonalen blau gefärbte Zentimeterquadrate aneinander. Die restliche Fläche ist weiß.

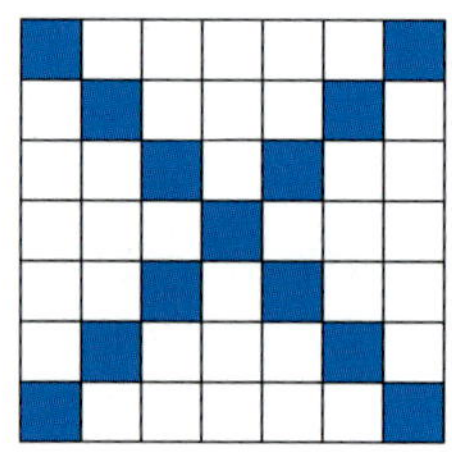

a) Rechts ist das Quadrat mit $n = 7$ dargestellt. Wie groß ist der Inhalt der weißen Fläche?
b) Es ist $n = 101$. Beträgt der Inhalt der weißen Fläche dann $101 \cdot 99$, $100 \cdot 100$, $100 \cdot 99$ oder $99 \cdot 99\,\text{cm}^2$?
c) Gib den Flächeninhalt der weißen Fläche in Abhängigkeit von n an. Begründe deine Formel.

15 **„Einmal oder nie?"**

Toni startet am Samstag um 7 Uhr in Garmisch Partenkirchen. Er besteigt die Zugspitze auf der klassischen Route durch das Höllental. Um 15 Uhr erreicht er den Gipfel. Nach der Übernachtung im Münchener Haus beginnt er am Sonntag schon um 8 Uhr mit dem Abstieg.
Gibt es eine Stelle, die er am Sonntag beim Abstieg zur gleichen Uhrzeit erreicht wie am Samstag beim Aufstieg? Begründe deine Antwort.

5.2 Rechnen mit Bruchtermen

Erweitern und Kürzen

Benötigt ein Auto für eine Runde der 3 km langen Bosch-Teststrecke 2 min, für 2 Runden 4 min und für 3 Runden 6 min, fährt es mit gleichbleibender mittlerer Geschwindigkeit:

$$v = \frac{s}{t} = \frac{3\,\text{km}}{2\,\text{min}} = \frac{6\,\text{km}}{4\,\text{min}} = \frac{9\,\text{km}}{6\,\text{min}} = 1{,}5\,\frac{\text{km}}{\text{min}} = 90\,\frac{\text{km}}{\text{h}}$$

Beim Übergang vom ersten zum zweiten Bruch werden Zähler und Nenner mit 2, beim Übergang zum dritten Bruch mit 3 multipliziert. Der Bruch wird mit 2 bzw. 3 **erweitert**. Beim umgekehrten Übergang werden Zähler und Nenner durch 2 bzw. 3 dividiert. Der Bruch wird mit 2 bzw. 3 **gekürzt**. Der Wert des Bruches, die Geschwindigkeit, hat sich dadurch nicht geändert.

Erweitern eines Bruches bedeutet, Zähler und Nenner mit der gleichen (von Null verschiedenen) Zahl zu multiplizieren. **Kürzen** bedeutet, Zähler und Nenner durch die gleiche (von Null verschiedene) Zahl zu dividieren. Durch Erweitern und Kürzen ändert sich nur die Form eines Bruches, sein Wert bleibt erhalten.

Diese Regeln übertragen wir auf Bruchterme (Aufgabe 1).

Vor dem Kürzen ist es vorteilhaft, Zähler und Nenner zu **faktorisieren**. Dann erkennen wir schnell die gemeinsamen Faktoren, mit denen wir kürzen können.

Beispiele a) $\frac{21}{35} = \frac{21:7}{35:7} = \frac{3}{5}$ oder mit Faktorisieren $\frac{21}{35} = \frac{3 \cdot 7}{5 \cdot 7} = \frac{3}{5}$.

b) $\frac{x^2 + 2x}{2x} = \frac{x(x+2)}{2x} = \frac{x+2}{2}$, $(x \neq 0)$

In Summen und Differenzen darf **nicht gekürzt** werden.

Addieren und Subtrahieren

Brüche mit gleichem Nenner heißen **gleichnamig**.

Gleichnamige Brüche werden **addiert** (subtrahiert), indem wir die **Zähler addieren** (subtrahieren) und den **Nenner beibehalten**.

Ungleichnamige Brüche müssen wir vor dem Addieren (Subtrahieren) durch **Erweitern** gleichnamig machen.

Beispiele a) $\frac{3x}{x-2} - \frac{6}{x-2} = \frac{3x-6}{x-2} = \frac{3\cdot(x-2)}{1\cdot(x-2)} = 3 \qquad (x \neq 2)$

b) $\frac{2}{ab} + \frac{3}{a} = \frac{2}{ab} + \frac{3\cdot b}{a\cdot b} = \frac{2+3b}{ab} \qquad (a \neq 0,\ b \neq 0)$

c) $\frac{2}{x} - \frac{2}{x+1} = \frac{2\cdot(x+1)}{x\cdot(x+1)} - \frac{2\cdot x}{(x+1)\cdot x} = \frac{2x+2-2x}{x(x+1)} = \frac{2}{x(x+1)}$

$(x \neq 0,\ x \neq -1)$

Im Beispiel b) ist „ab" ein gemeinsamer Nenner und auch das Produkt „$ab\cdot a$" der beiden Nenner. Besitzen die Nenner gemeinsame Faktoren, übernehmen wir in den gemeinsamen Nenner nicht mehr Faktoren als notwendig. Den gemeinsamen Nenner mit den wenigsten Faktoren nennt man **Hauptnenner** (kurz: **HN**). Als gemeinsamen Nenner der beiden Bruchterme von Beispiel c) haben wir das Produkt $x(x+1)$ der beiden Nenner gewählt. Es gibt keinen gemeinsamen Nenner mit weniger Faktoren. In der Klammer tritt zwar x auf, aber nicht als Faktor, sondern als Summand.

Beispiel $\frac{1-2a}{2a^2b} + \frac{1+3b}{3ab^2} = \frac{(1-2a)\cdot 3b}{2a^2b\cdot 3b} + \frac{(1+3b)\cdot 2a}{3a^2b\cdot 2a} = \frac{3b-6ab+2a+6ab}{6a^2b^2}$

$= \frac{3b+2a}{6a^2b^2}$

Im ersten Nenner tritt der Faktor 2 auf, im zweiten der Faktor 3, im HN also sowohl 2 als auch 3. Im ersten Nenner tritt zweimal der Faktor a auf, im zweiten Nenner einmal, im HN also zweimal. Im ersten Nenner tritt einmal der Faktor b auf, im zweiten zweimal, im HN also zweimal. Folglich ist: $HN = 2\cdot 3\cdot a^2\cdot b^2 = 6a^2b^2$.
Die Erweiterungsfaktoren sind die Faktoren, die dem jeweiligen Nenner gegenüber dem HN fehlen: Dem ersten Nenner fehlen 3 und b, dem zweiten 2 und a. Der Erweiterungsfaktor des ersten Bruchs ist 3b, der des zweiten 2a.

Manchmal ist es vorteilhaft, die Additions- bzw. Subtraktionsregel in umgekehrter Richtung anzuwenden: Einen Bruchterm mit einer Summe bzw. Differenz im Zähler können wir in eine Summe bzw. Differenz umformen.

Beispiel Wir betrachten die Bruchfunktion $f(x) = \frac{2x+1}{x}$ mit $D = \mathbb{Q}\setminus\{0\}$. Durch Zerlegen des Funktionsterms in zwei Summanden,

$f(x) = \frac{2x+1}{x} = \frac{2x}{x} + \frac{1}{x} = 2 + \frac{1}{x}$,

erkennen wir: Der Graph G der Bruchfunktion geht aus der Hyperbel mit der Gleichung $y = \frac{1}{x}$

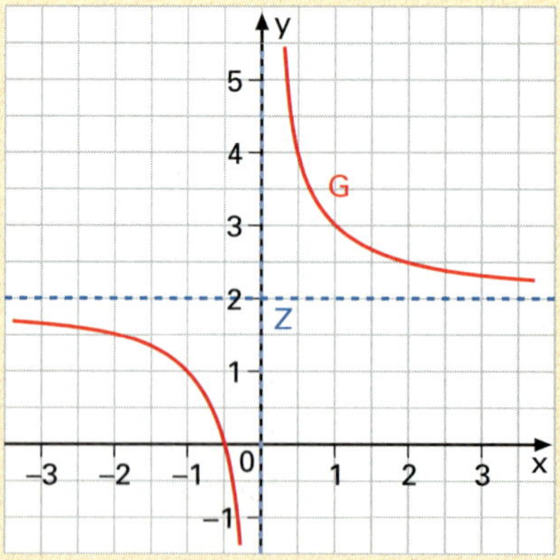

durch eine Verschiebung um 2 Einheiten nach oben hervor. Das Symmetriezentrum ist $Z(0|2)$.

Multiplizieren und Dividieren

Vertauschen wir Zähler und Nenner eines Bruches, so erhalten wir seinen **Kehrbruch**.

> Zwei Brüche werden **multipliziert**, indem wir den Zähler mit dem Zähler und den Nenner mit dem Nenner multiplizieren. Durch einen Bruch wird **dividiert**, indem wir mit dem Kehrbruch multiplizieren.

Tritt im Zähler oder Nenner eine Summe oder eine Differenz auf, müssen wir beim Multiplizieren oder Dividieren um diese eine Klammer setzen.

Beispiele

a) $\frac{3a-3b}{a} \cdot \frac{2a}{a-b} = \frac{(3a-3b) \cdot 2a}{a \cdot (a-b)} = \frac{3(a-b) \cdot 2a}{a \cdot (a-b)} = 6 \qquad (a \neq 0,\ a \neq b)$

b) $\frac{4b}{a} : \frac{2b}{3a^2} = \frac{4b}{a} \cdot \frac{3a^2}{2b} = \frac{4b \cdot 3a^2}{a \cdot 2b} = \frac{6a}{1} = 6a \qquad (a \neq 0,\ b \neq 0)$

Aufgaben

1 Kürzen in Summen

a) Erkläre, warum die Kürzmethode auf der Tafel falsch ist und wie man diese Brüche richtig kürzt.

b) Betrachte die beiden Brüche $\frac{3 \cdot 7}{6 \cdot 10}$ und $\frac{3+7}{6 \cdot 10}$.

Berechne zunächst Zähler und Nenner der Brüche und kürze anschließend. In welchem Fall kannst du bereits vor der Berechnung von Zähler und Nenner kürzen?

c) Berechne zum Bruchterm $T(x) = \frac{x+3}{2x}$ die beiden Werte $T(1)$ und $T(3)$.

Versuche den Bruchterm mit x zu kürzen. Berechne zur Kontrolle mit dem „neuen“ Term die beiden Werte $T(1)$ und $T(3)$. Was stellst du fest?

d) Ein boshafter Spruch hilft dir, dieses Ergebnis einzuprägen. Reime zu Ende: „In Differenzen und Summen kürzen nur die … .“

2 Kürzübung I

Kürze so weit wie möglich:

a) $\frac{28}{42}$ b) $\frac{-26}{39}$ c) $\frac{-22}{-49}$ d) $\frac{-58}{-29}$ e) $\frac{36}{-144}$ f) $\frac{169}{-39}$

g) $\frac{2x}{3x}$ h) $\frac{42x}{56y}$ i) $\frac{a}{4a}$ k) $\frac{6r}{8r}$ l) $\frac{15ac}{25bc}$ m) $\frac{28q}{7}$

n) $\frac{-a}{5a}$ o) $\frac{56a}{-7}$ p) $\frac{3x^2}{x}$ q) $\frac{-6a^3}{-2a^5}$ r) $\frac{-6a^3b^2}{2a^2b^3}$ s) $\frac{66xy^2z^3}{84x^3y^2z}$

3 Kürzübung II

Kürze so weit wie möglich:

a) $\frac{7 \cdot 11}{14 \cdot 9}$ b) $\frac{7+7}{14 \cdot 9}$ c) $\frac{5 \cdot (10+3)}{(14+3) \cdot 5}$ d) $\frac{(6+1) \cdot 3}{6 \cdot (18+3)}$ e) $\frac{(a+1) \cdot x}{(a-1) \cdot x}$

f) $\frac{(x+1) \cdot a}{2a(1+x)}$ g) $\frac{8x(a+b)}{2(a+b)(a-b)}$ h) $\frac{3x}{x-3}$ i) $\frac{ax-bx}{ax+bx}$ k) $\frac{ax-bx+cx}{ax}$

l) $\frac{ab+b}{ab}$ m) $\frac{m^2+m}{m^2-m}$ n) $\frac{2ax+6ay}{6axy}$ o) $\frac{x^2+2x}{x}$ p) $\frac{a^2+a^2}{3+3a}$

4 Definitionsmenge beim Erweitern

Erweitere! Vergleiche jeweils die Definitionsmenge des gegebenen und des erweiterten Terms. Was stellst du fest?

a) $\frac{3}{5}$ mit 7 b) $\frac{7x}{11}$ mit x c) $\frac{-a-b}{-2}$ mit -1 d) $\frac{1}{2x}$ mit 3x

e) $\frac{2x}{x-1}$ mit $x+1$ f) $\frac{2x}{x-1}$ mit $x-1$ g) $\frac{x+2}{4}$ mit $x-2$ h) $\frac{x-3}{x+3}$ mit $x+3$

i) x mit 2 k) 2 mit x l) x mit x m) $x+1$ mit $x-1$

5 Addieren und Subtrahieren gleichnamiger Brüche

Berechne:

a) $\frac{6}{7}+\frac{5}{7}-\frac{4}{7}$ b) $-\frac{7}{13}+\frac{4}{13}+\frac{3}{13}$ c) $-\frac{17}{19}+\frac{2}{19}-\frac{23}{19}$ d) $\frac{2x}{3}-\frac{11x}{3}$

e) $\frac{2}{b}+\frac{3}{b}-\frac{5}{b}$ f) $\frac{x+2}{3x}+\frac{2x+1}{3x}$ g) $\frac{x+y}{2}+\frac{x-y}{2}$ h) $\frac{x-y}{2}-\frac{x+y}{2}$

i) $\frac{x-y}{2}-\frac{x-y}{2}$ k) $\frac{2a-3}{a-3}+\frac{a-6}{a-3}$ l) $\frac{2a-3}{a+3}-\frac{a-6}{a+3}$ m) $\frac{x-2}{2x-1}-\frac{5x-4}{2x-1}$

6 Addieren und Subtrahieren ungleichnamiger Brüche I

a) $\frac{1}{2}-\frac{2}{3}+\frac{1}{6}$ b) $\frac{11}{12}-\frac{7}{8}-\frac{5}{6}$ c) $-\frac{5}{6}+\frac{5}{9}-\frac{5}{12}$ d) $-\frac{1}{24}-\frac{1}{108}-\frac{1}{27}$

e) $\frac{a}{2} - \frac{a}{3} + \frac{a}{4}$ f) $\frac{2x}{3} - \frac{3x}{4} + \frac{4x}{5} - \frac{5x}{6}$ g) $\frac{a}{b} + \frac{c}{d}$ h) $\frac{1}{xy} + \frac{1}{yz} + \frac{1}{xz}$

i) $\frac{c}{ab} + \frac{a}{bc} + \frac{b}{ac}$ k) $\frac{1}{6a} - \frac{1}{8a} + \frac{1}{12a}$ l) $\frac{1}{a^3} + \frac{1}{a^2} + \frac{1}{a}$ m) $\frac{1}{5} + \frac{2}{5a} + \frac{3}{5a^2}$

n) $\frac{3}{2ab^2} - \frac{5}{3a^2b} + \frac{7}{6ab}$ o) $1 + \frac{7}{x}$ p) $7x - \frac{1}{7x}$ q) $1 + \frac{1}{2x} + \frac{1}{3x^2}$

7 Hauptnenner würfeln

Für diese Aufgabe brauchst du zwei Würfel. Würfle damit solange gleichzeitig, bis beide Augenzahlen verschieden sind. Mit deinem Ergebnis musst du aus der Tabelle zwei Nenner ablesen: Erhältst du z. B. 2 und 5, dann einen bei (2|5) und einen bei (5|2).
Notiere beide Nenner und ermittle den zugehörigen Hauptnenner.
Würfle mindestens 5 Aufgaben!

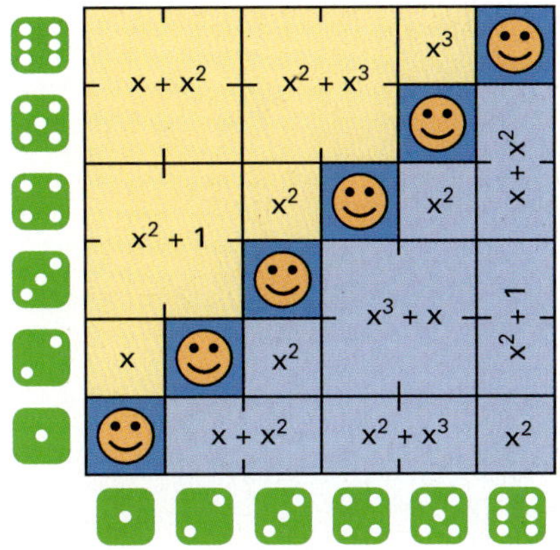

8 Addieren und Subtrahieren ungleichnamiger Brüche II

a) $\frac{x+1}{x^2} - \frac{1}{x}$ b) $\frac{a-b}{b} + \frac{a-b}{a}$ c) $\frac{a+b}{b} - \frac{a-b}{a}$ d) $\frac{1}{2x} - \frac{1}{x+2}$

e) $\frac{1}{a+b} + \frac{1}{a-b}$ f) $\frac{x}{x-2} - \frac{x}{x+2}$ g) $\frac{a+1}{a} - \frac{a}{a-1}$ h) $\frac{4a}{2a+2b} + \frac{6b}{3a+3b}$

i) $\frac{b}{ax+a} - \frac{a}{bx+b}$ k) $\frac{2}{x^2-x} - \frac{2}{x^2}$ l) $\frac{a}{a+b} - \frac{a^2}{(a+b)^2}$ m) $\frac{mn}{(m-n)^2} - \frac{n}{m-n}$

n) $\frac{3}{x^2-x} - \frac{3}{x^2+x}$ o) $\frac{x-y}{x^2+xy} + \frac{x-y}{xy+y^2}$ p) $\frac{2v}{u-v} + 1$ q) $\frac{2v}{u-v} - 2$

9 Bruchfunktionen

Gib zunächst die Definitionsmenge der folgenden Bruchfunktion an. Den Graphen dieser Bruchfunktion erhalten wir durch eine Verschiebung der Hyperbel $y = \frac{1}{x}$. Forme den Bruchterm durch Zerlegen in eine Summe (Differenz) und/oder Kürzen so um, dass du die Verschiebung sofort ablesen kannst. Gib das Symmetriezentrum an und skizziere mithilfe der Asymptoten den Graphen.

a) $f(x) = \frac{2x+1}{x}$ b) $f(x) = \frac{1-3x}{x}$ c) $f(x) = \frac{x+2}{(x+2)^2}$

d) $f(x) = \frac{x-3}{(x-3)^2}$ e) $f(x) = \frac{(x-2)+1}{x-2}$ f) $f(x) = \frac{x+2}{x+1}$

Lasse dir von einem grafischen Taschenrechner oder einem Funktionsplotter den Graphen der Funktion ausgeben. Vergleiche mit deiner Skizze.

10 Äquivalente Terme

Welche Terme liefern bei jedem zulässigen Einsetzen jeweils gleiche Werte?

$T_1(x) = \frac{x-1}{x}$ $T_2(x) = \frac{2x-2}{x}$ $T_3(x) = \frac{1-x}{x}$ $T_4(x) = 1 - \frac{1}{x}$ $T_5(x) = \frac{3x-3}{3x}$

$T_6(x) = \frac{6x-6}{3x}$ $T_7(x) = \frac{x^2-x}{x^2}$ $T_8(x) = \frac{x-1}{0{,}5x}$ $T_9(x) = \frac{(x-1)^2}{x^2-x}$ $T_{10}(x) = -\frac{2}{x} + 2$

11 Multiplizieren von Brüchen

a) $\frac{a}{2} \cdot \frac{6}{a}$ b) $-\frac{2x}{3y} \cdot \left(-\frac{3y}{2x}\right)$ c) $\frac{x^2}{2y} \cdot \left(-\frac{y^2}{3x}\right)$ d) $\left(-\frac{2x}{3}\right)^2$

e) $\left(-\frac{2x}{3}\right)^3$ f) $\frac{2x}{3} \cdot 9$ g) $\frac{3b}{2a} \cdot 4a$ h) $\frac{n-1}{n} \cdot \frac{n}{n-1}$

i) $\frac{4}{x+y} \cdot \frac{x+y}{2}$ k) $\frac{2}{x+1} \cdot \frac{x+2}{4}$ l) $\frac{2x}{x+1} \cdot \frac{1+x}{2+x}$ m) $\frac{2x+2}{4} \cdot \frac{2}{x+1}$

n) $\frac{a-b}{a} \cdot 7a$ o) $\frac{2a+4}{3a} \cdot \frac{a^2}{a+2}$ p) $\frac{a+b}{2a-2b} \cdot \frac{4a-4b}{3a+3b}$ q) $\frac{x^2-2x}{x+1} \cdot \frac{2x+2}{3x-6}$

12 Dividieren von Brüchen

a) $\frac{r}{s} : \frac{r}{s}$ b) $\frac{1}{a} : \frac{1}{a}$ c) $m : \frac{1}{m}$ d) $24r : \frac{12}{r}$

e) $\frac{1}{m} : m$ f) $\frac{1}{2a} : \frac{1}{3a}$ g) $\left(-\frac{2a}{b}\right) : \frac{6b}{a}$ h) $\frac{1}{a} : \left(-\frac{1}{a}\right)^2$

i) $\left(-\frac{3}{x}\right)^2 : \left(-\frac{3}{x}\right)^3$ k) $\frac{a-1}{a} : \frac{1}{a}$ l) $\frac{y-1}{y-3} : \frac{y}{2y-6}$ m) $\frac{4a-4b}{3a+3b} : \frac{2a-2b}{9a+9b}$

n) $\frac{(x-y)^2}{x} : \frac{x-y}{x^2}$ o) $\frac{2(n+1)}{2n+3} : \frac{2n+1}{4n+6}$ p) $\frac{3x-21y}{2x} : (x-7y)$ q) $\frac{3x-21y}{2x} : 3$

13 „Rechenarten-Mix"

Fasse die Terme jeweils zu einem einzigen Bruchterm zusammen.

a) $\frac{a}{b} \cdot c - a$ b) $\frac{a}{b} : a - a$ c) $\frac{a}{b} - \frac{a}{b} : \frac{a}{b}$

d) $\left(\frac{1}{2a} - \frac{2}{3b}\right) \cdot 6ab$ e) $\left(\frac{1}{2a} - \frac{2}{3b}\right) : (6ab)$ f) $3a^2b\left(\frac{5a}{6b} - \frac{2b}{9a}\right)$

g) $\left(\frac{1}{x} + \frac{1}{y}\right)(x+y)$ h) $\left(\frac{1}{x} + \frac{1}{y}\right) : (x+y)$ i) $\left(\frac{x}{y} + \frac{y}{x}\right) : (x^2+y^2)$

k) $\left(1 + \frac{1}{x}\right) : \left(1 - \frac{1}{x}\right)$ l) $\left(\frac{x^3}{a} - \frac{x^2}{a^2} + \frac{x}{a^3}\right) : \frac{x}{a^3}$ m) $\left(\frac{1}{x} + \frac{1}{y}\right) \cdot \left(\frac{1}{x} - \frac{1}{y}\right)$

n) $1 : \left(\frac{1}{g} + \frac{1}{b}\right)$ o) $\left(\frac{1}{x} + \frac{1}{y}\right) : \left(\frac{1}{x} - \frac{1}{y}\right)$ p) $\left(\frac{a}{b} + \frac{b}{a}\right) : \left(\frac{b}{2a} + \frac{a}{2b}\right)$

Zum Intensivieren

14 Durchblick?

Eine Schulklasse besteht aus w Mädchen und m Jungen. 3 Mädchen und 5 Jungen tragen eine Brille. Gib in Form eines Bruches an: Den Anteil

a) der Mädchen an der Klasse,
b) der Brillenträgerinnen an der Klasse,
c) der Brillenträger an den Jungen,
d) der Mädchen an den Kindern mit Brille,
e) der Kinder mit Brille an der Klasse,
f) der Mädchen ohne Brille an der Klasse.

15 Erweiterungsübung

Erweitere jeden Bruch auf den in Klammern angegebenen Nenner.

a) $\frac{7}{8}$ (56) b) $\frac{8}{7}$ (56) c) $\frac{11}{-13}$ (13) d) $\frac{15}{25}$ (10)

e) $\frac{a}{b}$ (bc) f) $\frac{a}{b}$ (ab) g) $\frac{a}{b}$ (b^2) h) $\frac{a}{b}$ ($2a^2b^2$)

i) $\frac{2x}{x-2}$ $(3x-6)$ k) $\frac{3}{x-1}$ (x^2-x) l) $\frac{1}{2x+1}$ $(6x^2+3x)$ m) $\frac{2x}{2-x}$ $(x-2)$

16 Faktorisieren mithilfe der binomischen Formeln*

Faktorisiere und kürze.

a) $\frac{a+2}{a^2-4}$ b) $\frac{b+3}{b^2+6b+9}$ c) $\frac{c^2-25}{c^2-10c+25}$ d) $\frac{x^2-1}{x^2-x}$ e) $\frac{n^2+n}{n^2-1}$ f) $\frac{(y-7)^2}{y^2+49+14y}$

Faktorisiere und addiere bzw. subtrahiere.

g) $\frac{1}{x-3}-\frac{6}{x^2-9}$ h) $\frac{2x^2}{x^2+4x+4}-\frac{x-2}{x+2}$ i) $\frac{4x}{x^2-1}+\frac{x-1}{x+1}$ k) $\frac{y+2}{y^2+y}-\frac{y-1}{y^2-1}$

l) $\frac{3p}{3p-15}-\frac{25-5p}{p^2-10p+25}$ m) $\frac{1}{a+7}+\frac{2}{a-7}-\frac{2a+7}{a^2-49}$

17 Kürzen mit Würfeln

Für diese Aufgabe brauchst du zwei Würfel, mit denen du gleichzeitig würfelst, bis beide Augenzahlen verschieden sind. Du erhältst z. B. 2 und 5. Lies aus der Tabelle einen Bruch ab: den Zähler bei (2|5) und den Nenner bei (5|2). Notiere den Bruch und kürze so weit wie möglich.
Würfle mindestens 5 Aufgaben!

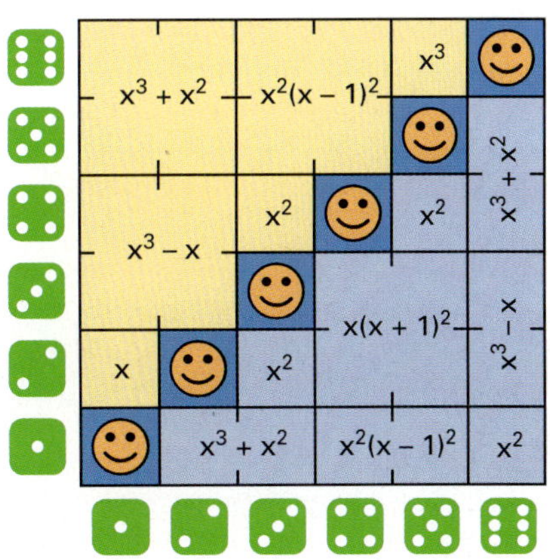

---
* fakultativ

18 Pauls Stegreifaufgabe

Korrigiere Pauls Arbeit: Suche die Fehler. Gib an, gegen welche Regeln Paul dabei verstoßen hat. Mit welcher Note würdest du Pauls Arbeit bewerten?

a) $\frac{a}{a+1} - \frac{a}{a+1} : \frac{a}{a+1} = 0 : \frac{a}{a+1} = 0$

b) $(a+b) : \left(\frac{1}{a} + \frac{1}{b}\right) = (a+b) \cdot (a+b) = a^2 + b^2$

c) $\frac{3}{2n} + \frac{3}{2n+1} = \frac{3+1}{2n+1} + \frac{3}{2n+1} = \frac{3+1+3}{2n+1} = \frac{7}{2n+1}$

d) $\left(\frac{1}{x} + \frac{2}{x^2}\right) \cdot \frac{x^2}{x+3} = \left(\frac{x}{x^2} + \frac{2}{x^2}\right) \cdot \frac{x^2}{x+3} = \frac{(x+2) \cdot x^2}{x^2 \cdot (x+3)} = \frac{(1+2) \cdot 1}{1 \cdot (1+3)} = \frac{3}{4}$

19 Geheimnisvolle Bruchrechnung: „Durchschnittsgeschwindigkeit“

Ein Pkw legt auf der Bosch-Teststrecke (Seite 79) zwei Etappen mit verschiedenen Geschwindigkeiten zurück. Berechne für die einzelnen Etappen die Geschwindigkeiten und den Mittelwert dieser beiden Geschwindigkeiten. Vergleiche diesen Wert mit der Durchschnittsgeschwindigkeit aus Gesamtweg und Gesamtzeit.

a) Der Pkw legt in 3 min eine Runde zurück, in den nächsten 3 min zwei Runden.

b) Der Pkw benötigt für die 1. Runde 3 min, für die 2. Runde 1,5 min.

c) Wann ist der Mittelwert der beiden Geschwindigkeiten gleich der Durchschnittsgeschwindigkeit, wann nicht? Suche dafür einen Grund!

20 Grundwissen: Kongruenzsätze

Konrad hat einige Dreiecke ausgemessen und die Werte in *nicht maßstabsgetreuen Skizzen* notiert. Bei den grünen Dreiecken hat er nur wenige Daten bestimmt. Welche der grünen Dreiecke müssen trotzdem kongruent zu dem gelben sein? Warum?

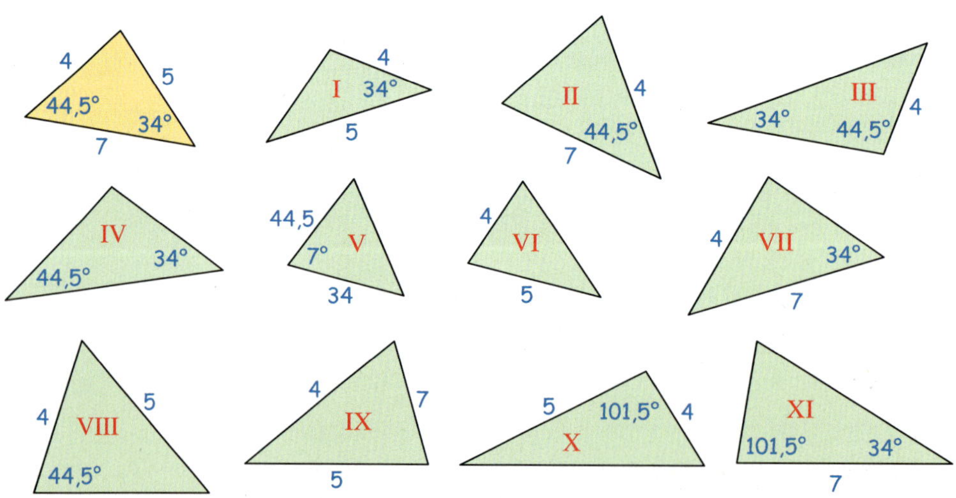

5.3 Bruchgleichungen

Einfache Bruchgleichungen

Steile Bergwiesen werden auch heute noch mit der Sense gemäht. Benötigt z. B. der rechts abgebildete Bergbauer Berthold für seine Wiese 2 Stunden, sein Sohn Sepp dagegen 3 Stunden, leistet der Vater mehr. Da die Größe der Wiese unbekannt ist, wissen wir nicht, wie viele Quadratmeter Berthold bzw. Sepp pro Stunde mähen. Wir können aber die Leistung durch den Bruchteil der ganzen Wiese beschreiben, den jeder pro Stunde mäht: Berthold mäht „$\frac{1}{2}$ Bergwiese pro Stunde", Sepp „$\frac{1}{3}$ Bergwiese pro Stunde".

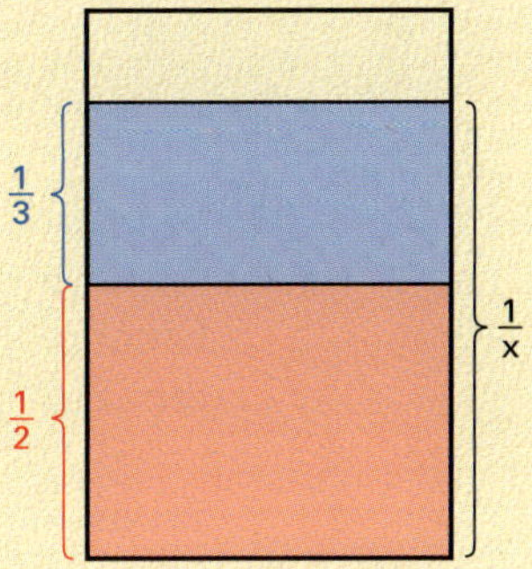

Wie lange benötigen beide zusammen? Weniger als Berthold allein, also weniger als 2 Stunden (Aufgabe 1)!

Wir bezeichnen die gemeinsame Mähdauer mit x Stunden. Zusammen mähen sie pro Stunde $\frac{1}{x}$ Bergwiese. Diese Leistung setzt sich aus der Leistung des Vaters „$\frac{1}{2}$ Bergwiese pro Stunde" und der Leistung des Sohne „$\frac{1}{3}$ Bergwiese pro Stunde" zusammen.

So erhalten wir die Gleichung $\frac{1}{2} + \frac{1}{3} = \frac{1}{x}$ (mit $x > 0$).

> Eine Gleichung, in der mindestens ein Bruchterm vorkommt, heißt **Bruchgleichung**.

Es ist zweckmäßig, die Bruchgleichung in eine Gleichung ohne Brüche umzuformen. Dazu multiplizieren wir die Bruchgleichung mit dem Hauptnenner (HN) aller Brüche.

$$
\begin{aligned}
\frac{1}{2} + \frac{1}{3} &= \frac{1}{x} \qquad | \cdot 2 \cdot 3 \cdot x \\
\frac{2 \cdot 3 \cdot x}{2} + \frac{2 \cdot 3 \cdot x}{3} &= \frac{2 \cdot 3 \cdot x}{x} \\
3x + 2x &= 6 \\
5x &= 6 \qquad | : 5 \\
x &= \frac{6}{5}
\end{aligned}
$$

Gemeinsam benötigen sie etwa $\frac{6}{5}$ h, d. h. etwa 1 Stunde 12 Minuten.

Lösen von Bruchgleichungen

Bruchgleichungen können grafisch und rechnerisch gelöst werden. Für die rechnerische Lösung ist es günstig, sich die HN-Methode einzuprägen.

Beispiel 1 Lösen der Bruchgleichung

$$\frac{2}{x-3} = -\frac{1}{x}$$

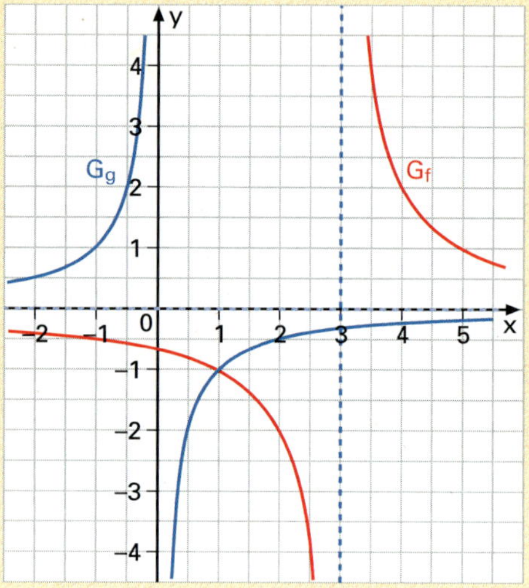

1. Lösung: Grafisch

Wir nehmen die links und rechts vom Gleichheitszeichen stehenden Terme als Terme der Funktionen f und g:

$f(x) = \frac{2}{x-3}$ mit $D = \mathbb{Q}\setminus\{3\}$

und

$g(x) = -\frac{1}{x}$ mit $D = \mathbb{Q}\setminus\{0\}$.

Wir zeichnen die Graphen G_f und G_g dieser Funktionen. Die x-Werte, für die f(x) und g(x) den gleichen Wert annehmen, erfüllen die Bruchgleichung. Das sind die x-Werte der Schnittpunkte. In unserem Fall erhalten wir eine Lösung: $x = 1$.

2. Lösung: Rechnerisch mit der HN-Methode

Dazu gehen wir schrittweise vor:

$D = \mathbb{Q}\setminus\{0; 3\}$		*Definitionsmenge bestimmen*
$\frac{2}{x-3} = -\frac{1}{x}$	$\mid \cdot x(x-3)$	*Mit HN multiplizieren*
$\frac{2 \cdot x \cdot (x-3)}{x-3} = -\frac{x \cdot (x-3)}{x}$		*Kürzen*
$2x = -(x-3)$		*Bruchtermfreie Gleichung lösen*
$2x = -x + 3$	$\mid +x$	
$3x = 3$	$\mid :3$	
$x = 1$		
$L = \{1\}$		*Lösungsmenge angeben*

linke Seite: $\frac{2}{1-3} = \frac{2}{-2} = -1$ *Probe machen*

rechte Seite: -1

Beispiel 2

Geheimnisvolle Bruchgleichung

Setzen wir in die Bruchgleichung für x die Zahl 3 ein, wird der Nenner des Bruchterms Null. Die Zahl 3 gehört nicht zur Definitionsmenge $D = \mathbb{Q}\setminus\{3\}$. Die Zahl 3 ist nur eine Lösung der bruchtermfreien Gleichung $2x = 6$, aber nicht der Bruchgleichung. Diese hat keine Lösung. Ihre Lösungsmenge ist leer: $L = \{\ \}$

Eine Lösung der bruchtermfreien Gleichung ist nur dann Lösung der Bruchgleichung, wenn sie zu ihrer Definitionsmenge gehört.

Das Auflösen einer Formel nach einer Variablen

Eine Formel beschreibt den Zusammenhang zwischen mehreren Größen durch eine Gleichung. In dieser treten mehrere Variablen auf.

Beispiel

Mit einer Linse kann man von einem Gegenstand, z. B. einer brennenden Kerze, auf einem Schirm ein scharfes Bild erzeugen. Zwischen der Brennweite f der Linse, der Gegenstandsweite g und der Bildweite b besteht der Zusammenhang $\frac{1}{f} = \frac{1}{g} + \frac{1}{b}$.

Das ist die *Linsenformel*.

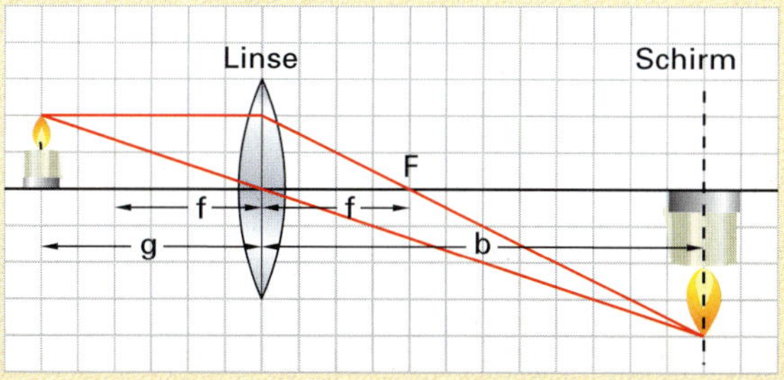

Häufig sind für die Variablen – bis auf eine – Werte vorgegeben. Dann können wir den einen unbekannten Wert berechnen. Damit wir nicht für jede Vorgabe spezieller Werte immer wieder eine Gleichung lösen müssen, lösen wir die Formel zunächst nach der Unbekannten auf. Erst dann setzen wir für die anderen Variablen die gegebenen Werte ein.

Beispiel Für eine Linse gegebener Brennweite f soll die Bildweite b in Abhängigkeit von der Gegenstandsweite g ($g \neq f$) ermittelt werden. Wir lösen die Linsenformel mit der HN-Methode nach der Bildweite b auf.

$\frac{1}{f} = \frac{1}{g} + \frac{1}{b}$	$\mid \cdot fgb$	*Mit HN multiplizieren*
$\frac{fgb}{f} = \frac{fgb}{g} + \frac{fgb}{b}$		*Kürzen*
$gb = fb + fg$	$\mid -fb$	*Bruchtermfreie Gleichung lösen*
$gb - fb = fg$		*Terme mit der Unbekannten*
$b(g-f) = fg$	$\mid :(g-f)$	*auf einer Seite sammeln*
$b = \frac{fg}{g-f}$		

Wir überprüfen den in der Zeichnung mit dem Mittelpunkts- und dem Parallelstrahl konstruierten Fall für $f = 20\,\text{cm}$, $g = 30\,\text{cm}$:

$$b = \frac{fg}{g-f} = \frac{20\,\text{cm} \cdot 30\,\text{cm}}{30\,\text{cm} - 20\,\text{cm}} = \frac{600\,\text{cm}^2}{10\,\text{cm}} = 60\,\text{cm}$$

Aufgaben

1 Lösen mit einer maßstabsgetreuen Zeichnung

Berthold benötigt zum Mähen der Bergwiese 2 Stunden, Sepp 3 Stunden. Die Wiese ist rechts durch ein Rechteck dargestellt. Der von Berthold in einer Stunde gemähte Bruchteil ist rot gekennzeichnet, der von Sepp gemähte Bruchteil blau. Lies aus der Zeichnung ab: Wie lange benötigen beide zusammen für den Rest der Wiese, wie lange für die ganze Wiese? Begründe deine Antwort.

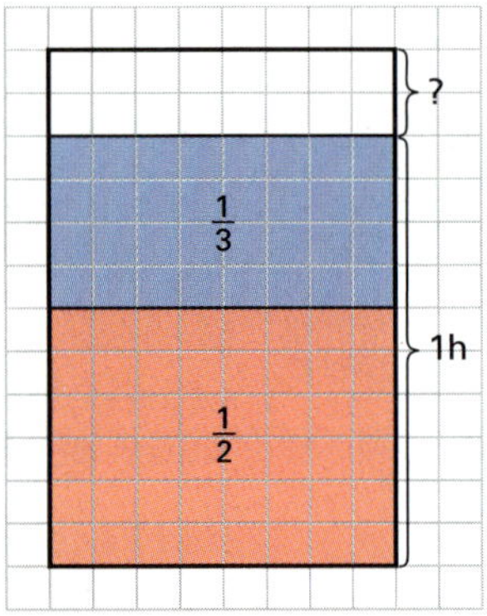

2 Ausheben einer Baugrube

Eine Baugrube wird von zwei Baggern ausgehoben. Der eine Bagger würde dazu 2 Tage benötigen. Die Leistung des zweiten Baggers ist nur halb so groß wie die des ersten Baggers. Wie lange benötigen beide zusammen? Löse die Aufgabe

a) durch eine maßstabsgetreue Zeichnung,

b) rechnerisch mit einer Gleichung.

3 Röhrenaufgabe

Ein Schwimmbecken kann durch zwei Zuflussröhren gefüllt werden. Die eine würde dazu 4 Stunden, die andere 8 Stunden benötigen. Wie lange brauchen beide zusammen? Löse die Aufgabe

a) durch eine maßstabsgetreue Zeichnung,

b) rechnerisch mit einer Gleichung.

4 Gleichungen mit Brüchen

Diese Aufgabe eignet sich gut zur Partnerarbeit. Einer löst die Gleichung durch Zusammenfassen der Brüche, der andere durch Multiplikation mit dem Hauptnenner. Anschließend wird das Ergebnis verglichen. Wechselt euch ab!

a) $\frac{x}{2} - \frac{x}{3} + \frac{x}{4} - \frac{x}{6} + \frac{x}{8} - \frac{x}{12} + 21 = 0$

b) $\frac{2x}{3} + \frac{3x}{4} - \frac{3x}{5} + \frac{15}{4} = \frac{3x}{2} - \frac{13}{2}$

c) $1 + \frac{1}{2}x + \frac{1}{4}x + \frac{1}{8}x + \frac{1}{16}x + \frac{1}{32}x = x$

d) $\frac{1}{2}x - \frac{2}{3}x + \frac{3}{4}x - \frac{3}{5}x + \frac{5}{3} = 0$

e) $\frac{2x-41}{9} + \frac{x-4}{5} = 9$

f) $\frac{17-3x}{5} - 6 = \frac{17+x}{11}$

5 Grafische und rechnerische Lösung

Gib zunächst jeweils die Definitionsmenge an. Nimm die links und rechts vom Gleichheitszeichen stehenden Terme als Terme der Funktionen f und g. Zeichne beide Graphen und lies die Lösung ab. Berechne dann die Lösung.

a) $\frac{2}{x} = 3$

b) $\frac{1}{x+1} = -2$

c) $\frac{x+1}{x} = 3$

d) $\frac{11}{x} - 2 = \frac{3}{x}$

e) $\frac{4}{x-6} = \frac{1}{x}$

f) $\frac{1}{x-2} = \frac{2}{x}$

g) $\frac{1}{x} = \frac{2}{x-2}$

h) $\frac{1}{x} = -\frac{1}{x-3}$

6 Auf der Rolltreppe

Heike läuft in 20 Sekunden die normale Treppe eines U-Bahnhofs hoch. Eilt sie gleich schnell die fahrende Rolltreppe hoch, braucht sie nur 12 Sekunden. Wie lang dauert es, wenn sie sich von der Rolltreppe hochfahren lässt?

a) Mehr oder weniger als 20 Sekunden?

b) Berechne den gesuchten Wert. Bedenke dabei, welcher Bruchteil der Treppenlänge pro Sekunde jeweils zurückgelegt wird.

7 Lösungsmenge gesucht!

a) $\frac{1}{x} + 3 = \frac{2}{x}$

b) $\frac{5}{y} - \frac{2}{3} = \frac{1}{y}$

c) $\frac{5}{2z+4} = 1$

d) $\frac{4}{x-6} = \frac{2}{3}$

e) $\frac{3x-1}{x+3} = 3$

f) $\frac{6-3y}{y-2} = -3$

g) $\frac{4}{x-6} = \frac{1}{x}$

h) $\frac{3}{z-2} = \frac{2}{z-3}$

i) $\frac{x}{x-2} = \frac{x-3}{x-4}$

k) $\frac{x-3}{x+3} - \frac{3x-7}{3x-1} = 0$

l) $\frac{2x-4}{x-4} = \frac{5x-5}{x+7} - 3$

m) $\frac{2y}{y+1} = \frac{1}{y-1} + 2$

8 Textaufgaben

a) Welche Zahl muss man vom Nenner des Bruches $\frac{5}{7}$ subtrahieren, um 1 zu erhalten?

b) Welche Zahl muss man zum Nenner des Bruches $\frac{3}{11}$ addieren, um 2 zu erhalten?

c) Subtrahiert man vom Zähler und Nenner des Bruches $\frac{9}{14}$ dieselbe Zahl, so erhält man $\frac{1}{4}$. Wie heißt die Zahl?

d) Der Nenner eines Bruches ist um 1 größer als das Doppelte des Zählers. Subtrahiert man vom Zähler dieses Bruches 0,4 und vom Nenner 1, so ändert sich der Wert des Bruches nicht. Wie heißt der Bruch?

9 Eine Lösung – keine Lösung?

Bestimme jeweils die Lösungsmenge:

a) $1 - \frac{2x-3}{3x} = \frac{2-x}{2x}$ b) $\frac{x}{2x-6} - \frac{3}{2} = \frac{7{,}5}{x-3}$ c) $x - 2 - \frac{2x-2}{x+2} = x \cdot \frac{x-1}{x+2}$

d) $\frac{3y+2}{y} - \frac{2y}{y+1} = \frac{y+2}{y}$ e) $\frac{1}{x+2} + \frac{2}{x^2+2x} = 0$ f) $\frac{x-1}{x} - \frac{2}{x+1} = \frac{2x}{x+1} - \frac{x+1}{x}$

10 Der Diaprojektor

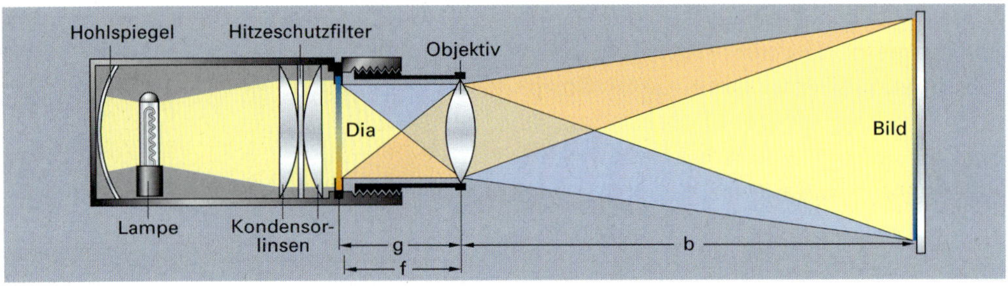

Den Zusammenhang zwischen der Brennweite f seines Objektivs, dem Abstand g des Dias vom Objektiv und dem Abstand b des scharfen Bildes vom Objektiv beschreibt die Linsenformel $\frac{1}{f} = \frac{1}{g} + \frac{1}{b}$ (vgl. S. 97).

a) Löse diese Gleichung auf zwei Arten nach f auf: Das erste Mal, indem du ihre rechte Seite zu einem Bruch zusammenfasst, und das zweite Mal, indem du mit dem Hauptnenner multiplizierst.

b) Befindet sich ein Dia 95 mm vor dem Objektiv eines Projektors, so entsteht 171 cm hinter dem Objektiv ein scharfes Diabild. Berechne die Brennweite des Objektivs.

c) Löse die Linsenformel nach g auf.

d) Der Projektor von Aufgabe b) entwirft 279 cm hinter dem Objektiv ein scharfes Bild. In welchem Abstand vor dem Objektiv befindet sich das Dia?

11 Formeln nach einer Variablen auflösen

Löse jede Formel nach der in eckiger Klammer angegebenen Variablen auf. Welchen Zusammenhang beschreibt die Formel vermutlich?

a) $A = \frac{1}{2}gh$ [h]
b) $V = \frac{1}{3}Gh$ [G]
c) $A = \frac{a+c}{2} \cdot h$ [h]

d) $a_1F_1 = a_2F_2 + a_3F_3$ $[a_3]$
e) $F = D \cdot (l - l_0)$ [l]
f) $A = \frac{a+c}{2} \cdot h$ [a]

g) $\frac{2}{r} = \frac{1}{g} + \frac{1}{b}$ [r]
h) $\frac{2}{r} = \frac{1}{g} + \frac{1}{b}$ [b]
i) $U_1 = \frac{R_1}{R_1 + R_2} \cdot U$ $[R_1]$

12 Oberfläche des Quaders

a) Löse die Formel $A = ab$ für den Flächeninhalt eines Rechtecks nach b auf.
b) Gib die Formel für den Inhalt O der Oberfläche des unten dargestellten Quaders an.
c) Löse diese Formel nach der Quaderhöhe c auf.
d) Deute das Ergebnis für c am unten dargestellten Quadernetz mithilfe von Aufgabe a).

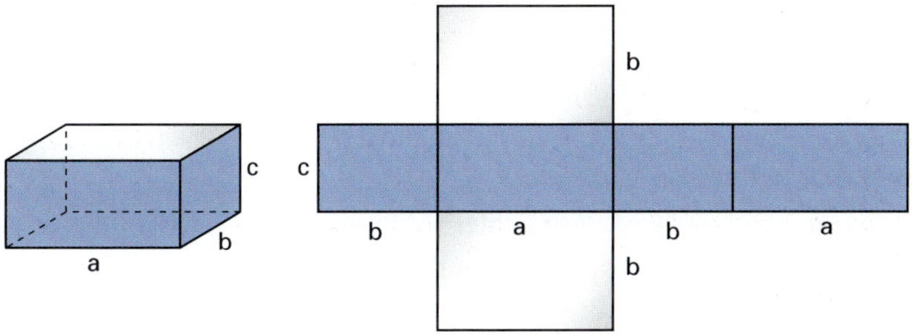

13 „Wasserspiele"

Beim Umfüllen wird der Inhalt des Wassereimers zu gleichen Teilen auf alle vorhandenen Eimer aufgeteilt. Ein Teil bleibt also im ausgießenden Eimer zurück.

a) Alice und Bettina haben zusammen 3 Liter Wasser. Wenn Alice ihren Eimer auf beide Eimer verteilt und anschließend Bettina ihren Eimer auf beide Eimer verteilt, sind beide Eimer wieder so voll wie vor dem Umgießen. Wie viel Wasser war anfangs in den Eimern?
b) Alices Eimer enthält nun 3 Liter Wasser, Bettinas 2 Liter und Claudias 1 Liter. Zuerst verteilt Alice, dann Bettina und schließlich Claudia. Was fällt während der Wasserspiele auf? Wie viel hat jeder am Ende?
c) Verallgemeinere deine Beobachtung auf 5 bzw. n Freundinnen: Mit wie viele Liter Wasser sollten diese starten, damit sich die Beobachtung von b) einstellt?
d) Klappt es nur mit den in c) angegebenen Startmengen oder auch mit anderen?

Zum Intensivieren

14 Lösen mit einem „Blick"

Gib die Lösungsmengen ohne zu rechnen an.

a) $\frac{3}{x+3} = \frac{3}{5}$ b) $\frac{2}{7-x} = \frac{2}{7}$ c) $\frac{3}{x-5} = \frac{3}{5}$ d) $\frac{5}{7-x} = 1$

e) $\frac{7}{17-x} = \frac{7}{17+x}$ f) $\frac{3}{x+3} = \frac{3}{x-3}$ g) $\frac{x}{x-2} + 2 = 2$ h) $\frac{7}{x-2} + 4 = 5$

15 Kreuzweise multiplizieren

Auf jeder Seite der folgenden Bruchgleichungen steht ein einziger Bruchterm. Löse sie zunächst nach der HN-Methode. Betrachte die Zeile, nachdem du mit dem HN multipliziert hast. Wie könnte man diese Gleichungen schneller lösen?

a) $\frac{8}{x} = \frac{2}{3}$ b) $\frac{7}{2x} = \frac{5}{8}$ c) $\frac{2}{x} = \frac{3}{x+1}$ d) $\frac{x+1}{3} = \frac{x}{2}$

Löse mit der „Schnellmethode":

e) $\frac{3}{x-1} = \frac{2}{x+1}$ f) $\frac{2}{x-3} = \frac{3}{x}$ g) $\frac{x-1}{x-2} = \frac{x+1}{x+2}$ h) $\frac{2x}{2x+3} = \frac{3x}{3x-2}$

16 Streichholzschachtel

Eine Streichholzschachtel besteht aus einer Hülle (H) und einer kleinen Schublade (S).

a) Stelle die Formel für die gesamte Oberfläche (innen und außen!) der Hülle auf. Löse nach c auf.

b) Stelle die Formel für die gesamte Oberfläche (innen und außen!) der kleinen Schublade auf. Löse diese Formel nach c auf. Löse die Formel nach a auf.

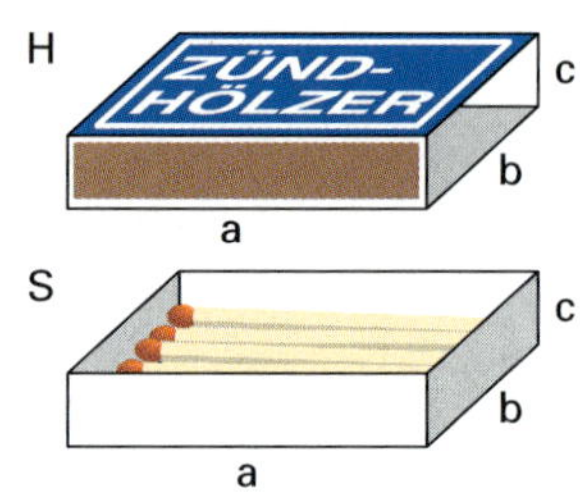

17 Grundwissen: Rechnen mit Potenzen

a) Berechne den Wert des Terms auf dem T-Shirt. Ersetze die Wäscheklammern durch Klammern und bereche den Wert. Versuche, durch Versetzen der Klammern andere Ergebnisse zu erhalten.

Berechne bzw. vereinfache:

b) $(-2)^3$ c) $(-100)^4$ d) $(-1)^{123}$ e) $2a^2b \cdot 5a^2b$

f) $2a^2b + 5a^2b$ g) $(2x)^3 \cdot (2x)^5$ h) $(2x)^3 \cdot 2x^5$ i) $(-2x)^3 \cdot (-2x)^2$

k) $-a \cdot 5a^2 - a^2 \cdot 9a$ l) $(-\frac{1}{2}x^3)^2 - \frac{3}{4}x^6$ m) $((-2a)^3)^2$ n) $2x^2y \cdot 12xy \cdot \frac{1}{8}xy^3$

Dünn, dünner, noch dünner, ..., am dünnsten!

Herbert hat Muskel-Probleme. Er geht deshalb zum Heilpraktiker Heilmann. Dieser verschreibt ihm ein Magnesiumpräparat.

In der Homöopathie wird im Verlauf einer Behandlung das Arzneimittel in wachsender Verdünnung verabreicht. Die Verdünnungen bezeichnet man mit D1, D2, ..., D30.
Mischt man einen Teil des Wirkstoffes mit 9 Teilen Milchzucker, erhält man die Verdünnung D1, mischt man einen Teil D1 mit 9 Teilen Milchzucker, erhält man D2, ...

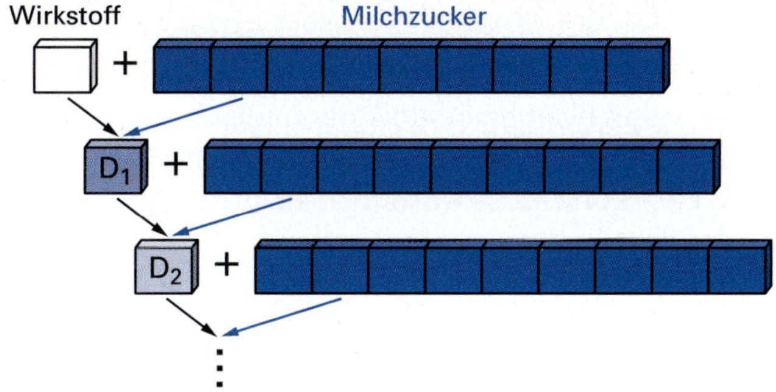

1. Drücke den Anteil des Wirkstoffes in einer Tablette der Verdünnung D1, D2, D3, ..., D30 mithilfe von Zehnerpotenzen aus.

Eine Tablette wiegt 0,25 g.

2. Wie viel g Wirkstoff ist in einer Tablette der Verdünnung D1, D2, D6, D12, D24 enthalten?

3. Ein Magnesiumatom wiegt 0,000 000 000 000 000 000 000 040 g.
Wie viele Magnesiumatome sind in einer Tablette des Magnesiumpräparates D24 enthalten? Warum sind D-Werte größer als 23 nicht sinnvoll?

6.1 Potenzen mit negativen ganzzahligen Exponenten

Die wissenschaftliche Schreibweise sehr großer und sehr kleiner Zahlen

Zum Beschreiben der riesigen Entfernungen im Weltall benötigen Astrophysiker sehr große Zahlen. Sie verwenden dazu Zehnerpotenzen, d. h. Potenzen mit der Basis 10 (Aufgabe 1).

Beispiele

$10^1 = 10$
$10^2 = 100$
$10^3 = 1000$
$10^6 = 1\,000\,000$ (1 Million)
$10^9 = 1\,000\,000\,000$ (1 Milliarde)

10^n ist in dezimaler Schreibweise eine 1 mit n Nullen dahinter.

Von unserer Sonne ist der nächste Stern „Proxima Centauri" 40 400 000 000 000 km entfernt. Eine solche große Zahl ist unübersichtlich und schwer lesbar. Deshalb schreibt man sie als Produkt einer Zahl zwischen 1 und 10 und einer Zehnerpotenz: $4{,}04 \cdot 10\,000\,000\,000\,000$ km $= 4{,}04 \cdot 10^{13}$ km.

In der englischen Literatur wird diese Schreibweise **„scientific notation"** (wissenschaftliche Schreibweise) genannt. Multiplizieren wir einen Dezimalbruch mit 10, gleitet das Komma um eine Stelle nach rechts. Der Exponent 13 gibt also an, um wie viele Stellen das Komma in 4,04 nach rechts gleiten muss, damit wir die gewöhnliche dezimale Schreibweise der Zahl erhalten.
Deshalb heißt $4{,}04 \cdot 10^{13}$ auch **Gleitkommadarstellung**.

Um immer größere Entfernungen angeben zu können, geht man zu immer höheren Zehnerpotenzen über: Eine Erhöhung des Exponenten um 1 bedeutet eine Multiplikation des Potenzwertes mit 10. Um die kleinen Entfernungen in der Welt der Mikroorganismen oder gar der Atome darstellen zu können, gehen wir in umgekehrter Richtung vor: Jede Verringerung des Exponenten um 1 bedeutet, dass der Wert der Zehnerpotenz auf den 10. Teil sinkt. Das führt uns von positiven ganzzahligen zu negativen Exponenten (Aufgabe 2):

Exponent	...	−3	−2	−1	0	1	2	3	...
Potenz 10^n	...	10^{-3}	10^{-2}	10^{-1}	10^0	10^1	10^2	10^3	...
Potenzwert	...	$\frac{1}{1000} = 0{,}001$	$\frac{1}{100} = 0{,}01$	$\frac{1}{10} = 0{,}1$	1	10	100	1000	...

→ Multiplikation mit 10
← Division durch 10

Damit erweitern wir den Begriff der Zehnerpotenz durch den Exponenten Null und durch negative ganze Exponenten:

$10^0 = 1.$	10^{-n} ist der Kehrbruch von 10^n:	$10^{-n} = \frac{1}{10^n}$

Beispiel $10^{-6} = \frac{1}{10^6} = \frac{1}{1\,000\,000} = 0{,}000\,001$

Allgemein: 10^{-n} hat als Dezimalbruch an der n-ten Stelle nach dem Komma die 1 und davor Nullen stehen.

Nun sind wir in der Lage, auch kleine Zahlen in Gleitkommadarstellung zu schreiben.

Beispiele

$$12 = 1{,}2 \cdot 10^1$$
$$1{,}2 = 1{,}2 \cdot 10^0$$
$$0{,}12 = 1{,}2 \cdot 10^{-1}$$
$$0{,}012 = 1{,}2 \cdot 10^{-2}$$
$$0{,}000\,012 = 1{,}2 \cdot 10^{-5}$$

Mit dieser übersichtlichen wissenschaftlichen Schreibweise verschwinden die vielen Nullen in den Dezimalbrüchen.

Beispiel Das kleinste Atom ist das Wasserstoffatom: Ein Elektron kreist um den Kern.

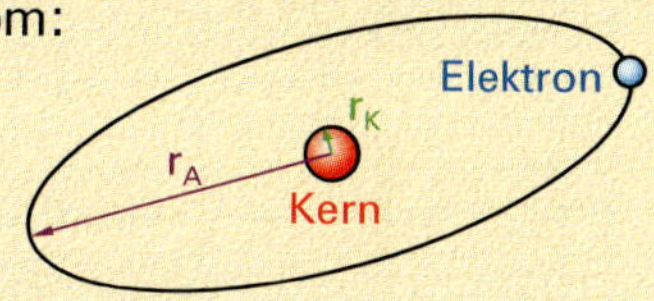

Atomradius:
$r_A = 0{,}000\,000\,000\,15\,\text{m} = 1{,}5 \cdot 10^{-10}\,\text{m}$

Kernradius:
$r_K = 0{,}000\,000\,000\,000\,001\,3\,\text{m} = 1{,}3 \cdot 10^{-15}\,\text{m}$

Der Atomradius ist ungefähr $10^5 = 100\,000$ mal so groß wie der Kernradius.

In der Gleitkommadarstellung $a \cdot 10^z$ (mit $1 \leq a < 10$) gibt die ganze Zahl z an, um wie viele Stellen das Komma in a zu verschieben ist, um die gewöhnliche dezimale Schreibweise zu erhalten – für positives z nach rechts, für negatives nach links.

Negative ganzzahlige Exponenten

Wir haben den Begriff der Zehnerpotenz durch den Exponenten Null und durch negative ganzzahlige Exponenten erweitert. Auch für andere Potenzen liegt diese Erweiterung nahe (Aufgabe 7). Bei Zweierpotenzen gilt: Erhöht sich die Hochzahl um 1, so wird der Potenzwert mit 2 multipliziert. Erniedrigt sich die Hochzahl um 1, so wird der Potenzwert durch 2 dividiert.

Exponent	…	−3	−2	−1	0	1	2	3	…
Potenz 2^n	…	2^{-3}	2^{-2}	2^{-1}	2^0	2^1	2^2	2^3	…
Potenzwert	…	$\frac{1}{8}$	$\frac{1}{4}$	$\frac{1}{2}$	1	2	4	8	…

→ Multiplikation mit 2
← Division durch 2

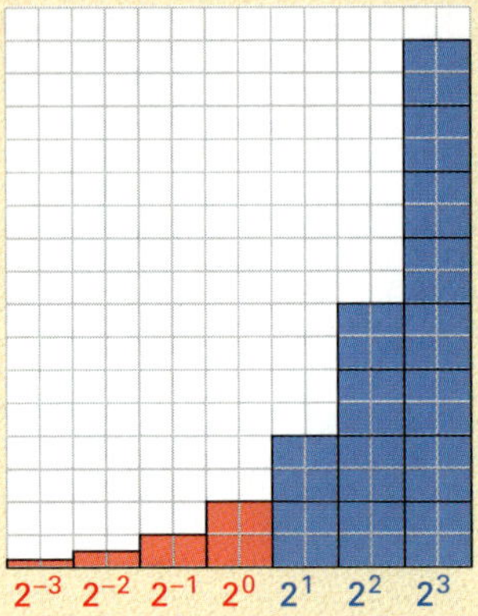

Die grafische Veranschaulichung durch Rechtecke zeigt, dass die „neuen Zweierpotenzen" die „alten" konsequent fortsetzen. Wir verallgemeinern:

> Wenn a eine von Null verschiedene Zahl und n eine natürliche Zahl ist, dann ist $a^0 = 1$ und a^{-n} der Kehrbruch von a^n: $a^{-n} = \frac{1}{a^n}$

Beachte: Der Exponent zählt die gleichen Faktoren: $2^3 = 2 \cdot 2 \cdot 2$.
Ein Minuszeichen im Exponenten bedeutet: Die gleichen Faktoren in den Nenner schreiben. $2^{-3} = \frac{1}{2^3} = \frac{1}{2 \cdot 2 \cdot 2}$.

Negative Potenzwerte können sich nur dann ergeben, wenn die Basis negativ ist.

Beispiele $5^0 = 1$; $(-5)^0 = 1$; $5^{-3} = \frac{1}{5^3} = \frac{1}{125}$;
$(-5)^{-3} = \frac{1}{(-5)^3} = -\frac{1}{125}$; $(-5)^{-2} = \frac{1}{25}$

Wenden wir die Definition in umgekehrter Richtung an, können wir Brüche ohne Bruchstrich schreiben. Wir dürfen dabei aber nie übersehen, dass ein negativer Exponent nur eine elegante Schreibweise für Faktoren im Nenner ist.

Beispiele $\frac{1}{x} = x^{-1}$; $\frac{1}{x^2} = x^{-2}$; $\frac{1}{ab} = (ab)^{-1}$; $\frac{a}{b} = ab^{-1}$

Bei der letzen Schreibweise wurde die Regel „*Hoch vor Punkt vor Strich, Klammer vor allem*" benutzt. Der Exponent −1 wirkt nur auf b und nicht auf a.

Aufgaben

1 Zehnerpotenzen auf dem Taschenrechner (TR)

Ein Taschenrechner kann nur höchstens 10 Stellen anzeigen.

a) Was ergibt $1\,000\,000^2$? Führe diese Rechnung auf dem Taschenrechner aus. Was zeigt dieser an? Was bedeuten die einzelnen Bestandteile?

b) Was ergibt $3\,000\,000^2$? Was wird der TR anzeigen? Probiere es aus.

c) Was ergibt $5\,000\,000^2$? Was wird der TR anzeigen? Probiere es aus.

d) Berechne mit dem TR 3^{12} mit der Tastenfolge [3] [x^y] [1] [2] bzw. mit der Tastenfolge [3] [^] [1] [2].
Welche Zahl erhältst du auf dem TR mit der Tastenfolge [3] [EXP] [1] [2]?
Wie lautet die Zahl in Potenzschreibweise, wie in dezimaler Schreibweise?
Was müsste sich ergeben, wenn du diese Zahl durch 1 000 000 dividierst?
Überprüfe deine Vermutung.

e) Wie kannst du die Zahl $1{,}5 \cdot 10^6$ in deinen TR eingeben? Wie lautet diese Zahl in dezimaler Schreibweise? Überprüfe, indem du sie in den TR eingibst und die [=]-Taste drückst.

2 Zehnerpotenzen mit negativen Exponenten

a) Was ergibt $0{,}000\,002^2$? Führe diese Rechnung auf dem TR aus. Was zeigt dieser an? Was bedeuten die einzelnen Bestandteile?

b) Gib $5 \cdot 10^{-3}$ mit der [EXP]-Taste und der Vorzeichentaste [+/−] bzw. [(−)] in den TR ein. Welche Zahl ist das in dezimaler Schreibweise? Was ergibt sich, wenn du diese Zahl mit 3000 multiplizierst? Probiere es aus.

3 „Scientific Notation"

a) Schreibe die Zahlen aus nebenstehender Tabelle in Gleitkommadarstellung.

b) Berechne mit dem TR: Welcher Weg würde bei der jeweiligen Geschwindigkeit in einer Stunde zurückgelegt?

c) Um wie viele cm wachsen deine Haare pro Jahr?

	Geschwindigkeit in $\frac{m}{s}$
Haarwachsen	0,000 000 003
Schnecke	0,002
Fußgänger	1,5
Gepard	32
ICE	80
Düsenflugzeug	800
Erdsatellit	8 000
Licht	300 000 000

4 „Scientific Notation" für Größen

Verwandle die Angabe zunächst in die in eckigen Klammern angegebene Einheit und schreibe dann die Zahl in Gleitkommadarstellung.

a) 56 km [m]	b) 12 cm [km]	c) 12 mm [km]	d) 56 km² [m²]
e) 5,6 ha [m²]	f) 3,4 m² [km²]	g) 35 Mio Liter [m³]	h) 0,75 m³ [l]
i) 0,75 m³ [hl]	k) 15 g [kg]	l) 15 t [g]	m) 15 g [t]
n) 23 mg [kg]	o) 0,250 g [kg]	p) 0,250 kg [g]	q) 0,25 mg [g]

5 Ausgleiten

Verwandle in die dezimale Schreibweise mit einer sinnvoll gewählten Einheit:

a) $2 \cdot 10^4$ m	b) $3 \cdot 10^{-4}$ m	c) $4 \cdot 10^{-4}$ km	d) $8{,}4 \cdot 10^4$ g
e) $8{,}4 \cdot 10^7$ g	f) $5 \cdot 10^2$ m²	g) $6 \cdot 10^4$ m²	h) $7 \cdot 10^{-4}$ m²
i) $8{,}1 \cdot 10^{-9}$ ha	k) $9 \cdot 10^4$ l	l) $4{,}5 \cdot 10^{-2}$ m³	m) $6 \cdot 10^{-6}$ m³

6 **Aufräumen**

Ordne die folgenden Zahlen der Größe nach. Beginne mit der kleinsten!

a) $1{,}2 \cdot 10^6$; $1{,}2 \cdot 10^{-6}$; $2{,}1 \cdot 10^6$; $2{,}1 \cdot 10^{-6}$; $2{,}1 \cdot 10^0$; 0; $1{,}2 \cdot 10^1$; $1{,}2 \cdot 10^{-1}$

b) $2{,}5 \cdot 10^2$; $2{,}5^2$; $2{,}5 \cdot 10^{-2}$; $2{,}5^{-1}$; $2{,}5 \cdot 10^0$; $2{,}5 \cdot 10^1$; $2{,}5 \cdot 10^{-1}$; $2{,}5^0$

7 **Potenzwerte für den Exponenten Null und für negative Exponenten**

Ein Taschenrechner kann für den Exponenten Null und für negative ganzzahlige Exponenten Potenzwerte berechnen. Du sollst herausfinden, welche Definition er dabei benutzt.

a) Berechne mit dem TR: 1^0, 2^0, 3^0, $(-3)^0$, $(-2)^0$ und $0{,}5^0$.
Wie lautet die Definition für a^0? Überprüfe diese an weiteren, selbst gewählten Beispielen.

b) Berechne mit dem TR 0^0. Überrascht dich das Ergebnis? Kannst du es erklären? Ergänze deine Definition von Aufgabe a).

c) Lege eine Tabelle mit zwei Zeilen an und trage in die erste Zeile 2^4, 2^3, 2^2, 2^1, 2^0, 2^{-1}, 2^{-2}, 2^{-3}, 2^{-4} ein. Berechne mithilfe des TR die Potenzwerte. Gib, wenn Dezimalbrüche auftreten, diese auch als gewöhnliche Brüche an. Wie könnte a^{-n} definiert sein? Überprüfe deine Definition an weiteren Beispielen.

8 **Rechnen ohne TR**

a) 7^0; $(-7)^0$; -7^0; 0^7
b) 3^2; $(-3)^2$; 3^{-2}; $(-3)^{-2}$
c) 3^3; $(-3)^3$; 3^{-3}; $(-3)^{-3}$
d) $0{,}1^3$; $0{,}1^{-3}$; $(-0{,}01)^{-3}$
e) $0{,}5^2$; $0{,}5^{-2}$; $0{,}5^{-1}$
f) $(-1)^{-1}$; $(-1)^{-2}$; $(-1)^{-3}$
g) $\left(\frac{1}{2}\right)^{-1}$; $\left(\frac{1}{2}\right)^{-3}$; $\left(-\frac{1}{2}\right)^{-5}$
h) $\left(\frac{1}{3}\right)^{4}$; $\left(\frac{1}{3}\right)^{-3}$; $\left(-\frac{1}{3}\right)^{2}$
i) $\left(\frac{2}{3}\right)^{3}$; $\left(\frac{2}{3}\right)^{-3}$; $\left(\frac{3}{2}\right)^{3}$; $\left(\frac{3}{2}\right)^{-3}$

9 **Vorsicht: Versteckte Bruchrechnung!**

a) $2^1 + 2^0 + 2^{-1} + 2^{-2}$
b) $(-2)^0 + (-2)^{-1} + (-2)^{-2}$
c) $(2 + 2^{-1}) : (2 - 2^{-1})$
d) $(3^0 + 3^{-1}) : (3^0 - 3^{-1})$
e) $(2^1 + 2^{-2})^0 : (2^1 + 2^0)^{-2}$
f) $(5 + 5^{-1})^2 - (5 - 5^{-1})^2$

10 Schreibe mit Bruchstrich:

a) x^{-3} b) z^{-5} c) $(2y)^{-3}$ d) $2y^{-3}$ e) $(x-1)^{-2}$ f) $2(x-1)^{-2}$
g) $1 - x^{-2}$ h) $x^{-2} + y$ i) $x^{-2} + y^{-2}$ k) $2x - x^{-1}$ l) $2x^{-1} - x$ m) $x^{-1} - y^{-1}$

11 Schreibe mit Bruchstrich:

a) abc^{-1} b) $a^{-1}bc^{-1}$ c) $(abc)^{-1}$ d) $a(bc)^{-1}$ e) $(ab)^2cb^{-1}$ f) a^0bc^{-1}

12 Schreibe ohne Nenner:

a) $\frac{1}{y}$ b) $\frac{6}{x^2}$ c) $\frac{2}{x} + \frac{3}{x^3}$ d) $x - \frac{5}{x} + \frac{1}{x^2}$ e) $\frac{1}{1+x}$ f) $\frac{1}{1+x^2}$
g) $\frac{3a}{x^5}$ h) $\frac{1}{man}$ i) $\frac{m}{an}$ k) $\frac{m}{a+n}$ l) $\frac{m+a}{n}$ m) $\frac{n+a}{m+a}$

Zum Intensivieren

13 Runden

Runde auf drei gültige Ziffern und schreibe in Gleitkommadarstellung:

a) die Oberfläche der Erde $A = 510\,101\,000\,\text{km}^2$,

b) das Erdvolumen $V = 1\,083\,319\,780\,000\,\text{km}^3$,

c) die Lichtgeschwindigkeit $c = 299\,792\,458\,\frac{\text{m}}{\text{s}}$,

d) die Anzahl der Sekunden eines Tages,

e) die Anzahl der Sekunden eines Jahres.

14 Das Planetensystem

Um unsere Sonne bewegen sich neun Planeten: Erde, Jupiter, Mars, Merkur, Neptun, Pluto, Saturn, Uranus und Venus.

Entfernung von der Sonne in km	
?	57 900 000
?	108 000 000
?	150 000 000
?	228 000 000
?	779 000 000
?	1 430 000 000
?	2 870 000 000
?	4 500 000 000
?	5 910 000 000

a) Übertrage die Tabelle in dein Heft: Schreibe in die erste Spalte die Namen der Planeten in der richtigen Reihenfolge und in die zweite Spalte die Gleitkommadarstellung ihrer Entfernungen von der Sonne. (Hinweis: Für die Namen und die Reihenfolge der Planeten ist der Merkspruch „Mein Vater erklärt mir jeden Sonntag unsere neun Planeten“ hilfreich.) „Who is who?“ auf dem Bild?

b) Wie groß ist die kleinste Entfernung zwischen der Erde und dem Mars? Ein Funksignal legt in 1 Sekunde $3 \cdot 10^8\,\text{m}$ zurück. Wie lange benötigt ein Funksignal mindestens vom Mars zur Erde?

c) Die Planeten bewegen sich näherungsweise auf Kreisbahnen um die Sonne. Wie lange braucht die Erde für eine vollständige Umrundung? Mit welcher Geschwindigkeit bewegt sich die Erde um die Sonne?

d) Die Planeten bewegen sich umso schneller um die Sonne, je kleiner der Radius ihrer Kreisbahn ist. Welches Planetenjahr ist das kürzeste, welches das längste? Der Mars legt pro Sekunde 24 km im Weltraum zurück. Wie viele Tage dauert ein Marsjahr?

15 Schreibe als Potenz mit einer natürlichen Zahl als Basis:

a) $\frac{1}{49}$	b) $\frac{1}{32}$	c) $\frac{1}{81}$	d) $\frac{1}{1024}$	e) $\frac{1}{625}$	f) $\frac{1}{111}$
g) 0,1	h) 0,001	i) 0,04	k) 0,125	l) 0,0625	m) 0,008

16 Gib mithilfe einer Zehnerpotenz an:

a) 1 km in m	b) 1 mm in km	c) 1 km^2 in m^2	d) 1 ha in m^2
e) 1 m^2 in a	f) 1 l in m^3	g) 1 cm^3 in m^3	h) 1 mg in t

6.2 Rechnen mit Potenzen

Addieren und Subtrahieren

Eine Summe mit Potenzen lässt sich nur vereinfachen, wenn die Summanden gleichartig sind. D.h.: In den Summanden dürfen nur Potenzen auftreten, die in der Basis und im Exponenten übereinstimmen (Aufgabe 1). Dann klammern wir die gemeinsame Potenz aus.

Beispiel $5a^{-3} - a^{-3} = (5-1) \cdot a^{-3} = 4a^{-3}$

Wir erkennen:

Gleichartige Potenzen werden addiert (bzw. subtrahiert), indem wir die entsprechenden Koeffizienten addieren (bzw. subtrahieren) und die gemeinsame Potenz beibehalten.

Multiplizieren und Dividieren von Potenzen mit gleicher Basis

Die positive Hochzahl einer Potenz zählt die Faktoren. Ausführlich geschrieben ist z. B. $a^2 \cdot a^3$ ein Produkt aus 2 Faktoren und 3 Faktoren. Das Ergebnis ist ein Produkt aus 5 Faktoren (Aufgabe 3):

$$a^2 \cdot a^3 = a \cdot a \cdot a \cdot a \cdot a = a^5$$

Eine negative Hochzahl zählt die Faktoren im Nenner. Schreiben wir z. B. $a^2 \cdot a^{-3}$ ausführlich, treten im Zähler zwei Faktoren und im Nenner drei Faktoren auf. Nach dem Kürzen bleibt im Nenner ein Faktor übrig:

$$a^2 \cdot a^{-3} = a \cdot a \cdot \frac{1}{a \cdot a \cdot a} = \frac{a \cdot a}{a \cdot a \cdot a} = \frac{1}{a} = a^{-1}$$

Potenzen mit gleicher Basis werden multipliziert, indem wir die Basis beibehalten. Den Exponenten des Produkts erhalten wir durch Addition des Exponenten der beteiligten Faktoren unter Beachtung ihrer Vorzeichen.

Das Zählen der Faktoren hilft auch beim Dividieren weiter, z. B. bedeutet das Dividieren durch a^3 „3 Faktoren a im Nenner“:

$$a^2 : a^3 = \frac{a^2}{a^3} = \frac{1}{a} = a^{-1}$$

Potenzen mit gleicher Basis werden dividiert, indem wir die gemeinsame Basis beibehalten und die Exponenten subtrahieren.

Multiplizieren und Dividieren von Potenzen mit gleichem Exponenten

Sind in einem Produkt die Hochzahlen der Faktoren gleich, können wir die Grundzahlen durch Umstellen zusammenführen. Das erleichtert manchmal das Vereinfachen von Termen (Aufgabe 7):

$$4^{-3} \cdot 2{,}5^{-3} = \frac{1}{4 \cdot 4 \cdot 4} \cdot \frac{1}{2{,}5 \cdot 2{,}5 \cdot 2{,}5} = \frac{1}{(4 \cdot 2{,}5) \cdot (4 \cdot 2{,}5) \cdot (4 \cdot 2{,}5)}$$
$$= (4 \cdot 2{,}5)^{-3} = 10^{-3}$$

Diese „Partnerzusammenführung“ kann auch beim Dividieren hilfreich sein:

$$6^5 : 3^5 = \frac{6 \cdot 6 \cdot 6 \cdot 6 \cdot 6}{3 \cdot 3 \cdot 3 \cdot 3 \cdot 3} = \left(\frac{6}{3}\right)^5 = 2^5 = 32$$

> Potenzen mit gleichem Exponenten werden multipliziert (bzw. dividiert), indem wir die Basen multiplizieren (bzw. dividieren) und den gemeinsamen Exponenten beibehalten.

Wenden wir diese Regel „rückwärts“ an, können wir den Exponenten auch auf die Faktoren verteilen (Aufgabe 8). Z.B. $(ab)^2 = a \cdot b \cdot a \cdot b = a \cdot a \cdot b \cdot b = a^2 \cdot b^2$. Das hilft manchmal beim Rechnen mit Gleitkommazahlen.

Beispiel $(2 \cdot 10^{-4})^2 = 2^2 \cdot (10^{-4})^2 = 4 \cdot 10^{-4} \cdot 10^{-4} = 4 \cdot 10^{-8}$

Der Exponent zählt Faktoren und nicht Summanden. Er darf deshalb nicht auf die einzelnen Summanden einer Summe verteilt werden:

$$(a+b)^2 = (a+b) \cdot (a+b) = a^2 + ba + ab + b^2$$
$$= a^2 + 2ab + b^2$$

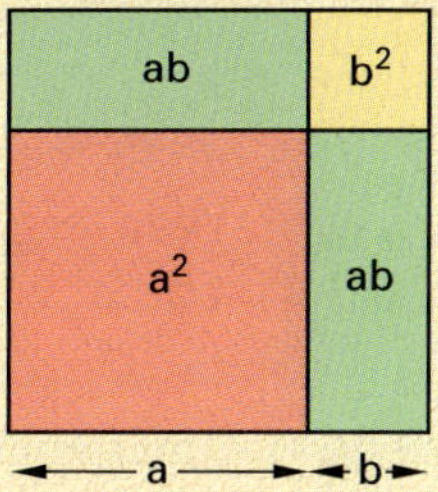

Außer den beiden Quadraten tritt im Ergebnis noch das doppelte Produkt auf. Das Quadrat des Summenterms $a+b$ ist eine wichtige binomische Formel, die Plus-Formel. Ihre geometrische Veranschaulichung ist rechts zu sehen.

Potenzieren von Potenzen

Schreiben wir $(a^{-2})^4$ ausführlich, müssen wir zwei Faktoren a im Nenner viermal notieren. Dadurch erhalten wir acht Faktoren a im Nenner:

$$(a^{-2})^4 = \frac{1}{(a \cdot a) \cdot (a \cdot a) \cdot (a \cdot a) \cdot (a \cdot a)} = a^{-8}$$

Das können wir verallgemeinern (Aufgabe 12):

> Potenzieren wir eine Potenz aus m Faktoren mit n, so erhalten wir eine Potenz aus $m \cdot n$ Faktoren.

Aufgaben

1 Addieren und Subtrahieren

a) Welche der folgenden Terme kann man vereinfachen und welche nicht? Wie lautet die zugehörige Regel?
$T_1(a) = 2a^2 + 7a^2$; $T_2(a) = 3a^2 + 4a$; $T_3(a) = 3a^2 - a^2$

b) Welche der folgenden Terme kann man in Gleitkommadarstellung berechnen? Rechne in Dezimalzahlen um und überprüfe dein Ergebnis.
$T_1 = 2 \cdot 10^3 + 7 \cdot 10^3$; $T_2 = 3 \cdot 10^3 + 4 \cdot 10^2$; $T_3 = 3 \cdot 10^3 - 10^3$

c) Welche Potenzen kann man addieren bzw. subtrahieren? Wie?

2 Räume so weit wie möglich auf!

a) $2a^5 + 7a^5$ b) $2b^3 - 7b^3$ c) $7c^2 - 5c^3$ d) $x^{-4} + x^{-4}$
e) $y^2 - 2y^2$ f) $-z^{-1} + z^{-1}$ g) $x^2 + x^{-2}$ h) $2x^0 - 3x^0$
i) $\frac{1}{2}a^2 - \frac{1}{6}a^2$ k) $\frac{1}{5}x^{-1} - \frac{1}{4}x^{-1}$ l) $\frac{3}{4}z^0 - \frac{3}{8}z^0$ m) $0{,}05x - 0{,}5x$
n) $-0{,}01y^2 + y^2$ o) $5 \cdot 10^{-9} - 2 \cdot 10^{-9}$ p) $10^6 + 10^6$ q) $7 \cdot 10^{-1} + 3 \cdot 10^{-1}$

3 Multiplizieren und Dividieren von Potenzen mit gleicher Basis

a) Schreibe jeweils mithilfe der Definition ausführlich: a^5, a^{-5}, a^3, a^{-3}.

b) Überlege dir zunächst mithilfe von a), wie viele Faktoren jeweils im Zähler bzw. Nenner der folgenden Produkte auftreten und wie viele Faktoren nach dem Kürzen im Zähler bzw. Nenner übrig bleiben. Gib dann das Ergebnis an: $a^5 \cdot a^3$, $a^5 \cdot a^{-3}$, $a^{-5} \cdot a^3$, $a^{-5} \cdot a^{-3}$.

c) Ermittle: $a^4 \cdot a^3$, $a^4 \cdot a^{-3}$, $a^{-4} \cdot a^3$, $a^{-4} \cdot a^{-3}$.

d) Wie erhält man die Hochzahl des Produkts aus den Hochzahlen der Faktoren? Was ergibt sich nach dieser Rechenregel für $a^4 \cdot a^0$? Warum ist die Definition $a^0 = 1$ hier sinnvoll?

e) Ermittle: $a^5 : a^3$, $a^{-5} : a^3$, $a^5 : a^{-3}$, $a^{-5} : a^{-3}$.

f) Wie erhält man die Hochzahl des Quotienten aus den Hochzahlen des Dividenden und des Divisors? Was ergibt nach dieser Regel $a^5 : a^5$? Warum ist auch hier die Definition a^0 sinnvoll?

4 Zusammenfassen, bitte!

a) $2^6 \cdot 2^4$ b) $(-2)^{-5} \cdot (-2)^7$ c) $5 \cdot 5^{-3}$ d) $8 \cdot 2^{-3}$
e) $10^3 \cdot 10^{-3}$ f) $(-0{,}1)^{12} \cdot (-0{,}1)^{-13}$ g) $2^6 : 2^4$ h) $2^4 : 2^6$
i) $2^{-4} : 2^6$ k) $2^{-4} : 2^{-6}$ l) $10^3 : 10^{-3}$ m) $10^{-3} : 10^3$

5 Noch einmal: Zusammenfassen!

a) $a \cdot a^2 \cdot a^3$ b) $x^7 \cdot x^{-3}$ c) $x^{-7} \cdot x^3$ d) $a^{-3} \cdot a^0$
e) $c^7 : c^2$ f) $c^2 : c^7$ g) $c : c^3$ h) $x^{-2} : x^2$
i) $2a^2 \cdot 3a^3$ k) $\frac{1}{2}x^2 \cdot \frac{1}{3}x^3 \cdot \frac{1}{4}x^4$ l) $\frac{9}{2}x^2 \cdot \frac{4}{3}xy^3$ m) $6x^2y \cdot \frac{2}{3}y^{-2}$

6 Rechenarten-Mix – light!

a) $x^3 \cdot x^2 + x \cdot x^4$ b) $2x^2 \cdot x - x^4 \cdot x^{-1}$ c) $3y^2 \cdot y^{-3} - 4y^{-1}$

d) $\frac{1}{2} r \cdot r^{-3} - \frac{3}{4} r^0 \cdot r^{-2}$ e) $\frac{4}{9} r^2 \cdot r^{-2} - \frac{1}{3} r^3 \cdot r^{-3}$ f) $\frac{1}{2} x^2 \cdot \frac{1}{3} x^3 - \frac{1}{3} x^6 \cdot 2x^{-1}$

g) $a^3 \cdot (a^2 - a)$ h) $2a^2 \cdot (3a^3 - 4a^4)$ i) $5a^{-1} \cdot (4a + 3a^2)$

k) $a^2 b \cdot (2a + 3b^2)$ l) $3x^{-2}y^3 \cdot (5x^2 - 4y^{-3})$ m) $7ab^{-2} \cdot (2a^{-1}b^{-3} - 3a^{-6}b^2)$

n) $(8a^5 - 4a^2) : a^2$ o) $(8a^2 - 4a) : (2a^2)$ p) $(8x^2 + 4x) : x^{-2}$

q) $(2x^2 + x) : (2x^{-2})$ r) $(x^{2n} - x^{n+2}) : x^2$ s) $(x^{2n} - x^{n+2}) : x^n$

7 Multiplizieren und Dividieren von Potenzen mit gleicher Hochzahl

a) Schreibe mithilfe der Definition ausführlich und berechne: $2^6 \cdot 5^6$.

b) Ersetze das Divisionszeichen durch einen Bruchstrich, schreibe die Potenzen ausführlich und berechne: $26^4 : 13^4$.

c) Gib die Ergebnisse von a) und b) jeweils in Potenzschreibweise an. Fällt dir etwas auf?

8 Verteilen des Exponenten auf Faktoren bzw. Summanden

a) Schreibe $(3a)^2$ ausführlich, stelle um und fasse zusammen.

b) Schreibe $(3 + a)^2$ ausführlich, multipliziere aus und fasse zusammen.

c) Die Abbildung zeigt die geometrische Veranschaulichung der Terme von a) und b). Überprüfe deine Ergebnisse. Das Umformen der Terme kann man als Verteilen der Hochzahl 2 auffassen. Wann darf man verteilen, wann nicht?

d) Schreibe $(2a)^3$ ausführlich, stelle um und fasse zusammen.

e) Schreibe $(2 + a)^3$ ausführlich, multipliziere aus und fasse zusammen.

f) In welchem der Fälle d) oder e) erhält man das Ergebnis durch Verteilen des Exponenten, in welchem nicht? Erläutere das anhand der beiden rechts dargestellten Würfel.

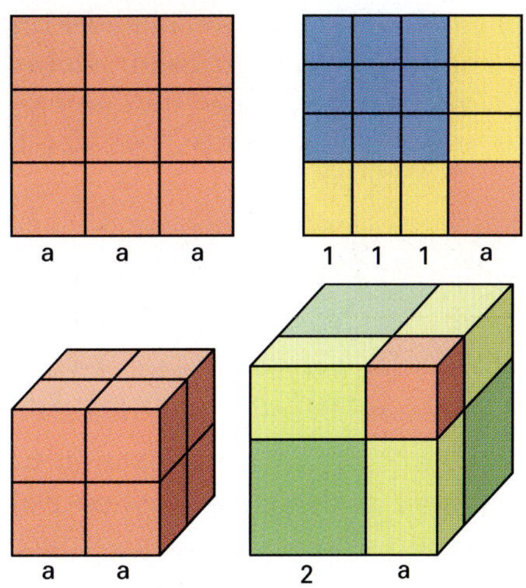

9 „Familienzusammenführung"

a) $0{,}1^7 \cdot 10^7$ b) $0{,}125^4 \cdot 8^4$ c) $0{,}75^3 \cdot 4^3$ d) $0{,}1^{-4} \cdot 5^{-4}$

e) $20^6 : 2^6$ f) $12{,}5^5 : 1{,}25^5$ g) $6^{-3} : 2^{-3}$ h) $(-3)^{-3} : 3^{-3}$

i) $(-a)^3 \cdot (-b)^3$ k) $(-r)^5 \cdot s^5$ l) $(-x)^{-2} \cdot (-y)^{-2}$ m) $(-x)^{-1} \cdot x^{-1}$

n) $(2x)^{-2} \cdot (0{,}25y)^{-2}$ o) $2x^{-2} \cdot 0{,}25y^{-2}$ p) $(2x)^4 : x^4$ q) $x^{-3} : (2x)^{-3}$

10 Exponenten verteilen – aber richtig!

a) $(5x)^2$ b) $(5+x)^2$ c) $(x-5)^2$ d) $(-3ax)^2$
e) $(3a-x)^2$ f) $(3-ax)^2$ g) $(2x)^{-1}$ h) $(2+x)^{-1}$
i) $(7xy)^0$ k) $(7x+y)^0$ l) $(7xy)^{-2}$ m) $(7x+y)^{-2}$
n) $(-2ax)^3$ o) $(2a-x)^3$ p) $(2-ax)^3$ q) $2(-ax)^{-3}$

11 Bio-Mathematik

Eine menschliche Zelle hat im Durchschnitt einen Durchmesser von $2 \cdot 10^{-5}$ m. In ihr befindet sich unter anderem der Zellkern mit einem Durchmesser von $6 \cdot 10^{-6}$ m.

a) Welchen prozentualen Anteil der Zellfläche nimmt der Zellkern in einer Zeichnung ein?

b) Mit wie vielen Zellen könnte man den rechts dargestellten großen Kreis „auslegen"?

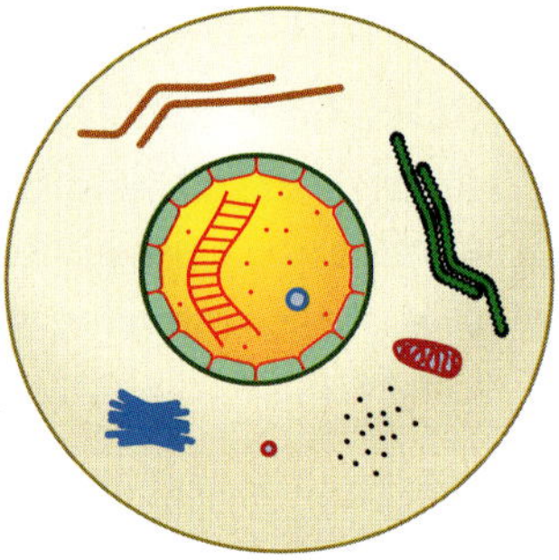

Ein 70 kg schwerer Mensch besteht aus 10^{14} Zellen.

c) Aus wie vielen Zellen bestehst du, wenn du davon ausgehst, dass die Anzahl der Zellen und die Masse des Menschen direkt proportional sind?

d) Welche Strecke erhältst du, wenn du all deine Zellen nebeneinander legst? Reicht diese „Kette" bis zum Mond?

e) Im Zellkern befindet sich die Erbinformation jedes Menschen, die DNA. Diese hat die Form einer Leiter, wobei die „Sprossen" aus so genannten Basenpaaren bestehen. Die DNA enthält $6 \cdot 10^9$ Basenpaare mit einem „Sprossenabstand" von $3{,}4 \cdot 10^{-10}$ m. Wie lang ist die gesamte DNA?

12 Potenzieren von Potenzen

a) Schreibe mithilfe der Definition ausführlich und dann als Zehnerpotenz: $(10^2)^3$, $(10^{-2})^3$, $(10^2)^{-3}$, $(10^{-2})^{-3}$.

b) Wie oft tritt der Faktor 10 in der ausführlichen Schreibweise jeweils auf? Warum? Wann treten diese Faktoren im Nenner auf, wann im Zähler?

c) Eine Potenz aus m Faktoren wird mit n potenziert. Wie viele Faktoren treten dabei in der ausführlichen Schreibweise auf? Wann ist der Exponent des Ergebnisses eine positive ganze Zahl, wann eine negative? Kann sich auch die Hochzahl 0 ergeben?

13 Potenzieren von Potenzen – aber richtig!

a) $(2^3)^2$ b) $(2^3)^{-2}$ c) $(2^{-3})^{-2}$ d) $[(-2x)^2]^3$
e) $(-2x^2)^3$ f) $(0{,}01^{-1})^{-3}$ g) $(-13^0)^{-3}$ h) $\left[\left(\frac{2}{3}\right)^2\right]^3$
i) $(x^4)^2$ k) $(2x^2)^{-1}$ l) $(2x^3)^{-2}$ m) $\left(\frac{1}{2}x^{-3}\right)^{-2}$

14 **Richtig oder falsch?**

a) $123^2 + 123^2 = 123^4$ b) $123^2 \cdot 123^3 = 123^5$ c) $123^2 : 123^3 = 123^{-1}$

d) $1 + 123^{-1} = \frac{124}{123}$ e) $(123 + 456)^7 = 123^7 + 456^7$

f) $(-123^3)^2 = (-123^2)^3$ g) $(123^0 + 456^0)^2 = (123^2 + 456^2)^0$

Zum Intensivieren

15 **Teste dein Können**

a) $\frac{4}{3}x^3 - \frac{3}{4}x^3$ b) $4^{-3} \cdot 4^0 \cdot 4^5$ c) $\frac{28}{3}x^2 \cdot \frac{12}{7}x^{-1}$ d) $(8u)^{-3} \cdot (0{,}25u)^{-3}$

e) $a^2 \cdot a^3 \cdot a^4$ f) $0{,}2^3 \cdot 0{,}2^{-4}$ g) $10^{-6} - 2 \cdot 10^{-6}$ h) $(3ax^3)^3$

i) $0{,}15 : 0{,}0001$ k) $(0{,}5u)^{-1} : (2v)^{-1}$ l) $(2 - x^4)^2$ m) $a^3 - 1{,}5a^3$

n) $a^{-1} \cdot a^{-4}$ o) $625 : (-5)^4$ p) $4a^4 \cdot 5a^{-5}$ q) $-0{,}1z^{-3} - 0{,}9z^{-3}$

r) $8u^{-3} : (0{,}25u^{-3})$ s) $(3u)^{-3} : (0{,}6u)^{-3}$ t) $(-2x^4)^2$ u) $(3a + x^3)^2$

16 **„Rudis Patentrezept“**

„Regel-Rudi“ erfindet Regeln, um sich den Stoff besser einprägen zu können. Er meint: „Beim Addieren und Subtrahieren von Potenzen bleiben die Grund- und die Hochzahl unberührt, beim Multiplizieren werden die Hochzahlen addiert, beim Dividieren subtrahiert, beim Potenzieren multipliziert. Das kann ich alles in einer einzigen Regel zusammenfassen: Das Rechnen mit den Exponenten verläuft auf einer Rechenstufe tiefer als das Rechnen mit den Potenzen.“
Was meinst du zu Regel-Rudis Regel?

17 **Ein „bescheidener“ Wunsch**

Eine alte Anekdote berichtet, dass der indische König Sheram den Erfinder des Schachs Sessa Ebn Daher für das geistreiche Spiel belohnen wollte. Sessa wünschte sich für das erste Feld des Schachbretts ein Reiskorn und für jedes weitere Feld doppelt so viele Körner wie für das vorhergehende.

a) Wie viele Körner wollte er für das 2., 3., 4., 5., 6., n-te Feld?

b) Addiere die Anzahl der Reiskörner bis zum 3., 4., 5. Feld und vergleiche jeweils mit der Anzahl der Reiskörner auf dem folgenden Feld. Warum gilt der hier erkannte Zusammenhang für die Gesamtzahl der Reiskörner auch bis zum 6., 7., 8., …, 64. Feld? Berechne mit dem TR die Zahl der Reiskörner, die Sessa insgesamt erhalten sollte.

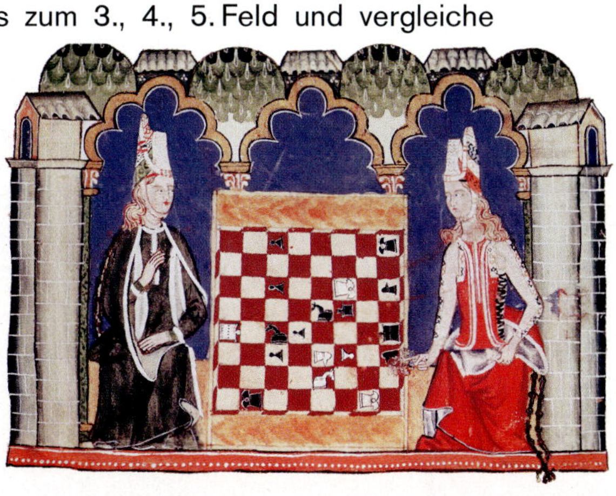

c) 40 Reiskörner wiegen ungefähr 1 g. Wie viel wiegen die von Sessa gewünschten Reiskörner? Ermittle mithilfe des Internets, wie viel Tonnen Reis jährlich geerntet werden. Vergleiche!

18 Die Moleküle in 1 cm³ Luft

Bei der Temperatur 0 °C und dem Druck 1013 hPa sind in 22,4 l eines Gases $6{,}02 \cdot 10^{23}$ Moleküle enthalten.

a) Aus wie vielen Molekülen besteht bei diesen Bedingungen $1\,cm^3$ Luft?

b) Wir stellen uns vor, dass diese Moleküle gleichmäßig über die gesamte Erdoberfläche von $5{,}10 \cdot 10^8\,km^2$ verteilt würden. Wie viele Moleküle würden auf $1\,cm^2$ entfallen?

c) Wir denken uns die in $1\,cm^3$ enthaltenen Moleküle aneinander gereiht. Wie lang wäre diese Kette, wenn der Durchmesser der Moleküle der Luft etwa $3 \cdot 10^{-10}\,m$ beträgt?
Wie oft könnte man diese um den Erdäquator legen? Würde die Kette von der Erde bis zum Mond reichen?

d) $1\,dm^3$ Luft wiegt bei den genannten Bedingungen 1,3 g. Berechne die mittlere Masse eines Moleküls der Luft.

19 Grundwissen: Flächen

Dieses „Haus vom Nikolaus“ ist 4 cm breit und 10 cm hoch. Die Seitenwände sind jeweils 6 cm hoch.

a) Die Figur enthält 9 Dreiecke. Gib diese mithilfe der römischen Zahlen an. Welche Dreiecke sind gleichschenklig, gleichseitig, rechtwinklig?

b) Welche der Dreiecke sind zueinander kongruent?

c) Die Figur enthält 4 Vierecke. Wie viele davon sind Parallelogramme, Rechtecke, Quadrate, Rauten, Trapeze, Drachenvierecke, achsensymmetrisch, punktsymmetrisch?

d) Berechne die Flächeninhalte der 4 Vierecke.

e) Wie viel Prozent der gesamten Fläche entfallen auf das Dach V?

f) Zeichne ein Haus vom Nikolaus, das 3 gleichseitige Dreiecke enthält und beantworte dazu die Fragen a), b) und c).

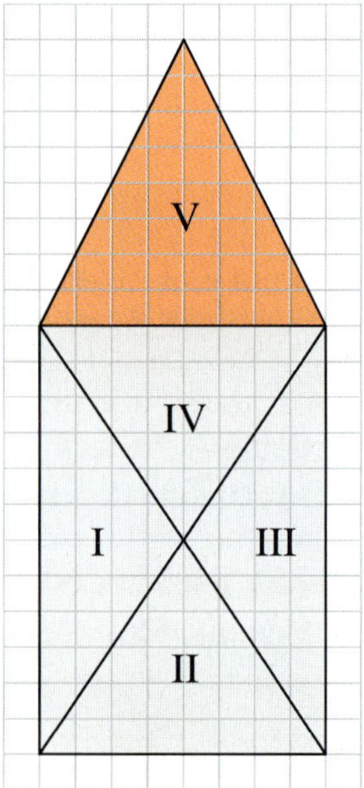

20 „Schnittfigur“

Von einem Würfel wurde ein Stück so abgeschnitten, dass eine ebene Schnittfläche entsteht. Die Kanten der Schnittfläche sind mit roten Linien auf das Würfelnetz gezeichnet. Ist die Schnittfigur

A) ein Dreieck, B) ein Viereck,

C) ein Fünfeck, D) ein Sechseck?

Begründe deine Antwort.

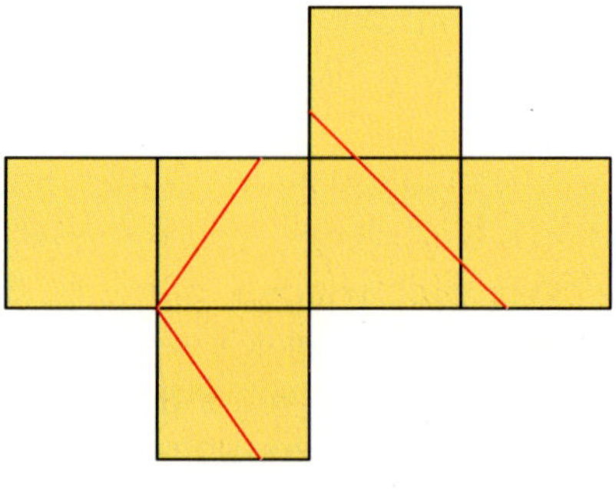

Ähnliche Figuren

Schattenspiele

Michael (rechts) behauptet: "Schaut mal, ich bin genauso groß wie ihr! Unsere Schatten enden alle auf einer Linie!"

Das stimmt natürlich nicht.
Erstens muss er sich dafür ganz schön strecken und zweitens sind Michael, Emilia und Leonie nicht gleich weit von dieser Linie entfernt.

Ihre Schatten sind unterschiedlich lang.

Von vorne sehen die Drei ungefähr so aus:

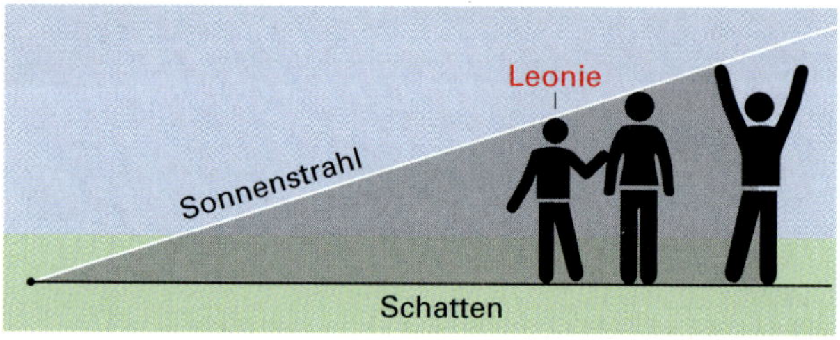

1. Erläutere, wie das Foto und die zeichnerische Darstellung zusammenhängen. Welches der Kinder auf dem Foto ist Leonie?

Michael hat die Länge der Schatten gemessen: Leonies ist 1,75 m lang, Emilias 2,00 m. Leonie selbst ist 1,40 m groß.

2. Zeichne die obige Darstellung mit diesen Angaben maßstabsgetreu auf kariertes Papier. Bestimme durch Ausmessen und Umrechnen, wie groß Emilia ist.

3. Wie hätte man Emilias Größe auch ohne Skizze berechnen können?

4. Die Methode mit der Schattenlänge soll schon Thales von Milet (624 – 546 v. Chr.) erkannt haben. Damit wäre der Trick älter als der Parthenon-Tempel auf der Athener Akropolis. Schätze mit der Methode von Thales und folgenden Angaben die Höhe des Parthenon-Tempels ab:
Tempel-Schatten: 12 m; Schatten des 80 cm hohen Abfalleimers: 60 cm.

7.1 Die V-Figur

Teilung einer Strecke

Liegt der Punkt T auf der Strecke [AB], so zerlegt er diese in die beiden Teilstrecken [AT] und [TB]. Das Verhältnis $\overline{AT}:\overline{TB}$ heißt **Teilverhältnis**.

Ist T der Mittelpunkt der Strecke [AB], so ist das Teilverhältnis 1 : 1.

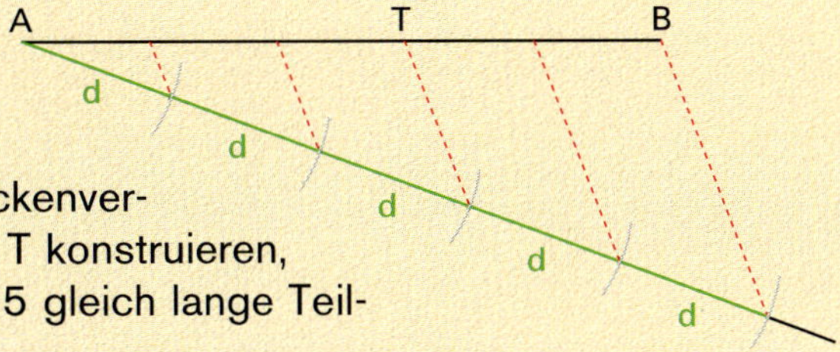

Wollen wir zu einem anderen Streckenverhältnis, z. B. zu 3 : 2, den Teilpunkt T konstruieren, unterteilen wir die Strecke [AB] in 5 gleich lange Teilstrecken (Aufgabe 2).

T ist der Endpunkt der dritten Teilstrecke: $\overline{AT}:\overline{TB} = 3:2$.

Streckenverhältnisse an der V-Figur

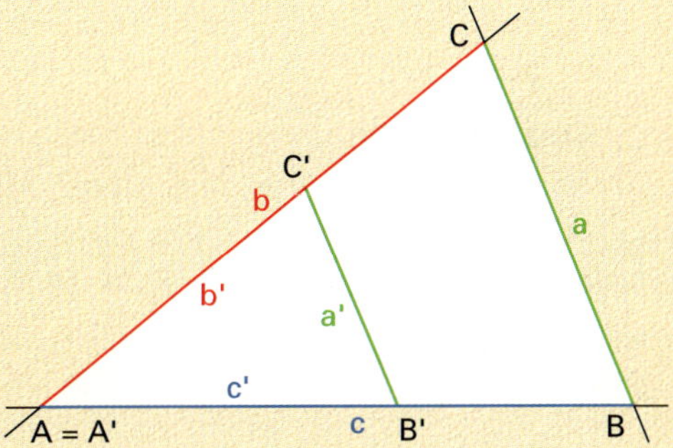

Die Figur zur Teilung einer Strecke besteht aus zwei Strahlen mit gemeinsamen Anfangspunkt, die von zwei Parallelen geschnitten werden. Diese Figur nennen wir kurz **V-Figur**.

In der V-Figur treten zwei Dreiecke auf, die wir mit ABC und A'B'C' bezeichnen. In unserem Beispiel teilt B' die Seite [AB] im Verhältnis 3 : 2.

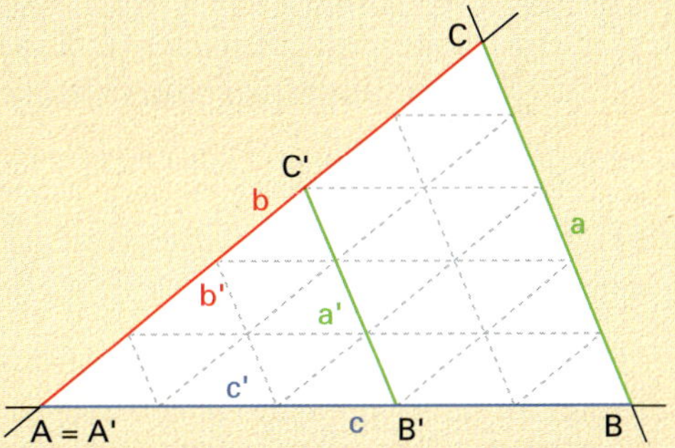

Teilen wir c in 5 gleich lange Teilstrecken und zeichnen durch die Teilpunkte die Parallelen zur Seite a, wird die Seite b ebenfalls in 5 gleich große Teilstücke zerlegt. Tragen wir in die Figur die Parallelen zur Seite b durch die Teilpunkte von c ein, wird die Seite a in 5 gleich große Teilstrecken zerlegt.

Die Parallelen zur Seite c durch die Teilpunkte von b oder a parkettieren die Dreiecke ABC und A'B'C' mit kongruenten kleinen Dreiecken (Aufgabe 5).

Aus dieser Figur können wir durch Abzählen gleiche Streckenverhältnisse ablesen: $\frac{b}{b'} = \frac{5}{3} = \frac{c}{c'}$ bzw. $\frac{b'}{b-b'} = \frac{3}{2} = \frac{c'}{c-c'}$.

Für die grünen Strecken gilt: $\frac{a}{a'} = \frac{5}{3} = \frac{b}{b'}$ bzw. $\frac{a}{a'} = \frac{5}{3} = \frac{c}{c'}$.

Diese Überlegungen lassen sich vom Streckenverhältnis 3 : 2 auf beliebige Verhältnisse m : n übertragen.

Da die sich ergebenden Streckenverhältnisse beim Berechnen von Streckenlängen hilfreich sind, fassen wir sie zusammen:

1. Strahlensatz

Werden zwei Strahlen mit gleichem Anfangspunkt von zwei Parallelen geschnitten, so verhalten sich die Strecken auf dem einen Strahl wie die entsprechenden Strecken auf dem anderen Strahl: $\frac{b}{b'} = \frac{c}{c'}$ bzw. $\frac{b}{b-b'} = \frac{c}{c-c'}$

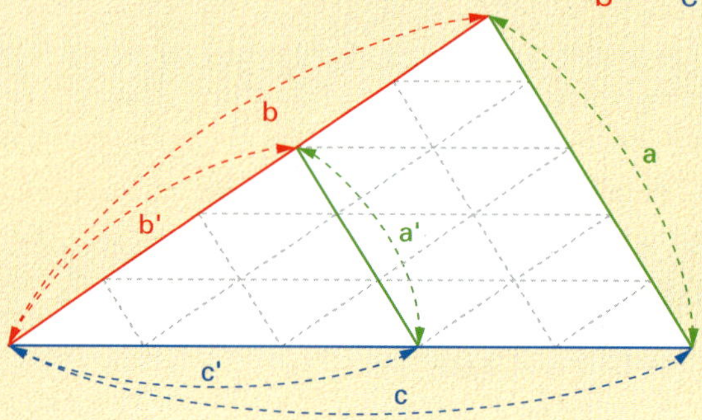

2. Strahlensatz

Werden zwei Strahlen mit gleichem Anfangspunkt von zwei Parallelen geschnitten, so verhalten sich die Parallelstrecken wie die Entfernungen entsprechender Endpunkte vom Anfangspunkt:

$\frac{a}{a'} = \frac{b}{b'}$ bzw. $\frac{a}{a'} = \frac{c}{c'}$

Beachte: Setzt man die **Parallelstrecken** ins Verhältnis, so müssen auf der anderen Seite der Gleichung stets **Entfernungen** auf einem Strahl **bis zum gemeinsamen Anfangspunkt** stehen.

Aufgaben

1 **New York Marathon**

Eine Etappe des New York Marathons soll in diesem Jahr von der Kreuzung Broadway/Fifth Avenue zur 34th Street verlaufen. Die Organisatoren sind sich noch nicht einig, ob die Etappe über die Fifth Avenue oder über den Broadway geht.

a) Welche Strecke ist kürzer? Begründe!

b) Die kürzeste Entfernung eines Punktes von einer Geraden bezeichnet man als Abstand des Punktes von der Geraden. Was ist der Abstand des grün eingekreisten Punktes von der 34th Street?

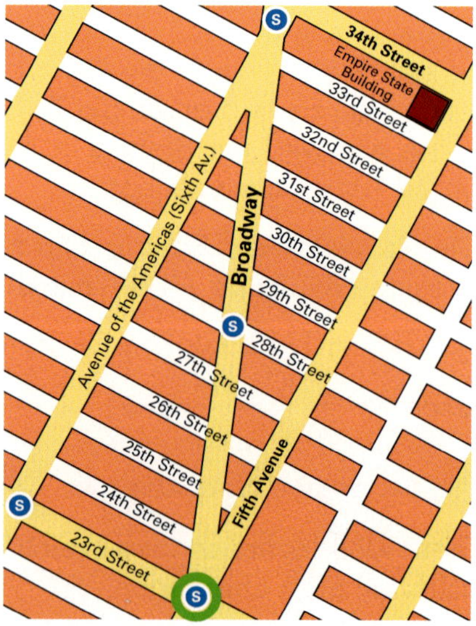

c) Da die 26th, 29th und 32rd Street die Fifth Avenue in gleichen Abständen kreuzen, sollen hier Versorgungsstationen errichtet werden. Einer der Veranstalter meint: „Wenn wir über den Broadway laufen, sind die Versorgungsstationen nicht im gleichen Abstand voneinander“. Begründe anhand der Zeichnung zunächst die Kongruenz des grünen und gelben Dreiecks und anschließend damit, dass der Veranstalter unrecht hat.

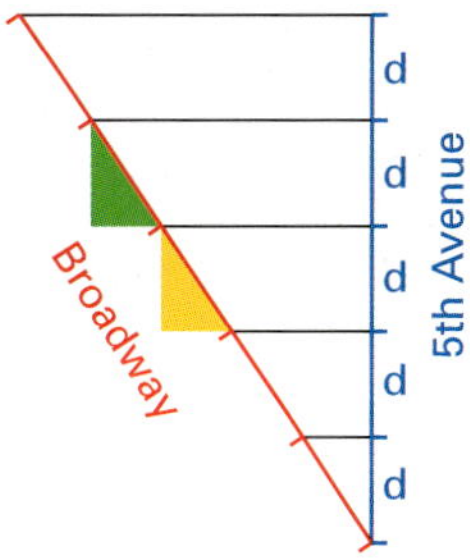

2 Teilen einer Strecke in gleich lange Teilstrecken

Die Strecke [AB] ist 5 cm lang.

a) Halbiere zunächst die Strecke mit Zirkel und Lineal.

b) Die Strecke [AB] soll nun in drei gleich lange Teilstrecken zerlegt werden. Dazu wird ein Hilfsstrahl gezeichnet, der in A beginnt. Auf diesem wird eine Strecke beliebiger Länge d dreimal abgetragen. Die Endpunkte heißen Q_1, Q_2 und Q_3. Die Parallelen zu BQ_3 durch Q_1 und Q_2 zerlegen [AB] in drei gleich lange Teilstrecken.
Zur Begründung werden in die Figur drei kleine Dreiecke eingezeichnet, bei denen die obere Seite jeweils parallel zu AB ist.
Warum sind diese Dreiecke kongruent?
Warum sind die drei Teilstrecken der Strecke [AB] gleich lang?

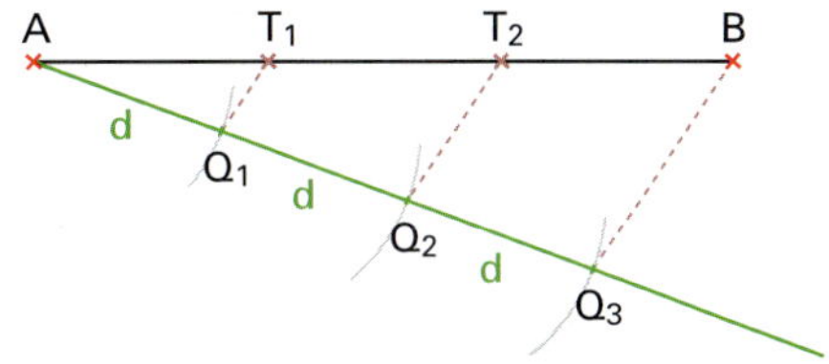

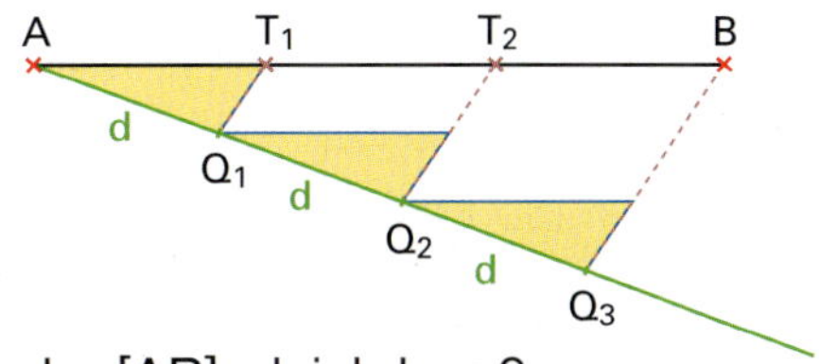

c) Teile [AB] nach diesem Verfahren in drei gleich lange Teilstrecken.

d) Teile [AB] auf zwei Arten in vier gleich lange Teilstrecken, ohne jedoch zu messen!

3 Teilung einer Strecke

Die Strecke [AB] ist 7 cm lang. Teile die Strecke im Verhältnis

a) 3 : 1 b) 1 : 4 c) 3 : 4 d) 2 : 5 e) 5 : 4.

4 Dreieckszerlegung

Konstruiere zunächst ein Dreieck ABC mit b = 10 cm, c = 9 cm und h_c = 6 cm.

a) Berechne seinen Flächeninhalt.

b) Teile die Höhe h_c, ohne zu messen, in drei gleich lange Abschnitte. Zeichne durch jeden Teilpunkt die Parallele zu c.

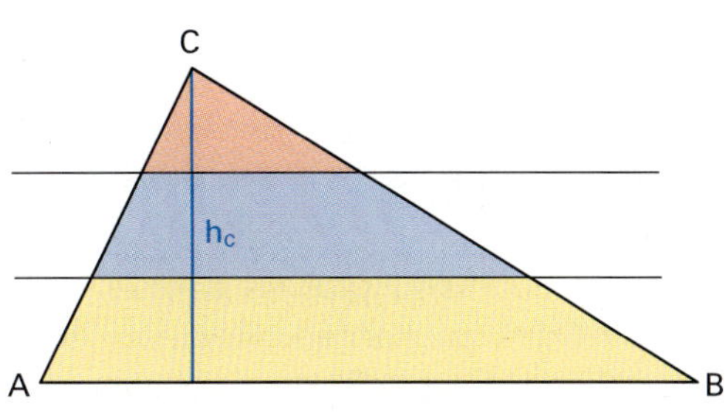

c) Berechne die Flächeninhalte der so entstandenen Teilflächen. Überprüfe deine Rechnung durch Summenbildung.

5 Dreiecksparkettierungen

Das Dreieck ABC soll mit kleinen kongruenten Dreiecken parkettiert werden. Damit sich die kleinen Dreiecke in alle Ecken einfügen, sind ihre Winkel jeweils genauso groß wie die Winkel des großen Dreiecks. Die Seite c_{klein} ist ein Fünftel der Seite c des Dreicks ABC.

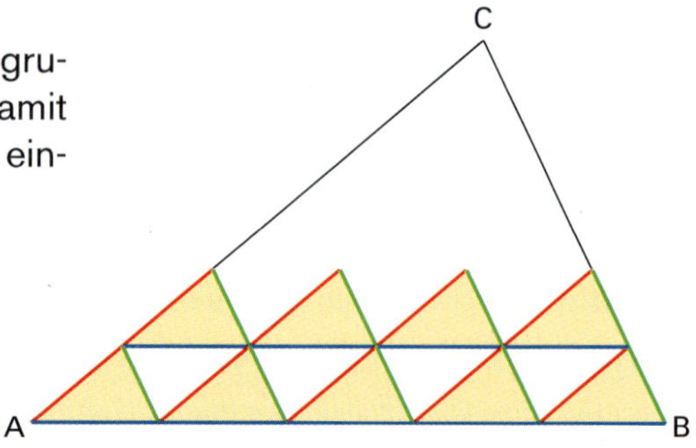

a) Auf der Seite c finden also fünf kleine Dreiecke nebeneinander Platz. Warum sind die Spitzen dieser kleinen Dreiecke gerade so weit auseinander, dass wir ein kleines Dreieck darüber legen können? Warum passen dann in die Lücken wieder kleine Dreiecke?

b) Warum geht eine Dreiecksseite ohne Knick in die nächste über? Wie verlaufen die geraden Linien, die so entstehen, im Vergleich zu den Seiten des Dreiecks ABC?

c) Wie viele kleine Dreiecke reihen sich an der Seite a aneinander, wie viele an der Seite b?

d) Warum kann man die Parkettierung lückenlos bis in die Ecke C fortsetzen? Wie viele kleine Dreiecke werden insgesamt benötigt?

6 Verhältnisse an der V-Figur

Berechne die Längen der farbigen Strecken:

a)
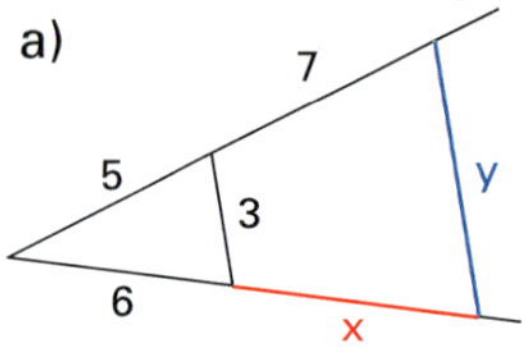

b)
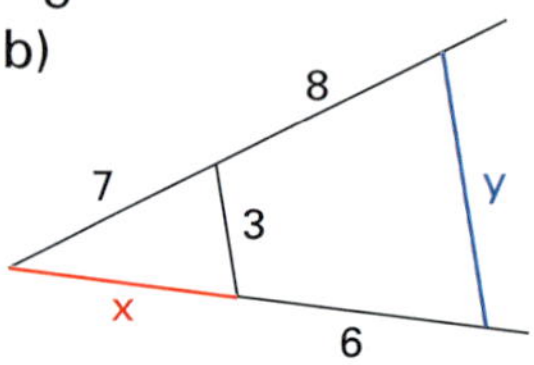

c)
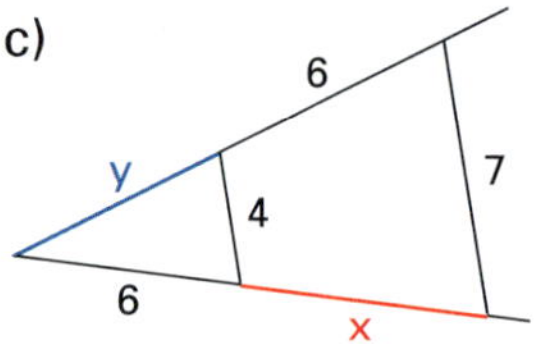

d) Warum ist es sinnvoll, die Verhältnisgleichung so zu beginnen, dass die Unbekannte im Zähler des Bruches auf der linken Seite steht?

7 Eckregal

Sven baut sich ein Eckregal in die Nische seines Dachzimmers. Er würde gerne die einzelnen Regalbretter in den vorgegebenen Abständen anbringen.

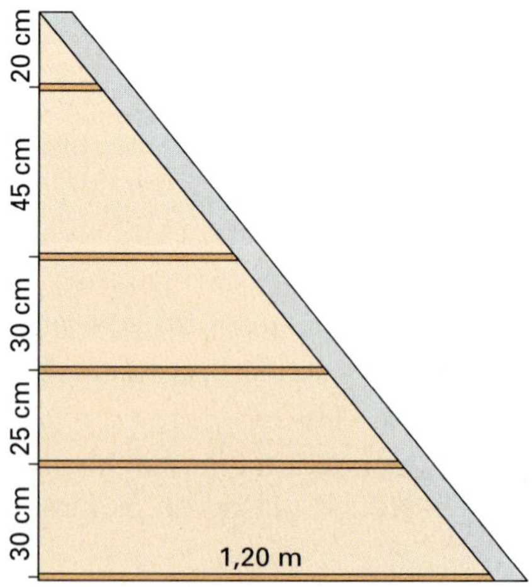

a) Wie lang werden die einzelnen Regalbretter?

b) Im Baumarkt gibt es Bretter der Länge 1,80 m zu kaufen. Reichen Sven zwei dieser Bretter?

c) Die schräge Begrenzung des Eckregals ist 1,92 m lang. Wie viele verschieden lange schräge Begrenzungen zwischen den Regalbrettern gibt es? Berechne die längste.

d) Berechne die Steigung der Dachschräge.

8 Strahlen-Ersatz

Die Haustür von Familie Bode hat ein strahlend schönes Sternenmuster aus Holz. Vier Strahlen sind aber etwas morsch und müssen ersetzt werden. Schreiner Kunzmann hat eine Skizze der fehlenden Teile gemacht und alle wichtigen Maße (in Zentimeter) eingetragen.

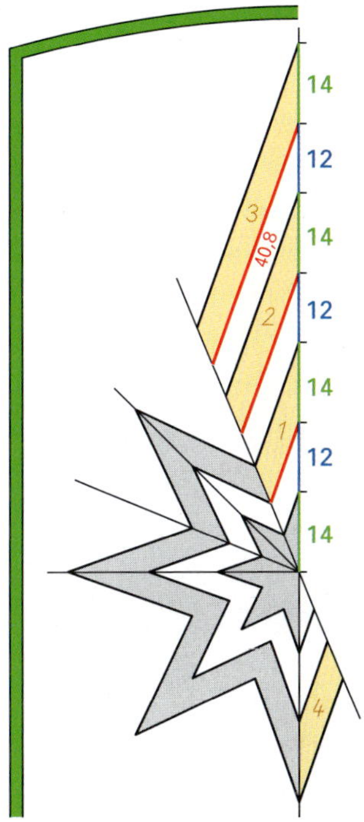

a) Der Endpunkt der rot markierten Strecke von Teil 1 ist laut Skizze 26 Zentimeter vom Mittelpunkt des Sterns entfernt. Welche Entfernungen ergeben sich für die anderen Endpunkte der roten Strecken?

b) Die längste der roten Strecken ist in Wirklichkeit 40,8 cm lang. Wie lang müssen dann die anderen roten Strecken sein?

c) Schreiner Kunzmann behauptet: „Im zweiten Strahlenkranz ist immer alles zweimal so lang wie im ersten, im dritten dreimal . . . !“ Für welche Vierecksseiten der vier fehlenden Teile gilt das, für welche nicht?

d) Wie breit ist die Tür etwa, wenn der Stern genau in der Mitte ist? Erläutere deine Überschlagsrechnung!

9 Förstergeometrie

Um die Höhe von Bäumen zu bestimmen, verwenden Förster einfache Hilfsmittel und den Strahlensatz.

a) Das Försterdreieck ist ein gleichschenklig-rechtwinkliges Dreieck. Welcher Zusammenhang besteht zwischen der Baumhöhe h, dem Abstand a des Försters vom Baum und der Augenhöhe b des Försters?

b) Berechne h für a = 5,30 m und b = 1,70 m.

c) Ermittle mit deinem Geodreieck einen Schätzwert für die Höhe deines Schulhauses. Vergleiche ihn mit dem berechneten Wert, den du durch Abzählen und Ausmessen der Treppenstufen erhältst.

d) Der Jakobsstab besteht aus zwei zueinander senkrechten Stäben, die man gegenseitig verschieben kann. Erläutere, wie die Höhenmessung mit dem Jakobsstab funktioniert. Bestimme die Baumhöhe x für die Augenhöhe a = 1,6 m und b = 20 cm, c = 24 cm, e = 20 m.

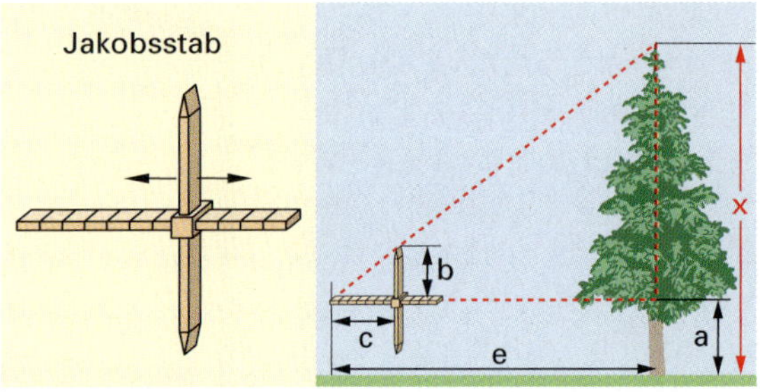

e) Die Baumhöhe kann auch mithilfe eines Stabes bestimmt werden, den man geschickt in den Schatten des Baumes stellt. Berechne die Baumhöhe x und beschreibe das Verfahren in Worten!

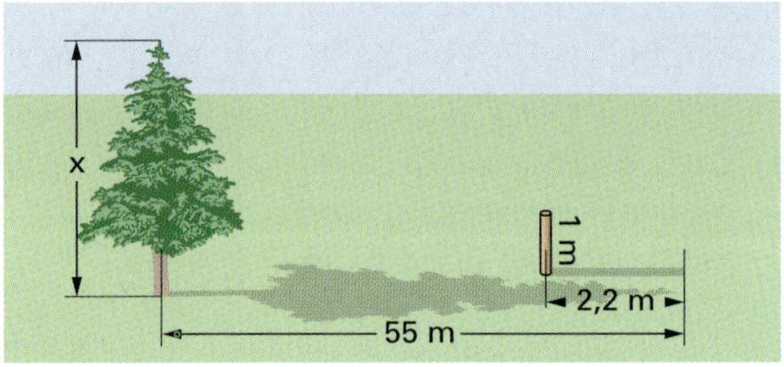

f) Welche Vor- und Nachteile haben die einzelnen Verfahren?

10 Sind in Nachbars Garten die Kirschen reif?

Die kleine Inga (Augenhöhe 1,0 m) steht im Abstand von 4,0 m vor einer 3,0 m hohen Mauer. 8,0 m hinter der Mauer steht ein 7,5 m hoher Kirschbaum. Sieht die kleine Inga einen Teil des Baumes? Fertige zunächst eine mit allen Längen beschriftete Skizze an.

11 Sonnenfinsternis

Sonne und Mond erscheinen von der Erde aus gesehen als annähernd gleich große Kreisscheiben.

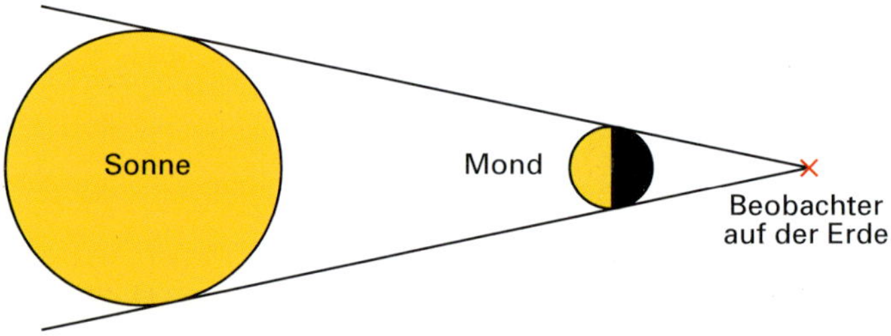

a) Welcher Zusammenhang besteht deshalb näherungsweise zwischen dem Sonnenradius $r_S = 6{,}95 \cdot 10^5$ km, dem Mondradius $r_M = 1{,}74 \cdot 10^3$ km, der Entfernung Erde–Sonne $d_S = 1{,}50 \cdot 10^8$ km und der Entfernung Erde-Mond $d_M = 3{,}8 \cdot 10^5$ km? Rechne nach!

b) Eine anschauliche Längeneinheit zum Beschreiben von Entfernungen im Sonnensystem ist der Erdradius r_E. Welche Vielfache von r_E sind jeweils die vier Längenangaben von Aufgabe a)?

c) Beschreibe kurz, wie eine totale Sonnenfinsternis zustande kommt.

12 Flussbreite

Um die Breite eines Flusses von einer Uferseite aus zu bestimmen, misst man die Strecken a, b und c. Berechne jeweils die Breite des Flusses.

a) $a = 45\,m$; $b = 18\,m$; $c = 11\,m$

b) $a = 50\,m$; $b = 15\,m$; $c = 25{,}5\,m$

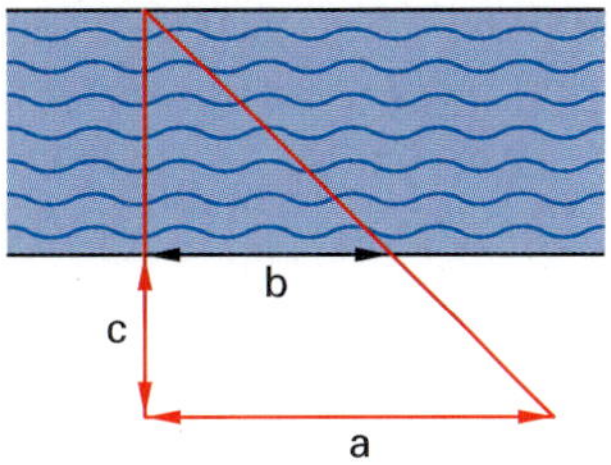

13 Messkeil

Die Katheten eines Messkeils sind 10 cm und 1 cm lang. Wie kann man damit die Weite kleiner Öffnungen messen? (Begründung?)

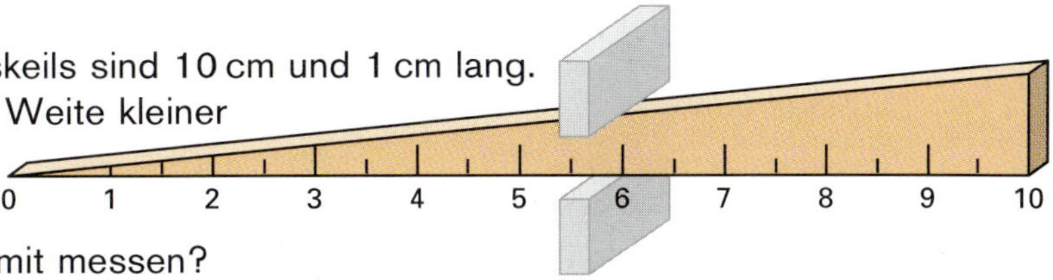

Wie genau kann man damit messen?
Wie groß ist die Weite der in der Skizze angedeuteten Öffnung?

14 Mittendreieck

Zeichne ein beliebiges Dreieck ABC.

a) Konstruiere zu allen drei Seiten jeweils die Mittelpunkte M_a, M_b und M_c.

b) Warum verläuft die Parallele zu c durch M_a auch durch M_b?

c) Warum sind die Verbindungsstrecken zweier Seitenmitten, die Mittellinien, parallel zu einer Dreiecksseite?

d) Wie lang sind die Mittellinien verglichen mit den Seiten a, b und c?

e) Welchen Flächeninhalt hat das Mittendreieck $M_aM_bM_c$ verglichen mit dem Flächeninhalt des Dreiecks ABC? Begründung!

Zum Intensivieren

15 Grundwissen: Lösen von Bruchgleichungen

Beim Anwenden der Strahlensätze müssen Bruchgleichungen gelöst werden. Hier noch eine Trainingseinheit:

a) $\frac{4}{7} = \frac{x}{56}$ b) $\frac{7}{x} = \frac{63}{117}$ c) $\frac{x}{x+3} = \frac{3}{5}$ d) $\frac{5+x}{x} = \frac{5}{3}$ e) $\frac{x}{6-x} = \frac{5}{7}$

16 Pension Zugspitzblick

Jan Schmidt aus Hamburg will in der Nähe von Garmisch die Pension „Zugspitzblick“ errichten. Dazu wird ihm ein Bauplatz angeboten. Verbindet man auf der Landkarte den Bauplatz mit dem Zugspitzgipfel geradlinig, so liegt der Waxenstein auf dieser Verbindungslinie. Aus der Karte entnimmt Jan die Höhe des Bauplatzes zu 900 m, die Höhe des Waxensteins zu 2300 m, die Höhe der Zugspitze zu 3000 m und die waagrechten Entfernungen Bauplatz-Waxenstein zu 8,2 km und Waxenstein-Zugspitze zu 3,8 km. Kann man den Zugspitzgipfel vom angebotenen Bauplatz sehen?

17 Der Schwerpunktsatz – dynamisch

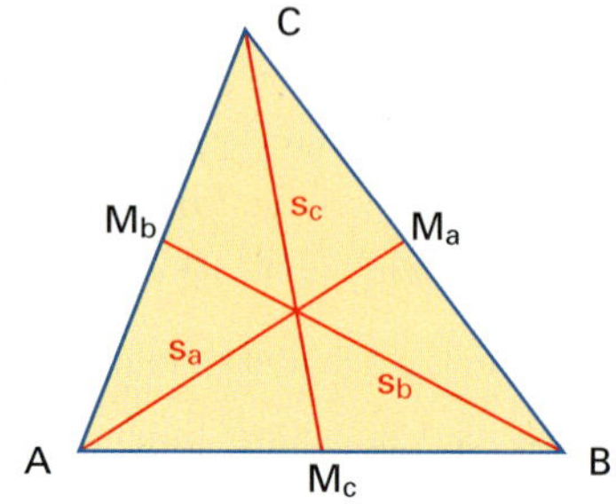

Zeichne mit einem dynamischen Geometrieprogramm ein Dreieck ABC. Bestimme die Mittelpunkte M_a, M_b, M_c der Dreiecksseiten a, b, c. Die Verbindungsstrecke von A mit M_a ist die Seitenhalbierende s_a, von B mit M_b die Seitenhalbierende s_b und von C mit M_c die Seitenhalbierende s_c.

a) Bezeichne den Schnittpunkt der Seitenhalbierenden s_a und s_c mit S. Miss $\overline{AS}$ und $\overline{SM_a}$.

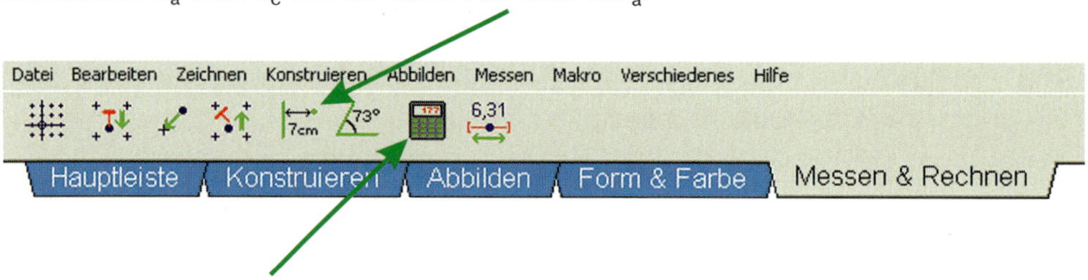

In welchem Verhältnis teilt S die Seitenhalbierende s_a? Lass dir dazu den Term $d(A; S)/d(S; M_a)$ am Bildschirm anzeigen. Was passiert, wenn du das Dreieck ABC veränderst? Bewege dazu z. B. die Ecke B im Zugmodus und beobachte die angezeigten Werte!

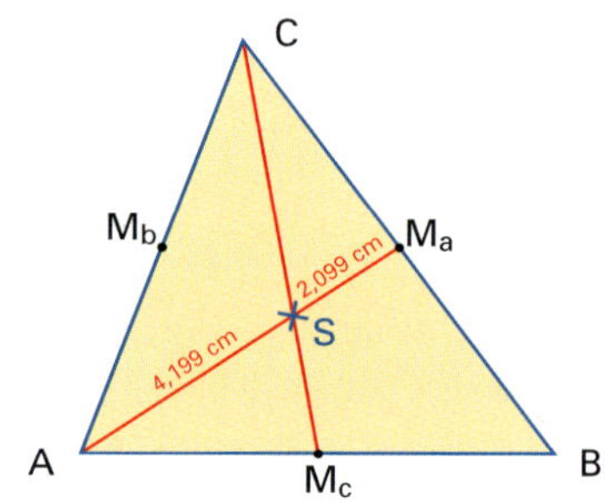

b) Diese Erkenntnis soll begründet werden: Zeichne durch M_a und M_b die Parallelen zu s_c. Die Schnittpunkte mit c heißen P und Q. Miss $\overline{M_cP}$ und $\overline{PB}$. Warum tritt diese Besonderheit bei jedem Dreieck ABC auf? Was folgt entsprechend über $\overline{AQ}$ und $\overline{QM_c}$?

c) Betrachte die V-Figur PAM_a. Begründe mit dem 1. Strahlensatz, dass in jedem Dreieck ABC die Seitenhalbierende s_a in dem in a) gefundenem Verhältnis geteilt wird. Benutze dabei b).

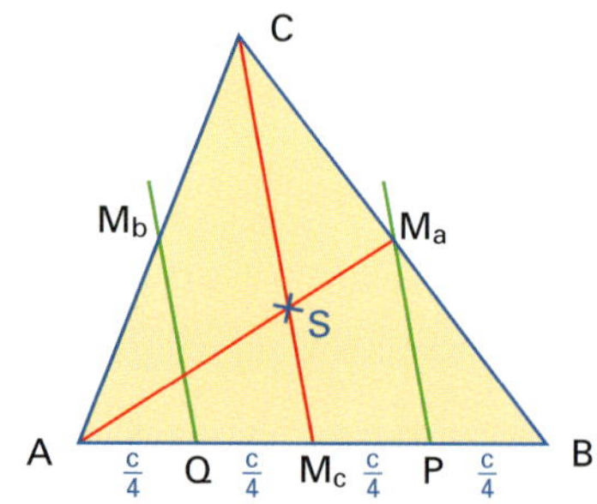

d) Wie teilt s_b die Seitenhalbierende s_a? Warum folgt daraus, dass sich alle drei Seitenhalbierenden in einem Punkt schneiden?

e) Übertrage die obere Zeichnung und den folgenden Text in dein Heft und ergänze!

Schwerpunktsatz: *Die drei Seitenhalbierenden eines Dreiecks schneiden sich in einem Punkt. Dieser heißt Schwerpunkt. Der Schwerpunkt teilt jede Seitenhalbierende im Verhältnis …*

7.2 Die X-Figur

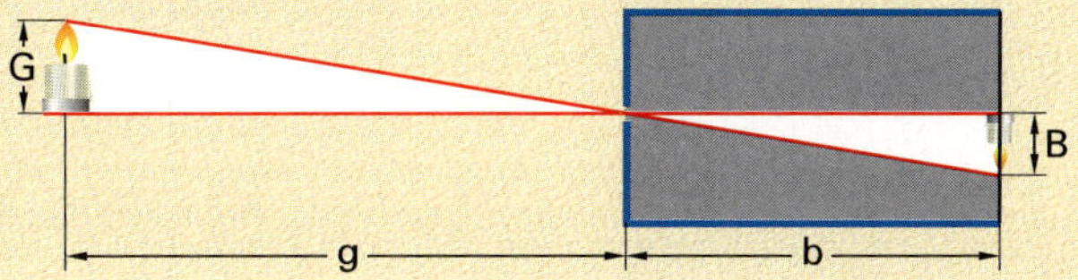

Die Lochkamera

Katharina hat sich aus einem Schuhkarton der Länge $b = 30\,\text{cm}$ eine Lochkamera gebaut. Stellt sie eine Kerze der Höhe $G = 12\,\text{cm}$ im Abstand von $g = 45\,\text{cm}$ vor der Lochkamera auf, so kann sie das Bild der Kerze auf der mit Transparentpapier versehenen Rückwand des Kartons betrachten. Wie hoch ist das Bild?

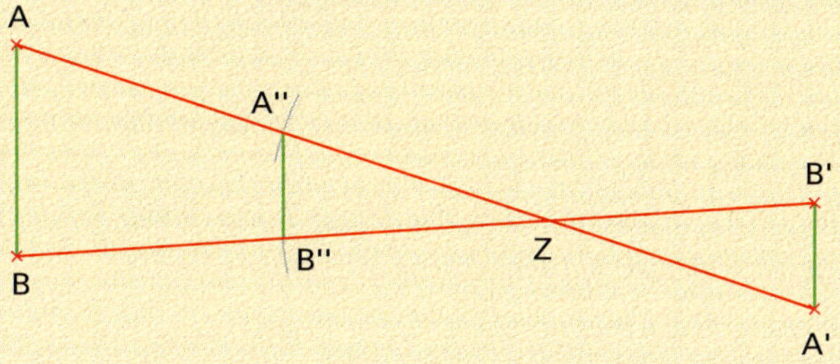

Die rote Figur ähnelt dem Buchstaben X. Unter einer **X-Figur** verstehen wir eine Geradenkreuzung, die von zwei Parallelen so geschnitten wird, dass der Kreuzungspunkt zwischen ihnen liegt. Wir erhalten die X-Figur AZA'B'ZB aus der V-Figur AA''ZB''B durch eine Punktspiegelung von A'' und B'' am Zentrum Z. Da bei einer Punktspiegelung die Längen erhalten bleiben, können wir die Strahlensätze der V-Figur auf die X-Figur übertragen:

1. Strahlensatz

Werden zwei sich kreuzende Geraden von zwei Parallelen geschnitten, so verhalten sich die Strecken auf der einen Geraden wie die entsprechenden Strecken auf der anderen Geraden: $\frac{a}{a'} = \frac{b}{b'}$

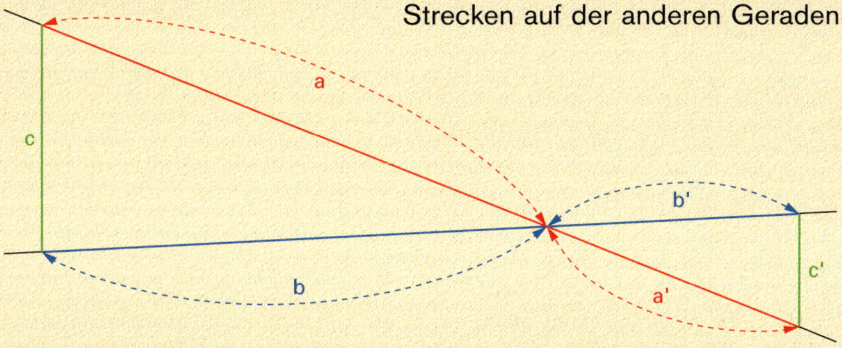

2. Strahlensatz

Werden zwei sich kreuzende Geraden von zwei Parallelen geschnitten, so verhalten sich die Parallelstrecken wie die Entfernungen entsprechender Endpunkte vom Kreuzungspunkt: $\frac{c}{c'} = \frac{a}{a'}$ bzw. $\frac{c}{c'} = \frac{b}{b'}$.

Zu unserer eingangs aufgeworfenen Frage! Mit dem 2. Strahlensatz erhalten wir für die Höhe B des Bildes der Kerze: $\frac{B}{G} = \frac{b}{g}$. Lösen wir diese Gleichung nach B auf, ergibt sich: $B = \frac{b}{g} \cdot G = \frac{30}{45} \cdot 12 = 8$. Das Bild der Kerze ist somit 8 cm hoch.

Aufgaben

1 Verhältnisse an der X-Figur

Berechne die Längen der roten Strecken:

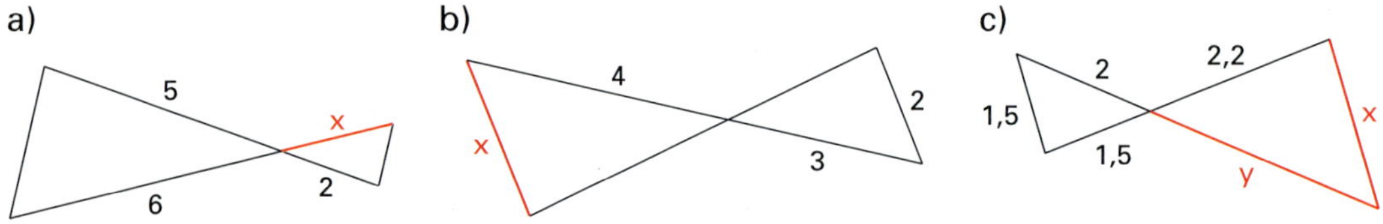

2 Flussbreite

Um die Breite eines Flusses von einer Uferseite aus zu bestimmen, misst man die Strecken a, b und c.

Berechne jeweils die Breite des Flusses.

a) a = 60 m; b = 48 m; c = 15 m

b) a = 75 m; b = 55 m; c = 22 m

c) a = 90 m; b = 76,5 m; c = 16 m

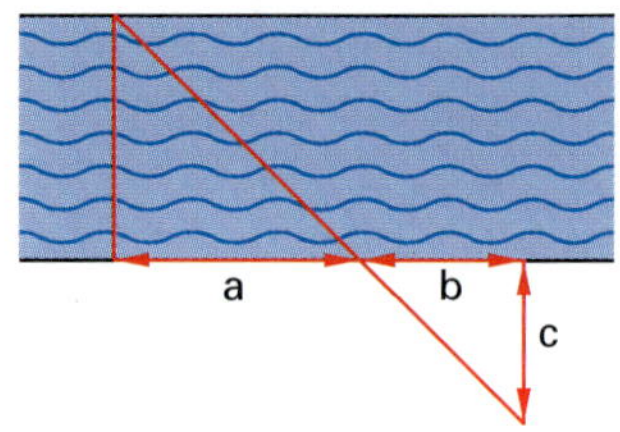

3 Parallelogramm

Vom Dreieck ABC sind a = 4 cm, b = 5 cm und c = 6 cm bekannt. Der Punkt D teilt c im Verhältnis $\overline{AD} : \overline{DB} = 3 : 2$.

a) Konstruiere Dreieck ABC und Punkt D.

b) Konstruiere die Parallelen zu den Seiten b und c durch D und bezeichne ihre Schnittpunkte mit b und a mit E bzw. F.

c) Berechne die Längen der Seiten des Parallelogramms DFCE.

d) Überprüfe deine Rechnungen mit einem dynamischen Geometrieprogramm, indem du dir die Seitenlängen des Parallelogramms anzeigen lässt.

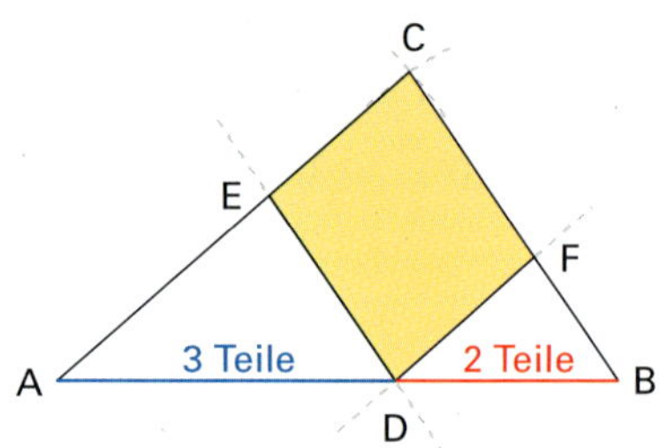

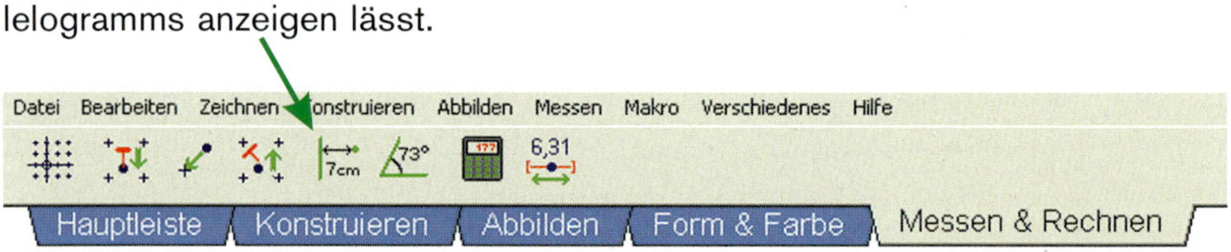

4 Trapez

In einem Trapez ABCD sind die Seiten a = 8 cm, b = 5 cm, c = 4 cm und die Diagonale e = 6 cm lang. Die Diagonalen schneiden sich in S, die verlängerten Schenkel in T.

a) Konstruiere das Trapez.

b) Berechne $\overline{CT}$.

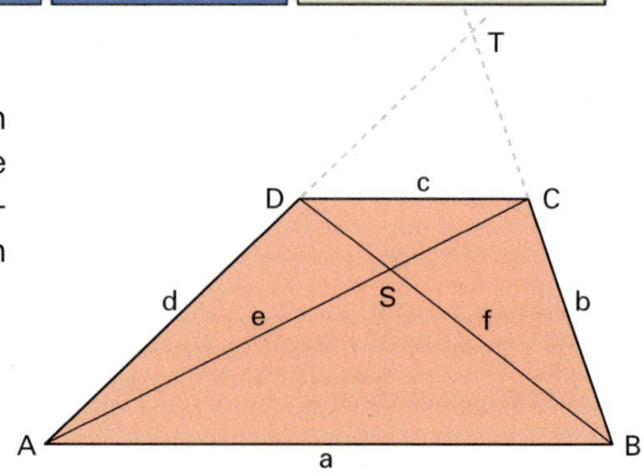

c) Berechne $\overline{AS}$ und $\overline{SC}$. In welchem Verhältnis teilt S die Diagonale e?

d) Wir betrachten nun allgemein ein Trapez mit den Seitenlängen a, b, c und d. In welchem Verhältnis teilt S die Diagonale e? Für welche besonderen Trapeze ist folglich S der Mittelpunkt der Diagonale e?

5 Flächenberechnungen

In einem gleichschenkligen Trapez ABCD sind a = 6 cm, c = 4 cm und h = 3 cm lang. Die Diagonalen schneiden sich in S, die verlängerten Schenkel in T.

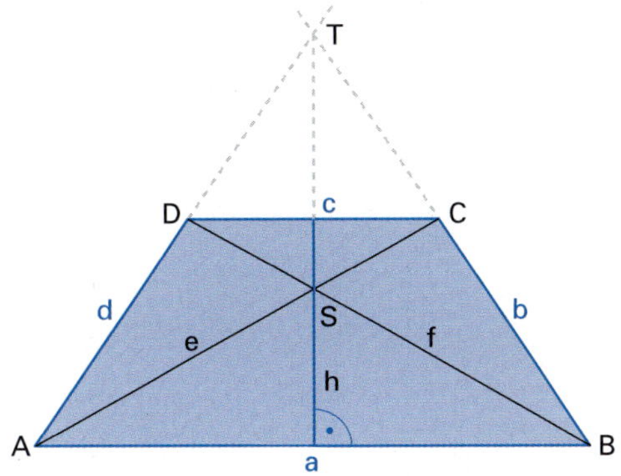

a) Berechne den Flächeninhalt des Trapezes.

b) Berechne den Abstand des Punktes T von der Seite c.

c) Um wie viel Prozent ist der Flächeninhalt des Trapezes ABCD größer oder kleiner als der des Dreiecks ACT?

d) Berechne die Flächen der Dreiecke DSC und ABS.

e) Berechne die Flächen der Dreiecke ASD und SBC.

6 Geometrie mit dem Daumen

a) Schließt man ein Auge, so verdeckt der 2 cm breite Daumen ein 25 m breites Haus bei ausgestrecktem Arm der Länge 60 cm. Wie weit ist das Haus entfernt? Fertige zunächst eine Skizze an.

b) Ein einfaches Verfahren zum Abschätzen von Entfernungen beruht auf dem „Daumensprung". Schaust du abwechselnd mit dem linken und rechten Auge über deinen ausgestreckten Daumen auf einen Gegenstand, so deckt sich der Daumen abwechselnd mit zwei verschiedenen Punkten L und R des Gegenstands: Der Daumen springt scheinbar zwischen L und R hin und her.
Willst du z. B. die Entfernung x eines Autos bestimmen, musst du den Daumen gerade so im Abstand d vor die Nase halten, dass er die bekannte Autolänge b überspringt. Stelle mithilfe des Strahlensatzes an der X-Figur einen Ansatz zur Berechnung von x auf, wobei a dein Augenabstand ist.
Überprüfe deine Formel an selbst gewählten Gegenständen in der Umgebung. Wie weit steht ein 5 m langes Auto von dir entfernt, wenn du zum Überspringen der Autolänge deinen Arm vollständig ausstrecken musst?

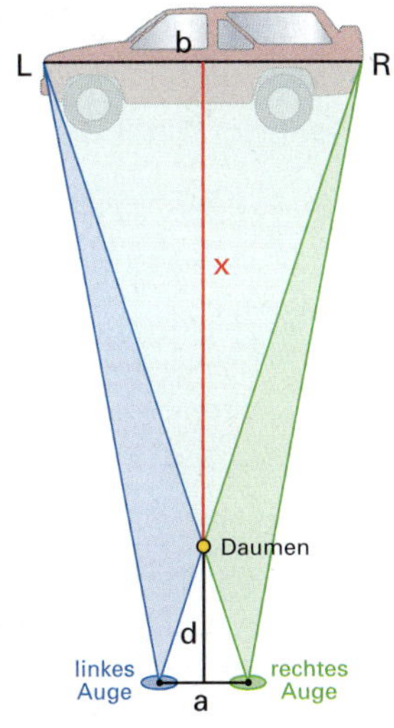

Zum Intensivieren

7 Figurensalat

Berechne die Längen der farbigen Strecken. Alle Angaben in cm!

a)

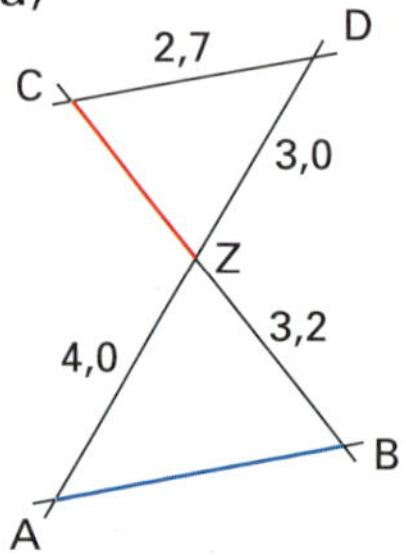

b)

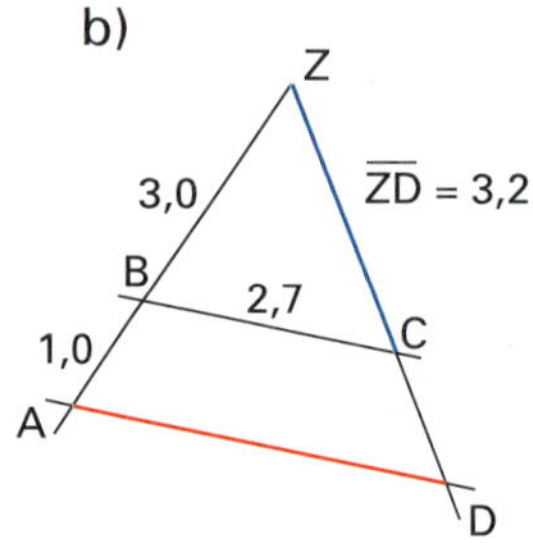

c)

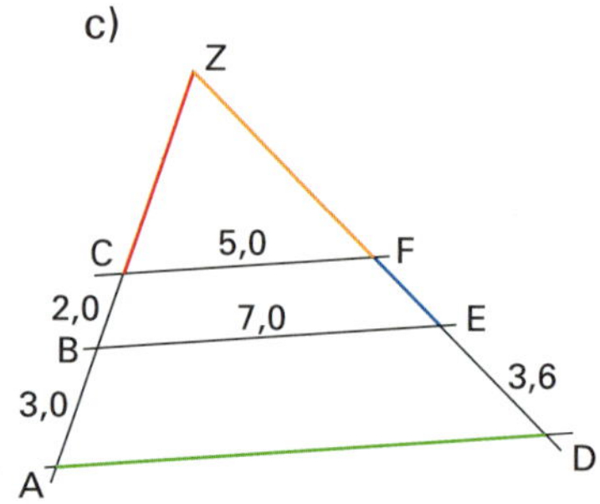

d)

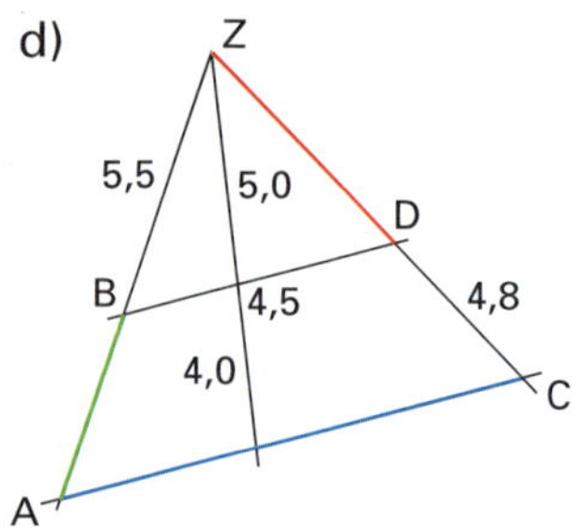

e)

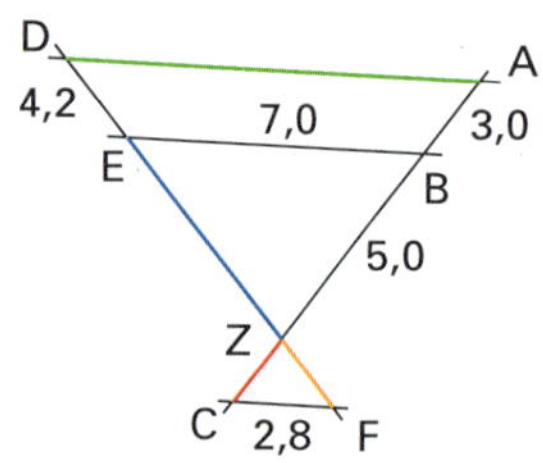

f)

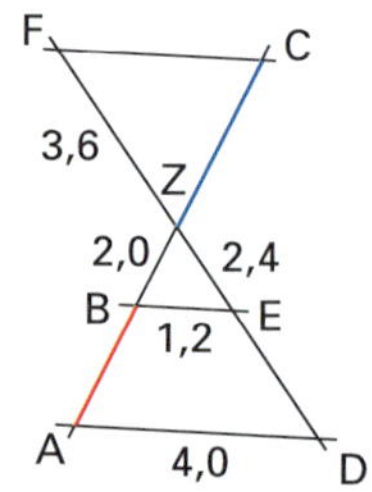

8 Sätze und Umkehrungen

Um Behauptung und Voraussetzung klarer zu trennen, formulieren wir Sätze häufig in **Wenn-Dann-Form**. Der Basiswinkelsatz „*In einem gleichschenkligen Dreieck sind die Basiswinkel gleich groß*" lautet in dieser Form „*Wenn ein Dreieck gleichschenklig ist, dann sind die Basiswinkel gleich groß*".

a) Bringe folgende Sätze in Wenn-Dann-Form:

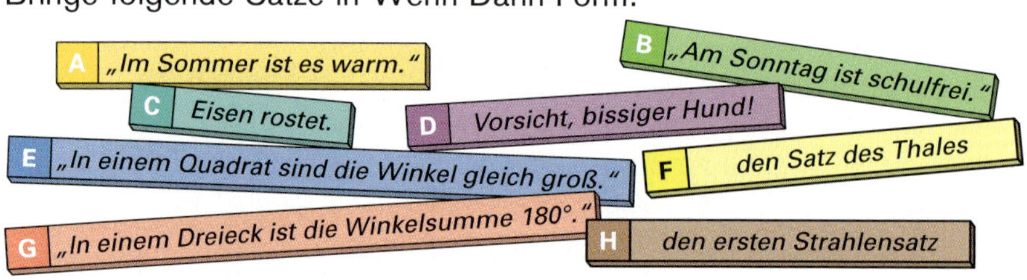

b) Vertauschen wir Voraussetzung und Behauptung eines Satzes, so erhalten wir seine **Umkehrung**. Die Umkehrung des Basiswinkelsatzes lautet: „*Wenn in einem Dreieck zwei Winkel gleich groß sind, dann ist das Dreieck gleichschenklig*". Wie lauten die Umkehrungen der Sätze (A) bis (H)?

c) Ein Satz kann wahr oder falsch sein. Die Umkehrung eines wahren Satzes kann wahr oder falsch sein. Welche der Sätze (A) bis (G) sind wahr? Welche Umkehrungen sind wahr? Begründe mithilfe des ersten Strahlensatzes, dass seine Umkehrung wahr ist.

Für das "Kinderparadies" eines holländischen Freizeitparks wurde ein Parcours für Tretautos und Kettcars entworfen. Der Plan für die Streckenmarkierungen ist hier maßstabsgetreu dargestellt.

Miniflitzer

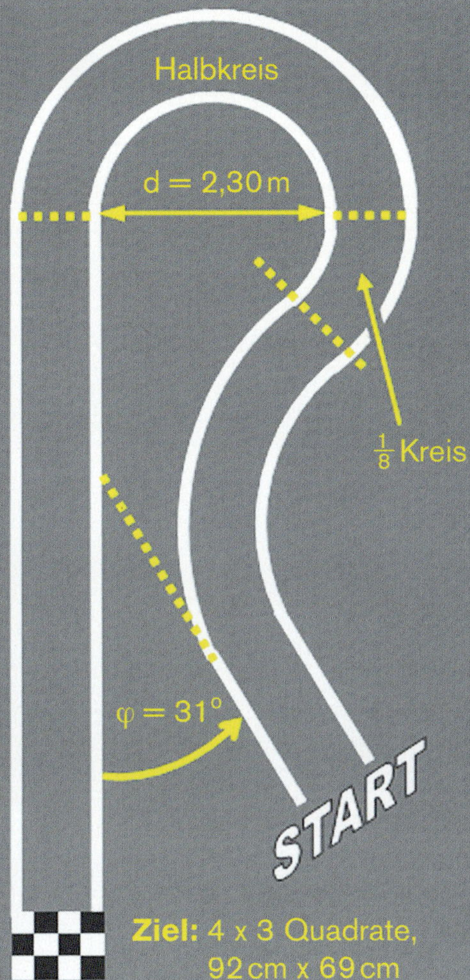

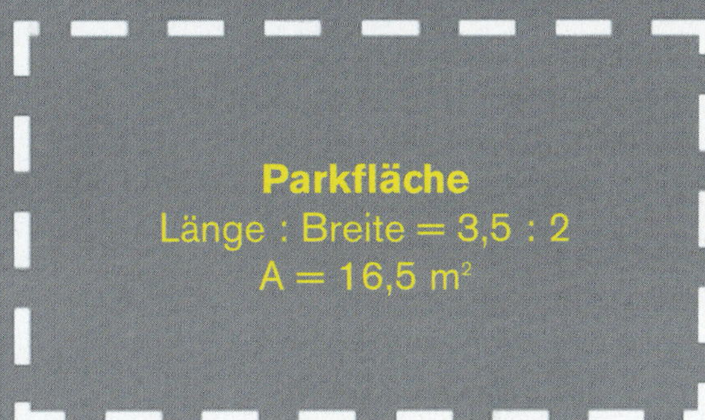

1. Leider fehlt der Maßstab des Planes. Finde ihn heraus!
2. Der Plan enthält Zahlenangaben über die Originalstrecke. Welche davon sind beim Anfertigen des Plans gleich geblieben? Welche mußten umgerechnet werden? Wie groß sind diese im Plan?
3. Probefahrer Ralf ist besonders stolz auf sein originalgetreues Fahrzeug (siehe Abbildung). Aber wie ähnlich ist es dem wirklichen Auto wirklich? Stelle dir zu dem abgebildeten Tretauto den entsprechenden Original-Pkw vor und finde fünf gemeinsame und fünf unterschiedliche Eigenschaften von Original und Nachbau.

Auf die Plätze – fertig – los!

8.1 Ähnliche Figuren

Definition ähnlicher Figuren

Monika will das Foto einer bayerischen Fahne auf ihrem Computer verkleinern. Sie erzeugt durch Anklicken einen Rahmen um das Bild. Jetzt kann sie das Bild mithilfe der kleinen schwarzen Quadrate und der Maus in der Größe verändern. Aber nur der letzte Fall ergibt eine maßstäbliche Verkleinerung des Fotos. In den beiden anderen Fällen wurde das Bild verzerrt:

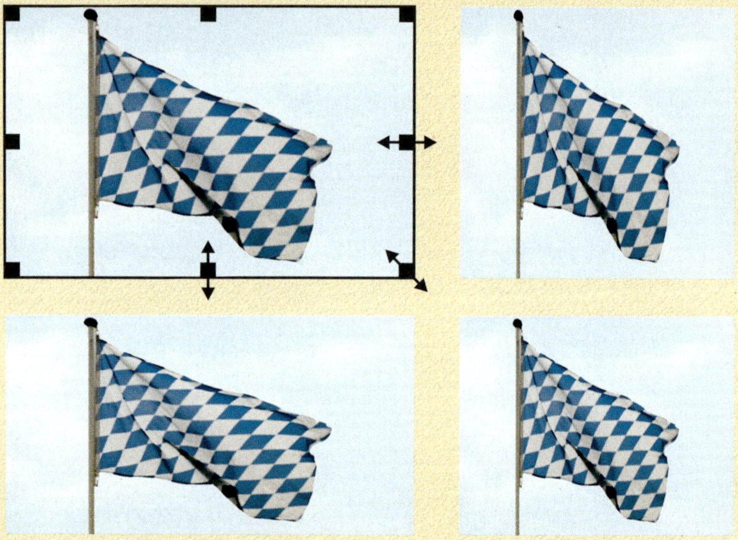

Die ursprüngliche Grafik war 5,4 cm breit und 3,6 cm hoch. Die Verkleinerung ist 3,6 cm breit und 2,4 cm hoch. Die Seiten des ursprünglichen Bildes wurden also mit dem Faktor $k = \frac{5,4}{3,6} = \frac{3,6}{2,4} = \frac{2}{3}$ verkleinert.

Figuren, die durch eine maßstäbliche Vergrößerung oder Verkleinerung auseinander hervorgehen (Aufgabe 1), nennt man in der Mathematik **ähnlich**.

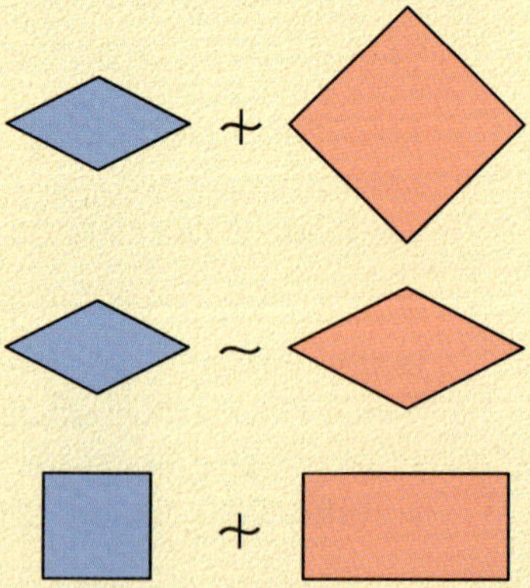

Welche besondere Eigenschaft haben ähnliche Figuren F_1 und F_2? **Alle** Seiten der Figur F_2 sind gegenüber den entsprechenden Seiten der Figur F_1 mit dem **gleichen Faktor** k vergrößert oder verkleinert. Diese Forderung reicht aber für die Ähnlichkeit von Figuren nicht aus (Aufgabe 2). Z.B. haben eine Raute und ein Quadrat jeweils gleich lange Seiten. Jede Quadratseite ist das gleiche k-fache der entsprechenden Rautenseite. Das Quadrat hat aber nicht die gleiche Form wie eine Raute. Eine Raute k-facher Seitenlänge ist nur dann eine maßstäbliche Vergrößerung oder Verkleinerung der ursprünglichen Raute, wenn die entsprechenden Winkel gleich groß sind.

Wir definieren:

> Zwei Figuren F_1 und F_2 heißen **ähnlich**, wenn
> - die Verhältnisse entsprechender Seiten alle gleich sind *und*
> - entsprechende Winkel gleich groß sind.
>
> Für „F_1 ist ähnlich zu F_2" schreibt man kurz „$F_1 \sim F_2$".

Das Zeichen „~" erinnert an den Anfangsbuchstaben des lateinischen Wortes *similis* für ähnlich.

Ähnliche Dreiecke

Im Gegensatz zu Vierecken sind Dreiecke formstabil. Bereits beim Nachweis der Kongruenz von zwei Dreiecken mussten wir deshalb nicht zeigen, dass alle entsprechenden Seiten gleich lang und alle entsprechenden Winkel gleich groß sind. In besonderen Fällen genügen drei Stücke. Diese Fälle haben wir in den fünf Kongruenzsätzen SSS, SWS, WSW, SWW und SsW zusammengestellt.

Es liegt nahe zu fragen: Genügt für die Ähnlichkeit von Dreiecken schon, dass eine der beiden Bedingungen der Definition erfüllt ist?

Wir betrachten zwei Dreiecke D_1 und D_2, die in den Winkeln übereinstimmen. Die Seitenlängen a_1 und a_2 seien z. B. $a_1 = 1$ cm und $a_2 = 1{,}5$ cm. Dann beträgt das Seitenverhältnis $\frac{a_2}{a_1} = \frac{1{,}5}{1} = \frac{3}{2}$.

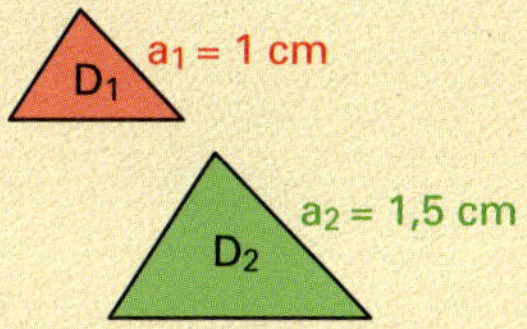

Sind dann die beiden anderen Seitenverhältnisse auch 3 : 2?
Um das nachzuweisen, parkettieren wir aus neun D_1-Dreiecken ein Dreieck F_1 und aus vier D_2-Dreiecken ein Dreieck F_2:

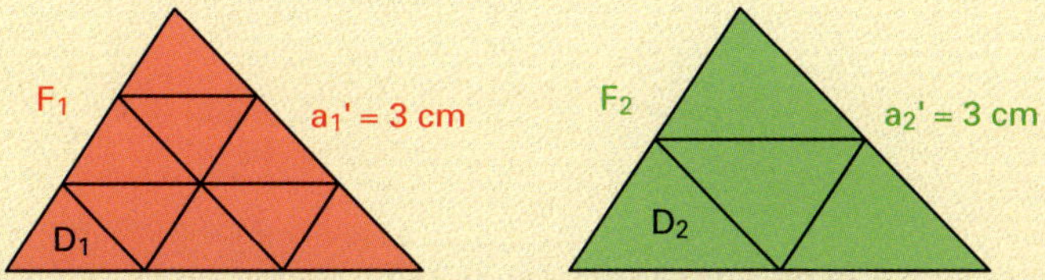

Die Dreiecke F_1 und F_2 sind nach dem WSW-Satz kongruent. Sie stimmen also auch in den beiden anderen Seiten überein: $b_1' = b_2'$ und $c_1' = c_2'$. Aus unserer Zeichnung entnehmen wir: $b_1' = 3 \cdot b_1$ bzw. $b_2' = 2 \cdot b_2$. Somit gilt $3b_1 = 2b_2$ und damit $\frac{b_2}{b_1} = \frac{3}{2}$. Analog folgt: $\frac{c_2}{c_1} = \frac{3}{2}$.

Diese Überlegung lässt sich auf jedes beliebige Seitenverhältnis $a_2 : a_1 = m : n$ übertragen.

Umgekehrt können wir aus der Gleichheit der Seitenverhältnisse bei Dreiecken die Gleichheit entsprechender Winkel folgern (Aufgabe 6). Bei Dreiecken genügt für die Ähnlichkeit somit bereits eine der beiden Eigenschaften der Definition.

Ähnliche Dreiecke
Dreiecke sind *schon* ähnlich, wenn sie

- in den Verhältnissen entsprechender Seiten *oder*
- in der Größe entsprechender Winkel übereinstimmen.

Aufgaben

1 Kopierfiguren

Birgit hat die Ente E_1 und den Fisch F_1 aus einem Comic auf Transparentpapier abgepaust und anschließend davon Vergrößerungen bzw. Verkleinerungen mit dem Kopierer hergestellt.

a) Welche Figur passt jeweils nicht? Warum?

b) Bestimme von den anderen Figuren jeweils den Vergrößerungs- bzw. Verkleinerungsfaktor (in Prozent), den Birgit beim Kopieren eingegeben hat.

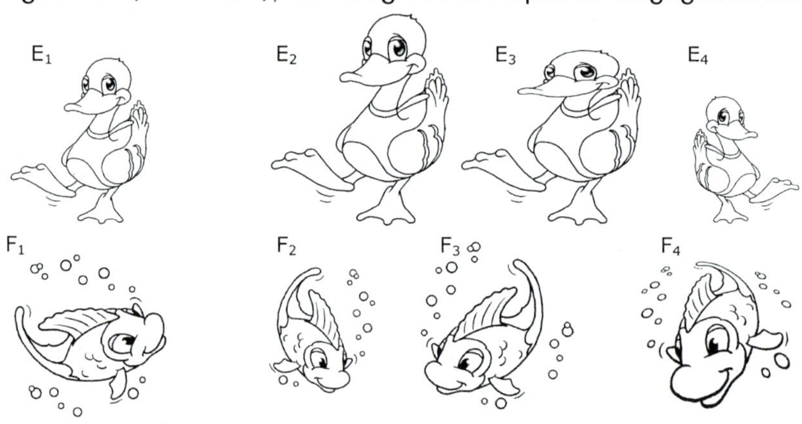

2 Vergrößerte Vierecke

Marc hat ein Quadrat mit den Seitenlängen 3 cm gezeichnet.

a) Er will es auf die Seitenlänge 6 cm vergrößern. Zeichne Vierecke, bei denen jede Seite 6 cm lang ist. Handelt es sich dabei immer um Vergrößerungen von Marcs Quadrat?

b) Ist jedes Viereck, das die gleichen Winkel wie Marcs Quadrat besitzt, eine Vergrößerung oder Verkleinerung von Marcs Original? Zeichne Beispiele!

c) Welche Eigenschaften muss ein Viereck besitzen, damit es eine Vergrößerung oder Verkleinerung von Marcs Quadrat ist?

3 Ähnliche Trapeze und ähnliche Dreiecke

Welche der rechts abgebildeten Figuren sind jeweils ähnlich? Übertrage sie in dein Heft und kennzeichne entsprechende Seiten und entsprechende Winkel mit gleicher Farbe. Gib jeweils den Vergrößerungsfaktor k an.

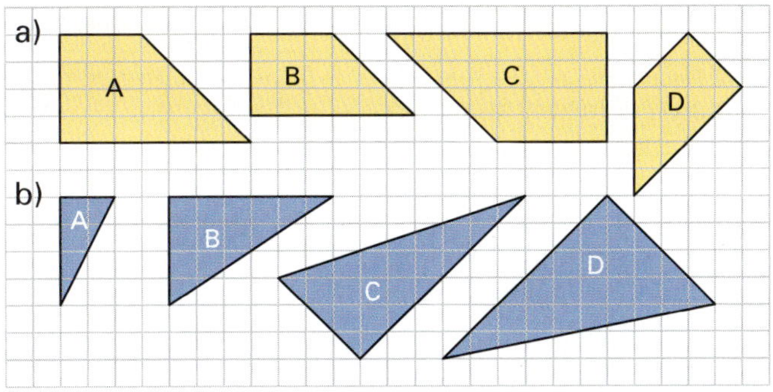

4 „Ähnlich oder nicht ähnlich?" – Das ist hier die Frage.

Welche der folgenden Figuren sind mit Sicherheit ähnlich? Skizziere in den anderen Fällen jeweils ein Gegenbeispiel.

a) Zwei Quadrate
b) Zwei Rechtecke
c) Zwei gleichschenklige Trapeze
d) Zwei Parallelogramme
e) Zwei gleichseitige Dreiecke
f) Zwei gleichschenklige Dreiecke
g) Zwei rechtwinklige Dreiecke
h) Zwei regelmäßige Sechsecke

5 Ölbild mit und ohne Rahmen

a) Das rechts dargestellte Ölbild einer alten Stiege des Münchner Impressionisten Artur Eitler ist 50 cm breit und 60 cm hoch. Es wird mit einem 6 cm breiten Rahmen versehen. Ist das Rechteck des rahmenlosen Bildes zum Rechteck des gerahmten Bildes ähnlich?

b) Wann ist das Rechteck eines ungerahmten Bildes zum Rechteck des gerahmten Bildes ähnlich?

6 Ähnliche Dreiecke

Wir wollen zeigen: Wenn in zwei Dreiecken die Verhältnisse entsprechender Seiten gleich sind, dann sind die entsprechenden Winkel gleich groß.

Gegeben sind zwei Dreiecke D_1 und D_2. Die Seiten von D_2 sind 2,5-mal so lang wie die Seiten von D_1.

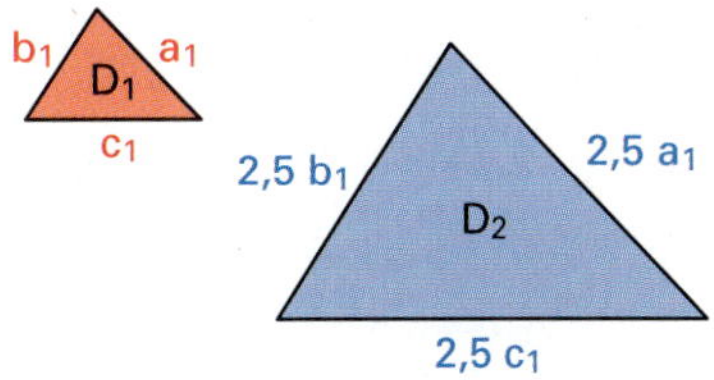

a) Gib das Seitenverhältnis $a_2 : a_1$ an. Parkettiere aus einer geeigneten Anzahl von D_1-Dreiecken ein F_1-Dreieck und aus einer geeigneten Anzahl von D_2-Dreiecken ein F_2-Dreieck so, dass F_1 und F_2 kongruent sind. Begründe, warum die Parkettierung lückenlos klappt.

b) Nach welchem Kongruenzsatz sind F_1 und F_2 kongruent?

c) Was kannst du daraus über die Winkel von D_1 und D_2 folgern?

Wir verallgemeinern: Das Seitenverhältnis $a_2 : a_1$ sei $m : n$.

d) Mit wie vielen Dreiecken der Sorte D_1 und wie vielen Dreiecken der Sorte D_2 kannst du jeweils Dreiecke F_1 und F_2 parkettieren, die zueinander kongruent sind? Warum stimmen die entsprechenden Winkel von D_1 und D_2 überein?

7 „Sparsames Prüfen" von Dreiecken auf Ähnlichkeit

Dreiecke sind schon ähnlich, wenn eine der beiden Bedingungen der Definition der Ähnlichkeit erfüllt ist.

a) Beim Überprüfen der Gleichheit von Winkeln genügen sogar zwei gleich große Winkel anstatt drei. Warum?

b) Beim Prüfen auf die Übereinstimmung von Seitenverhältnissen genügen aber zwei für die Ähnlichkeit der Dreiecke nicht. Skizziere dazu ein Beispiel.

8 Abgeschnittenes Dreieck

Eine Parallele zu AB schneidet vom Dreieck ABC ein Dreieck DEC ab. Zeige, dass das abgeschnittene Dreieck DEC zum ganzen Dreieck ABC ähnlich ist.

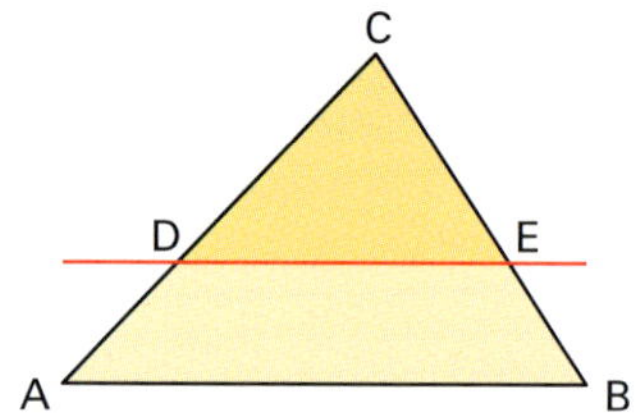

9 Ähnliche gleichschenklige Dreiecke?

Welche der folgenden Dreiecke sind mit Sicherheit ähnlich? Skizziere in den anderen Fällen jeweils ein Gegenbeispiel.

a) Zwei gleichschenklig-rechtwinklige Dreiecke

b) Zwei gleichschenklige Dreiecke mit einem 50°-Winkel

c) Zwei gleichschenklige Dreiecke mit einem 100°-Winkel

10 Ähnliche Dreiecke?

Von $\triangle A_1B_1C_1$ und $\triangle A_2B_2C_2$ sind die folgenden Stücke bekannt. Sind die Dreiecke ähnlich? Begründung! Konstruiere jeweils die ähnlichen Dreiecke.

a) $a_1 = 3\,\text{cm}$, $b_1 = 4\,\text{cm}$, $c_1 = 5\,\text{cm}$; $a_2 = 7{,}5\,\text{cm}$, $b_2 = 6\,\text{cm}$, $c_2 = 4{,}5\,\text{cm}$

b) $a_1 = 3\,\text{cm}$, $b_1 = 4\,\text{cm}$, $c_1 = 5\,\text{cm}$; $a_2 = 5\,\text{cm}$, $b_2 = 6\,\text{cm}$, $c_2 = 7\,\text{cm}$

c) $c_1 = 5\,\text{cm}$, $\alpha_1 = 60°$, $\beta_1 = 50°$; $a_2 = 6\,\text{cm}$, $\beta_2 = 50°$, $\gamma_2 = 70°$

d) $c_1 = 4\,\text{cm}$, $\alpha_1 = 120°$, $\beta_1 = 30°$; $a_2 = 6\,\text{cm}$, $b_2 = 6\,\text{cm}$, $\alpha_2 = 30°$

e) $a_1 = 6\,\text{cm}$, $c_1 = 6\,\text{cm}$, $\alpha_1 = 70°$; $a_2 = 9\,\text{cm}$, $c_2 = 9\,\text{cm}$, $\beta_2 = 70°$

11 Teildreiecke des rechtwinkligen Dreiecks

Das Dreieck ABC ist rechtwinklig: $\gamma = 90°$. Die Höhe h_c zerlegt das Dreieck ABC in zwei Teildreiecke AFC und CFB. Zeige: Diese beiden Teildreiecke sind untereinander und zum Gesamtdreieck ABC ähnlich.

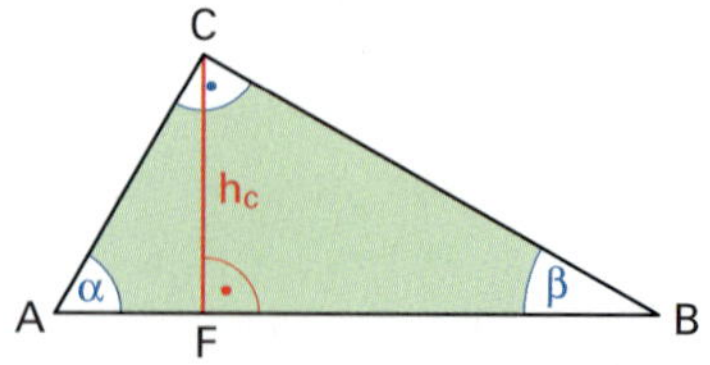

12 Besonderes gleichschenkliges Dreieck

Zeichne mit einem dynamischen Geometrieprogramm ein gleichschenkliges Dreieck ABC mit dem Winkel $\gamma = 36°$ an der Spitze C. Konstruiere die Winkelhalbierenden w_α und w_β und bezeichne ihre Schnittpunkte mit den Seiten a bzw. b mit W_α bzw. W_β.

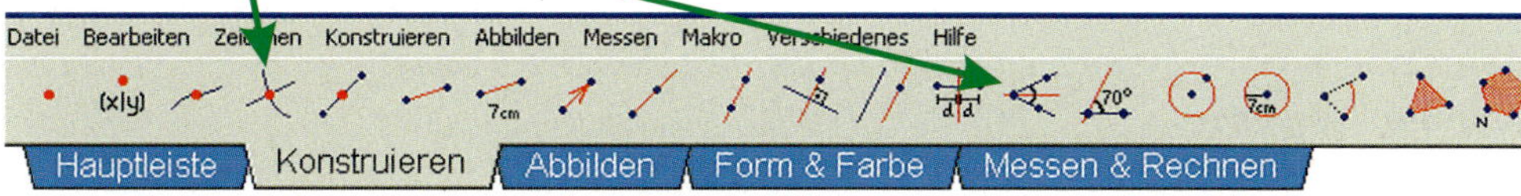

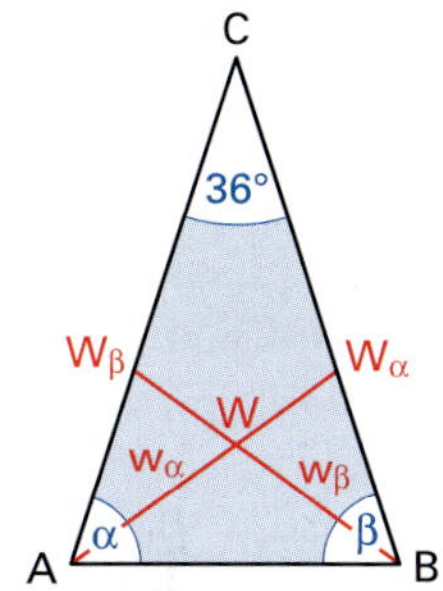

Der Schnittpunkt von w_α und w_β heißt W.

a) Suche zum Dreieck ABW_α ein kongruentes Dreieck. Überprüfe deine Vermutung durch Nachmessen. Beweise die Kongruenz mit einem Kongruenzsatz. Suche noch weitere Paare kongruenter Dreiecke.

b) Die Dreiecke ABW und $AW_\alpha C$ sind ähnlich. Überprüfe dies durch Nachmessen geeigneter Stücke. Kannst du die Ähnlichkeit auch allgemein begründen?

c) Welche Dreiecke sind zum Dreieck ABC ähnlich? Begründe!

13 Höhen im spitzwinkligen Dreieck

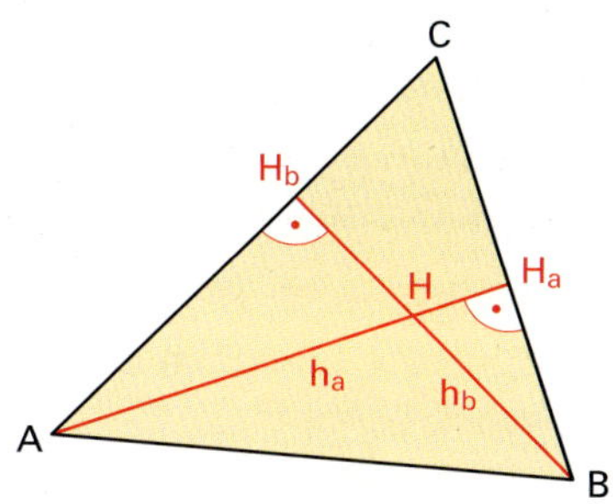

In einem beliebigen spitzwinkligen Dreieck ABC sind die Fußpunkte der Höhen h_a und h_b mit H_a und H_b bezeichnet. Der Höhenschnittpunkt heißt H.

a) Zeichne das Dreieck mit einem dynamischen Geometrieprogramm und konstruiere die beiden Höhen. Zeige: $\triangle AHH_b \sim \triangle BHH_a$.

b) Aus den Teilstrecken jeder Höhe kann jeweils ein Rechteck gebildet werden. Lass dir mithilfe eines Termobjekts jeweils den Flächeninhalt dieser Rechtecke anzeigen: $d(A;H) \cdot d(H;H_a)$ und $d(B;H) \cdot d(H;H_b)$. Verändere nun dein Dreieck im Zugmodus und beobachte dabei die beiden Flächeninhalte. Was stellst du fest?

c) Beweise deine Vermutung mithilfe gleicher Seitenverhältnisse.

Zum Intensivieren

14 Ähnlichkeiten am dynamischen Trapez

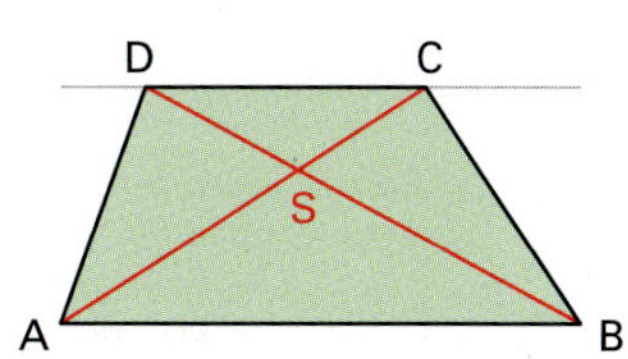

Zeichne ein beliebiges Trapez ABCD und seine beiden Diagonalen mit einem dynamischen Geometrieprogramm: Konstruiere zunächst die Strecke [AB], wähle dann einen beliebigen Punkt D und konstruiere die Parallele zu AB durch D. C wird als „Punkt auf einer Linie“ auf der Parallelen definiert. Jetzt kannst du die vier Punkte zu einem n-Eck verbinden.

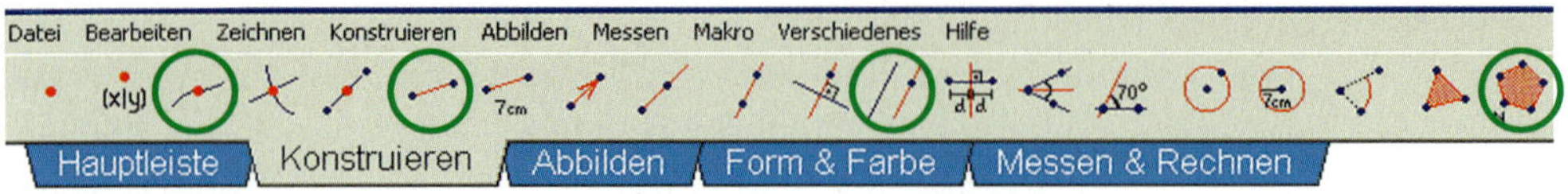

Die Diagonalen zerlegen das Trapez in vier Teildreiecke.

a) Welche beiden Teildreiecke sind ähnlich? Warum?

b) Verändere dein Trapez im Zugmodus. Für welche Trapeze sind die anderen beiden Teildreiecke kongruent? Warum?

15 Die Camera obscura

Eine Lochkamera – auch „Camera obscura“ genannt – ist ein lichtdichter Kasten mit einem Loch von etwa 1 mm Durchmesser in der Mitte einer Seitenfläche und der Gegenfläche aus Pergamentpapier. Leonardo da Vinci beschrieb im 15. Jahrhundert, wie man damit naturgetreue Bilder zeichnen kann.

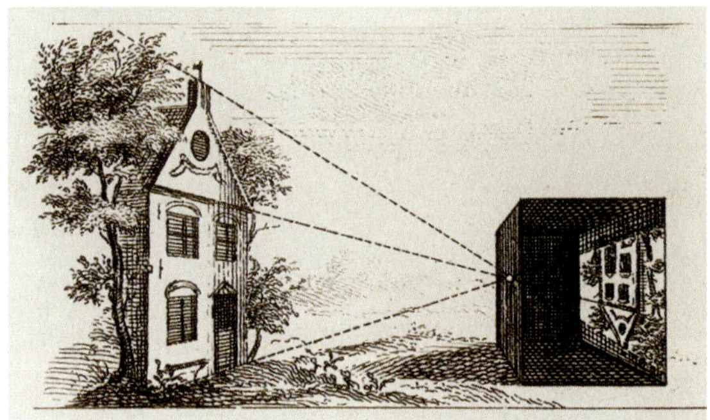

a) Erläutere anhand der Zeichnung des Holländers Pieter van Musschenbroek von 1769, wie das Bild des Hauses in der Camera zustande kommt.

b) Pieters Zeichnung ist fehlerhaft. Warum?

c) Warum erscheinen im Bild die Höhe des Wohngeschosses und die Höhe des Giebels mit dem gleichen Faktor k verkleinert? Wie groß ist ungefähr k?

16 Ähnlichkeitssätze

Kongruente Dreiecke bzw. ähnliche Dreiecke sind durch folgende Eigenschaften gekennzeichnet:

Kongruenz	**Ähnlichkeit**
gleich lange entsprechende Seiten und gleich große entsprechende Winkel	gleiche Verhältnisse entsprechender Seiten und gleich große entsprechende Winkel

Wir erhalten deshalb aus einem Kongruenzsatz einen Ähnlichkeitssatz, wenn wir im Kongruenzsatz die Bedingung „gleich lang“ in „gleiches Seitenverhältnis“ übersetzen. Als Beispiel der 1. Kongruenzsatz:

Dreiecke sind schon kongruent, wenn sie in drei Seiten übereinstimmen (SSS).	Dreiecke sind schon ähnlich, wenn die drei Seitenverhältnisse übereinstimmen (S : S : S).

Formuliere zunächst den angegebenen Kongruenzsatz in Worten und übersetze ihn dann in einen Ähnlichkeitssatz:

a) SWS b) SsW c) WSW d) SWW

Die beiden letzten Fälle ergeben nur einen Ähnlichkeitssatz. Warum? Formuliere diesen möglichst einfach. Wie könnte man ihn abkürzen?

8.2 Flächen und Volumina ähnlicher Figuren

Der Änderungsfaktor für Flächen ähnlicher Figuren

Wollen wir mit dem Quadrat Q_1 ein Quadrat doppelter Seitenlänge parkettieren, benötigten wir dafür 4 Quadrate der Sorte Q_1, bei dreifacher Seitenlänge 9 Quadrate Q_1, usw.
Eine Verdoppelung, Verdreifachung, ... der Seitenlänge bewirkt eine Vervierfachung, Verneunfachung, ... des Flächeninhalts.

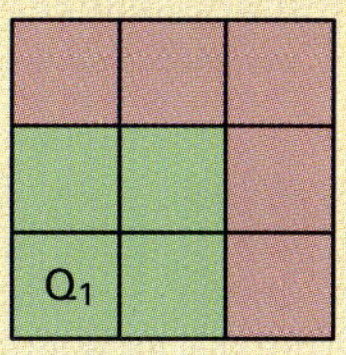

Allgemein: Ein Quadrat der Seitenlänge a_1 hat den Flächeninhalt $A_1 = a_1^2$. Ein Quadrat der k-fachen Seitenlänge $a_2 = k \cdot a_1$ hat den Flächeninhalt $A_2 = a_2^2 = (k \cdot a_1)^2 = k^2 \cdot a_1^2 = k^2 \cdot A_1$. Der Flächeninhalt A_2 ist das k^2-fache von A_1.

Verdreifachen wir die Seiten eines Dreiecks D_1, so erhalten wir ein ähnliches Dreieck mit neunfachem Flächeninhalt.
Werden die Seiten eines Dreiecks ver-k-facht, so ver-k-facht sich sowohl die Grundlinie als auch die zugehörige Höhe. Der Flächeninhalt ver-k^2-facht sich (Aufgabe 1).

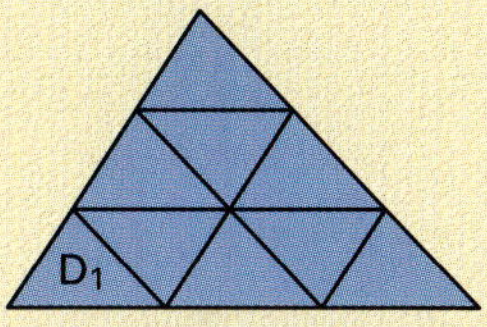

Da man jedes Vieleck in Dreiecke zerlegen kann, hat jedes ähnliche Vieleck mit den k-fachen Seitenlängen den k^2-fachen Flächeninhalt.

Der Änderungsfaktor für Volumina ähnlicher Körper

Die Abbildung zeigt das Modell eines alten Bahnhofsgebäudes, des „Bayerischen Würfels“, im Maßstab 1 : 100. Das Modell ist 12 cm lang, 8 cm breit und 10 cm hoch. Es hat somit ein Volumen von $12\,\text{cm} \cdot 8\,\text{cm} \cdot 10\,\text{cm} = 960\,\text{cm}^3$.

In Wirklichkeit ist das Bahnhofsgebäude $100 \cdot 12\,\text{cm} = 12\,\text{m}$ lang, 8 m breit und 10 m hoch.

Es hat somit ein Volumen von $960\,\text{m}^3$. Das ist das 1 000 000-fache von $960\,\text{cm}^3$. Bei 100-facher Kantenlänge ist der Vergrößerungsfaktor für das Volumen also $1\,000\,000 = 100^3$ (Aufgabe 5).

Allgemein: Ein Würfel der Kantenlänge a_1 hat das Volumen $V_1 = a_1^3$. Ein Würfel der k-fachen Kantenlänge $a_2 = k \cdot a_1$ hat das Volumen $V_2 = a_2^3 = (k \cdot a_1)^3 = k^3 \cdot a_1^3 = k^3 \cdot V_1$. Das Volumen V_2 ist das k^3-fache von V_1.

Da man jeden Körper beliebig genau aus Würfeln zusammensetzen kann, wenn man diese nur klein genug wählt, hat jeder ähnliche Körper mit den k-fachen Seitenlängen das k^3-fache Volumen.

Wir fassen zusammen:

- Eine ähnliche Figur mit k-fachen Seitenlängen hat den k^2-fachen Flächeninhalt.
- Ein ähnlicher Körper mit k-fachen Kantenlängen hat das k^3-fache Volumen.

Beispiel: k = 2

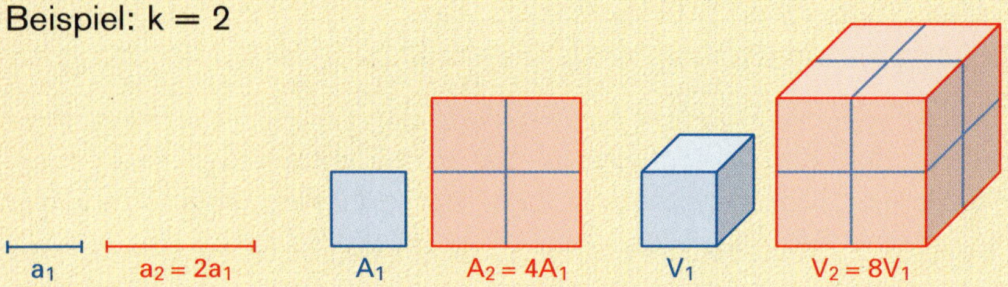

Aufgaben

1 **Dreiecksparkette**

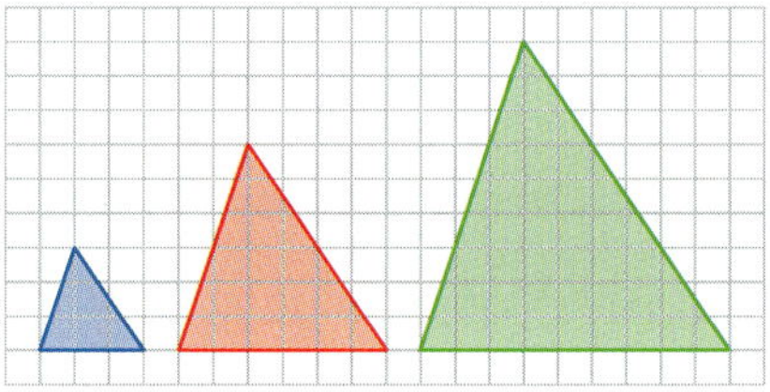

a) Übertrage die rechts dargestellten ähnlichen Dreiecke in dein Heft. Das zweite und das dritte Dreieck lassen sich vollständig mit Dreiecken der ersten Sorte auslegen. Zeichne diese Belegungen in deine beiden Dreiecke ein. Mit welchem Faktor k wurden beim Übergang vom ersten zum zweiten bzw. vom ersten zum dritten Dreieck die Seiten verändert, mit welchem Faktor der Flächeninhalt?

b) Die Seiten eines Dreiecks A'B'C' seien k-mal so lang wie die Seiten eines Dreiecks ABC. Warum sind die Höhen auch k-mal so lang? Zeige mithilfe der Formel für den Flächeninhalt eines Dreiecks, dass der Flächeninhalt des Dreiecks A'B'C' k^2-mal so groß wie der des Dreiecks ABC ist.

c) Warum folgt aus b), dass ein ähnliches Vieleck mit k-fachen Seitenlängen den k^2-fachen Flächeninhalt des ursprünglichen Vielecks besitzt?

2 **Grundstückspreis**

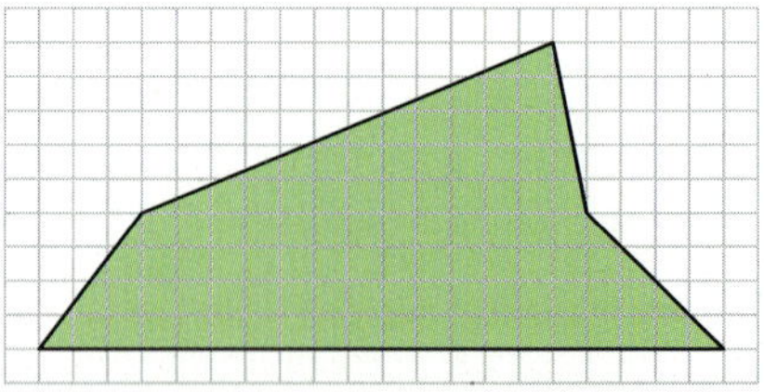

Herr Stolz hat sein frisch erworbenes Grundstück im Maßstab 1 : 500 gezeichnet.

a) Berechne die Grundstücksfläche in cm^2, wenn ein Kästchen 0,5 cm lang und breit ist.

b) Wie viel hat das Grundstück bei einem Preis von 320 Euro pro m^2 gekostet?

3 Weihnachtsstern

Ronja hat einen Weihnachtsstern gezeichnet.

a) Berechne seine Fläche in cm^2, wenn ein Kästchen 0,5 cm lang und breit ist.

b) Sie legt ihn auf den Kopierer und vergrößert ihn mit dem Faktor 125 %. Wie groß ist seine Fläche jetzt?

4 Topographische Karte

Der 6 cm × 4 cm große Ausschnitt aus einer topographischen Karte im Maßstab 1 : 50 000 zeigt den Kleinen Brombachsee.

a) Wie lang ist der Absperrdamm zwischen dem Kleinen und dem rechts anschließenden Großen Brombachsee?

b) Nimm Transparentpapier, lege dieses auf den Kartenausschnitt und zeichne das Ufer des Kleinen Brombachsees nach. Bestimme näherungsweise seinen Flächeninhalt auf der Karte in cm^2 und in Wirklichkeit in km^2.

c) Wie groß wäre dieser Kartenausschnitt bei einem Maßstab von 1 : 25 000 bzw. 1 : 100 000? Das gesamte Bundesland Bayern ist auf 153 Topographischen Karten des Maßstabes 1 : 50 000 dargestellt. Wie viele Karten benötigt man ungefähr für die Darstellung des ganzen Landes bei einem Maßstab von 1 : 25 000 bzw. 1 : 100 000?

5 Würfelklötze

Wie viele Würfel der Sorte W_1 benötigst du jeweils, um daraus Würfel mit doppelter, dreifacher, vierfacher Kantenlänge zu bauen? Welches Volumen haben Würfel mit k-facher Kantenlänge verglichen mit W_1?

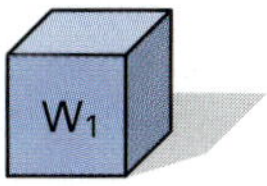

6 Holzbausteine

Der abgebildete rote Baustein ist 2 cm lang, 2 cm breit, 6 cm hoch und 16 g schwer. Der dazu ähnliche braune Baustein ist 3 cm breit.

a) Wie lang und wie hoch ist der braune Baustein?

b) Wie groß sind die Oberfläche und das Volumen des roten Bausteins?

c) Berechne die Oberfläche und das Volumen des braunen Bausteins auf zwei Arten!

d) Wie viel wiegt der braune Baustein?

7 Modell eines Güterwagens

Das Foto zeigt einen oben offenen Güterwagen für eine Modellbahnanlage der Spurweite H0. Er ist dem Original im Maßstab 1 : 87 nachgebaut. Der Kasten des Modells ist 65 mm lang, 23 mm breit und 14 mm hoch.

a) Wie lang, wie breit und wie hoch ist der Kasten des Originals?

b) Wie groß ist die Ladefläche des Modells bzw. des Originals?

c) Welches Volumen hat der Kasten des Modells bzw. des Originals?

d) Das Modell und das Original sind mit Sand beladen. Wie viel wiegt jeweils die Ladung ungefähr?

8 Blauwale

Das größte Tier ist der Blauwal. Blauwale sind bei der Geburt etwa 7 m lang. Sie wachsen bis zu einer Länge von 30 m heran. Ein 10 m langer Blauwal wiegt 5 500 kg.

a) Wie viel wiegt ein 20 m langer, wie viel ein 30 m langer Blauwal?

b) Wie viel sollte ein Blauwal bei seiner Geburt wiegen? Tatsächlich sind es aber etwa 1600 kg. Was besagt dieses Ergebnis über die Gestalt des Blauwal-Babys?

c) Sind die Masse m der Blauwale und die Länge l oder l^2 oder l^3 proportional? Warum? Berechne den Proportionalitätsfaktor und gib die Gleichung an, die den Zusammenhang zwischen m und l beschreibt.

d) Zeichne den Graphen der Funktion „Wallänge $l \mapsto$ Walmasse m“. Berechne dafür zu den bisher ermittelten Werten noch ein paar mit der Gleichung von c). In welchem Bereich liegt die Masse eines Blauwals?

e) In der folgenden Tabelle ist die Länge l eines Blauwals in Abhängigkeit von seinem Lebensalter t angegeben. Zeichne ein t-l-Diagramm.

t in a	0	0,5	1,0	2,0	3,0	5,5	13	30
l in m	7,0	15	19	21,5	22,5	24	26	27,5

f) Zeichne mithilfe des l-m-Diagramms von d) und des t-l-Diagramms von e) ein t-m-Diagramm, das die Abhängigkeit der Masse m des Blauwals vom Alter t zeigt. Was folgt aus dem Diagramm über das Wachstum von Blauwalen?

9 Ich sag' dir, wie schwer du bist!

Zoologen sind der Meinung: Schafe, Rinder und Elefanten sind ähnlich gebaut. Als Beleg haben sie Schulterhöhen und Massen einiger großer, erwachsener Tiere gemessen.
Sie erhielten folgende Durchschnittswerte:

	Schulterhöhe h in m	Masse m in kg
Schaf	0,80	100
Rind	1,60	800
Afrikanischer Elefant	3,20	6400

a) Warum bestätigen die Messwerte die Vermutung der Biologen?

b) Erwachsene Rinder sind durchschnittlich etwa 2,50 m lang. Wie lang ist ungefähr ein erwachsenes Schaf, wie lang ein erwachsener Afrikanischer Elefant ohne Rüssel?

c) Sind die Masse m der Tiere und die Schulterhöhe h oder h^2 oder h^3 proportional? Warum? Berechne den Proportionalitätsfaktor und gib die Gleichung an, die den Zusammenhang zwischen m und h beschreibt.

d) Schafe haben Schulterhöhen von ungefähr 50 cm bis 100 cm, Rinder von ungefähr 80 cm bis 250 cm und Elefanten von ungefähr 2,50 m bis 3,50 m. In welchem Bereich liegt ungefähr die Masse von Schafen, von Rindern, von Elefanten?

e) Zeichne den Graphen der Funktion „Schulterhöhe h $\mapsto$ Tiermasse m". Berechne dafür zu den bisher bekannten Werten mithilfe der Gleichung von c) noch ein paar Zwischenwerte.

10 Russische Puppen

Annika hat drei Matroschkas. Die kleine Puppe ist 7 cm hoch, die große 14 cm.

a) Wie würdest du mithilfe einer Aluminiumfolie die Oberfläche der großen Puppe bestimmen? Annika ermittelt 340 cm². Wie groß ist die Oberfläche der kleinen Matroschka?

b) Wie würdest du das Volumen der großen Puppe durch einen Versuch bestimmen? Annika misst 560 cm³. Welches Volumen hat die kleine Puppe?

c) Annika legt die große Puppe auf die Waage und liest 80 g ab. Welche Masse würdest du für die kleine Matroschka erwarten. Warum? Annika erhält aber 20 g. Was bedeutet das für die Puppen?

11 Eiszeit

Nimmt ein Eiswürfel aus der Umgebung Wärme auf, schmilzt er.

a) Von welcher Größe des Würfels hängt die Wärmeaufnahme ab?

b) Ein kleiner Eiswürfel hat eine Kantenlänge von 1 cm. Ein großer Eiswürfel hat das achtfache Volumen des kleinen Würfels. Der Zentimeterwürfel schmilzt innerhalb einer Minute. Wie lang dauert es, bis der große Eiswürfel geschmolzen ist?

A) 1 min B) 2 min C) 4 min D) 8 min E) 16 min

Zum Intensivieren

12 Modell eines DHL-Containers

Ein DHL-Container ist außen 20 Fuß lang, 8 Fuß breit und 8,5 Fuß hoch.

a) Rechne in Meter um!
(1 ft = 30,5 cm)

b) Wie groß ist ungefähr die Ladefläche, wie groß das Ladevolumen?

c) Wie lang, wie breit und wie hoch ist das Modell eines DHL-Containers für eine Modellbahnanlage der Spurweite H0 (Maßstab 1 : 87)?

d) Wie groß ist ungefähr die Ladefläche des Modells, wie groß das Ladevolumen?

13 Flächen und Rauminhalte

Wie viele

a) Quadratzentimeter passen auf eine Schreibtischplatte,

b) Mathebücher passen nebeneinander auf den Fußboden des Klassenzimmers,

c) Personen passen auf einen Fußballplatz,

d) Spielwürfel passen in einen Würfelbecher,

e) Mathebücher passen in einen Kleiderschrank?

14 Grundwissen: Auflösen von Formeln

Löse die folgenden Formeln jeweils nach dem Flächeninhalt A auf. Entscheide dann, zu welcher Figur der Flächeninhalt jeweils gehört.

a) $s = \frac{A}{t}$ b) $\frac{2A}{t} = s$ c) $\frac{t}{A} = \frac{2}{u}$ d) $u = \frac{2A}{s} - t$ e) $\frac{4}{s \cdot \pi} = \frac{s}{A}$

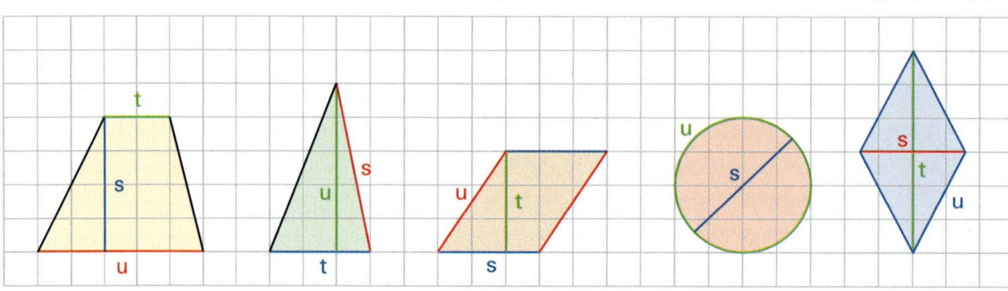

Wahrscheinlichkeitsrechnung

Annika verblüfft ihre Mitschüler mit einem Angebot: Wer einen Cent einsetzt und mit ihrem Würfel eine 1, 2, 3 oder 6 würfelt, bekommt 2 Cent zurück. Nur bei 4 oder 5 bleibt der Cent bei Annika. Eigentlich müsste man dabei ja öfter gegen Annika gewinnen als verlieren und deswegen spielt die ganze Klasse mit.

Nach 30 Spielrunden hat Annika 12 Cent gewonnen.

1. Wie oft hat Annika gewonnen – 12-mal, 21-mal oder 24-mal? Begründe!
2. Wie oft hättest du bei 30 Versuchen jede Augenzahl ungefähr erwartet? Welche absolute und welche relative Häufigkeit hättest du für jede Augenzahl erwartet?

Beim 31. Versuch bleibt der Würfel an der Tischkante liegen, obwohl mehr als die Hälfte darüber hinaus ragt. Timm und Benny protestieren sofort: "Betrug! Schaut alle her! Der Würfel ist gezinkt!" Tatsächlich muss Annika zugeben, dass sie den Würfel von ihrem Vater hat, der ab und zu Zauberkunststücke vorführt … Und dann gibt sie alle Gewinne zurück.

3. Welches Geheimnis verbirgt sich hinter Annikas Würfel? Versuche zu erklären, wie er funktioniert!
4. Timm und Benny testen den Würfel: Etwa in einem von drei Würfen zeigt er die Augenzahl 5. Beschreibe, wie sich das möglichst genau herausfinden lässt.
5. Welchen Gewinn oder Verlust hätte Annika bei 30 Versuchen mit einem normalen Würfel erwarten müssen? Hätte es sein können, dass sie trotzdem genauso oft gewinnt?
6. Unter welchen Bedingungen ist ein Spiel ein "reines Glücksspiel"?

9.1 Wahrscheinlichkeit von Ereignissen

Viele Entscheidungen sind mit einer Unsicherheit, einem Risiko, verbunden. Beim Abschätzen dieses Risikos ist uns die Wahrscheinlichkeitsrechnung oft eine große Hilfe. Manchmal überlassen wir eine Entscheidung aber absichtlich dem Zufall.

Der Münzwurf

Vor dem Anpfiff eines Fußballspiels findet die Seitenwahl statt. Beide Mannschaften sollen die gleiche Chance haben, die Spielrichtung zu bestimmen. Der Schiedsrichter wirft eine Münze.

Ein **Zufallsexperiment** ist ein Experiment, bei dem mehrere Ergebnisse möglich sind. Der Ausgang ist nicht vorhersagbar. Das Werfen einer Münze ist ein Zufallsexperiment. Es gibt zwei mögliche Ergebnisse: Zahl (Z) und Wappen (W).

Die Zusammenfassung **aller** möglichen Ergebnisse eines Zufallsexperiments nennt man Ergebnismenge oder auch **Ergebnisraum** Ω.

Der Ergebnisraum des Münzwurfs ist $\Omega = \{Z, W\}$, der Ergebnisraum des Werfens eines Reißnagels $\Omega = \{K, S\}$ (Aufgabe 1).

Wird eine Münze oder ein Reißnagel einmal geworfen, können wir nicht voraussagen, welches Ergebnis eintritt. Wird der Reißnagel jedoch sehr oft geworfen, so schwankt die relative Häufigkeit für K zunächst stark und konzentriert sich dann immer mehr auf einen festen Wert, z. B. auf $\frac{5}{8}$ (je nach Reißnagel). Diesen Wert nennen wir **Wahrscheinlichkeit** für Kopf.

Beim Reißnagel können wir die Wahrscheinlichkeit durch viele Versuche nur näherungsweise bestimmen. Dagegen können wir die Wahrscheinlichkeit bei einer Münze aus Symmetriegründen angeben. Ihre beiden Seiten liegen symmetrisch zueinander. Die relative Häufigkeit der beiden Ergebnisse Z bzw. W wird sich bei einer großen Anzahl von Würfen dem Wert $\frac{1}{2}$ nähern. Die Wahrscheinlichkeit von Z bzw. W ist $\frac{1}{2}$. In Anlehnung an das englische Wort „**p**robability" für „Wahrscheinlichkeit" schreiben wir dafür kurz: $P(Z) = P(W) = \frac{1}{2}$.

Die beiden Ergebnisse sind gleich wahrscheinlich.

Das Würfeln

Der Ergebnisraum des Zufallsexperiments „Werfen eines Würfels" ist $\Omega = \{1, 2, 3, 4, 5, 6\}$. Bei einem „normalen" Würfel dürfen wir aus Symmetriegründen annehmen, dass alle Ergebnisse gleich wahrscheinlich sind, also mit der Wahrscheinlichkeit $\frac{1}{6}$ eintreten: $P(1) = P(2) = P(3) = P(4) = P(5) = P(6) = \frac{1}{6}$ (Aufgabe 3).

Beim Spiel „Mensch ärgere Dich nicht“ benötigt man eine Sechs, damit man eine Spielfigur vom Warteplatz auf das erste Spielfeld setzen darf. Wirft man „keine Sechs“, ist das nicht erlaubt. „Keine Sechs“ bedeutet, dass man 1, 2, 3, 4 oder 5 wirft. Es ist also auch die Zusammenfassung einiger Ergebnisse interessant. Dafür benutzt man eine besondere Bezeichnung:

> Die Zusammenfassung von Ergebnissen nennt man **Ereignis**.

Das Ereignis „keine Sechs“ ist die Ergebnismenge {1, 2, 3, 4, 5}. Da die Ergebnisse von 1 bis 5 in einer langen Versuchsreihe zusammen etwa fünfmal so häufig wie die Sechs auftreten werden, beträgt die Wahrscheinlichkeit für das Ereignis „keine Sechs“ $\frac{5}{6}$:

$$P(\text{keine Sechs}) = P(1, 2, 3, 4, 5) = \tfrac{5}{6}$$

Das Ereignis „gerade Zahl“ ist beim Würfeln die Menge {2, 4, 6}. Somit ist:

$$P(\text{gerade Zahl}) = P(2, 4, 6) = \tfrac{3}{6} = \tfrac{1}{2}$$

1, 2, 3, 4, 5, 6 sind die möglichen Ergebnisse des Zufallsexperiments Würfeln. Davon sind 2, 4, 6 die Ergebnisse des Ereignisses „gerade Zahl“. Man sagt: 2, 4, 6 sind die **günstigen Ergebnisse** für das Eintreten des Ereignisses „gerade Zahl“. Mit diesen Bezeichnungen halten wir fest:

> **Wahrscheinlichkeit eines Ereignisses**
> Sind alle Ergebnisse eines Zufallsexperiments gleich wahrscheinlich, so ist die Wahrscheinlichkeit eines Ereignisses A gleich der Anzahl g der günstigen Ergebnisse dividiert durch die Anzahl m aller möglichen Ergebnisse:
>
> $$P(A) = \frac{g}{m} \quad \text{(kurz: „günstige durch mögliche“)}$$

Der französische Mathematiker Pierre Simon de Laplace (1740 bis 1827) hat sich als Erster systematisch mit der Wahrscheinlichkeitsrechnung beschäftigt. Dabei beschränkte er sich auf Zufallsexperimente mit gleich wahrscheinlichen Ergebnissen. Deshalb heißen solche Experimente auch **Laplace-Experimente**.

Beispiele

a) Das Werfen einer normalen Münze ist ein Laplace-Experiment.

b) Das Werfen eines Reißnagels ist kein Laplace-Experiment. Die Wahrscheinlichkeiten P(K) und P(S) sind verschieden.

c) Das Drehen des links dargestellten Glücksrades ist kein Laplace-Experiment. Die Ergebnisse „rot“ (R), „grün“ (G) und „blau“ (B) sind nicht gleich wahrscheinlich, da die farbigen Flächen nicht gleich groß sind: $P(R) = \frac{1}{4}$, $P(G) = \frac{1}{2}$, $P(B) = \frac{1}{4}$. Das hat zur Folge, dass wir die Wahrscheinlichkeit eines Ereignisses nicht mit der obigen Formel berechnen können: Z. B. ist P(R, B) nicht $\frac{2}{3}$, sondern $\frac{1}{2}$.

Aufgaben

1 Werfen eines Reißnagels

Wird ein Reißnagel geworfen, sind zwei Ergebnisse möglich: Entweder liegt der Nagel flach auf dem Kopf (K) oder auf Spitze und Kopf (S).

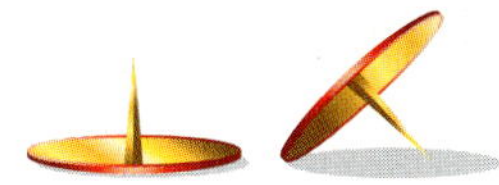

a) Lege eine Tabelle nach folgendem Muster an:

Anzahl n der Versuche	20	40	60	...	300
Absolute Häufigkeit z von K	?	?	?	?	?
Relative Häufigkeit $h = \frac{z}{n}$	?	?	?	?	?

Wirf einen Reißnagel 60-mal und notiere nach jeweils 20 Versuchen, wie häufig **insgesamt** K gefallen ist. Ermittle anschließend die absolute Häufigkeit von K für n = 80, ..., 300, indem du die Werte von vier Mitschülern übernimmst.

b) Berechne jeweils die relative Häufigkeit von K in Prozent und trage sie auf eine Dezimale gerundet in deine Tabelle ein.

c) Zeichne ein n-h-Diagramm (n-Achse: 1 cm ≙ 20, h-Achse: 1 cm ≙ 10%). Verbinde den ersten Punkt durch eine Strecke mit dem zweiten, den zweiten mit dem dritten, usw. Was fällt dir am Diagramm auf? Wie nennt man diese Erkenntnis? Wie heißt der besondere Wert?

2 Werfen einer 1-Euro-Münze

Eine 1-Euro-Münze wurde 200-mal geworfen. Nach jeweils 20 Versuchen wurde notiert, wie häufig jeweils „Zahl" gefallen ist und die relative Häufigkeit h berechnet. Rechts ist das zughörige n-h-Diagramm zu sehen.

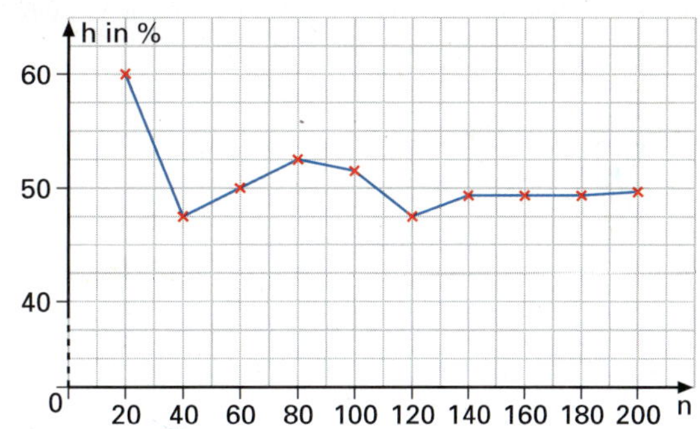

a) Erläutere den Verlauf des Diagramms.

b) Wie oft ist nach 20, nach 40, nach 60, nach 200 Versuchen das Ergebnis „Zahl" eingetreten? Um wie viel Prozent weicht die relative Häufigkeit h nach dieser Anzahl von Versuchen jeweils von der Wahrscheinlichkeit ab?

3 Werfen eines Würfels

Ein „normaler" Würfel wird 1000-mal geworfen.

a) Wie oft tritt dabei ungefähr die Augenzahl 1 auf, wie oft ungefähr 6?

b) Wie oft sollten sich unter den Ergebnissen Primzahlen, wie oft ungerade Primzahlen befinden?

c) Welchen Summenwert erhält man ungefähr, wenn man alle gewürfelten Augenzahlen addiert?

4 „Mensch ärgere Dich nicht“

Das Foto zeigt eine Spielsituation beim „Mensch ärgere Dich nicht“. Als Nächster würfelt Rot *einmal*.

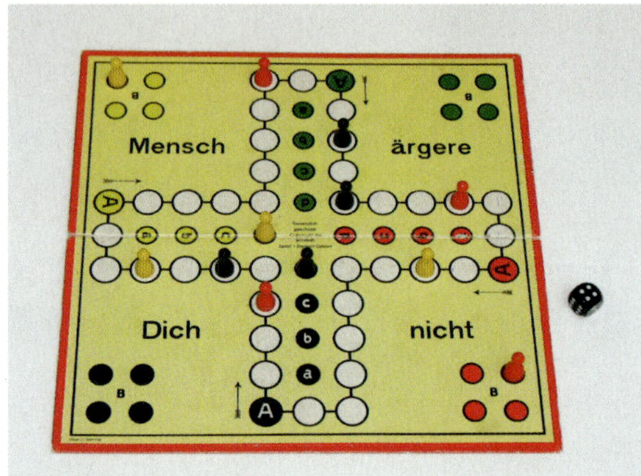

a) Mit welcher Wahrscheinlichkeit kann Rot mit dem zugehörigen Zug eine schwarze Figur werfen,

b) mit welcher Wahrscheinlichkeit eine gelbe Figur?

c) Rot wirft eine Vier. Wie sollte Rot ziehen?

5 Lotto

Beim Lotto befinden sich in einer Trommel 49 Kugeln, die mit 1 bis 49 nummeriert sind.

a) Welche 6 Zahlen würdest du auf einem Lotto-Schein ankreuzen?

b) Mit welcher Wahrscheinlichkeit wird am Samstag beim ersten Zug deine größte Zahl gezogen?

c) Mit welcher Wahrscheinlichkeit wird beim ersten Zug eine deiner getippten Zahlen gezogen?

d) Bei den ersten fünf Zügen wurde keine deiner getippten Zahlen gezogen. Mit welcher Wahrscheinlichkeit wird beim sechsten Zug doch noch eine deiner getippten Zahlen gezogen?

6 Ziehen einer Kugel

In einem Gefäß befinden sich 50 gleichartige Kugeln, die mit 1 bis 50 nummeriert sind. Die Kugeln mit den Nummern von 1 bis 25 sind rot, von 26 bis 40 grün und von 41 bis 50 schwarz. Es wird eine Kugel gezogen.

a) Gib den Ergebnisraum Ω an.

b) Gib jeweils die Wahrscheinlichkeit in Prozent an, mit der die Zahl 5, eine durch 5 teilbare Zahl, eine durch 3 teilbare Zahl, eine Quadratzahl, eine Primzahl gezogen wird.

c) Mit welcher Wahrscheinlichkeit wird eine rote Kugel, eine grüne Kugel, keine farbige Kugel gezogen?

d) Beschreibe Ereignisse mit den folgenden Wahrscheinlichkeiten in Worten: 2%, 50%, 80% und 92%.

7 Das Gegenereignis

Beim Würfeln besteht das Ereignis „Quadratzahl“ aus den Ergebnissen 1 und 4: $Q = \{1, 4\}$. Das Gegenteil „keine Quadratzahl“, – genauer gesagt, das Gegenereignis $\overline{Q}$ „keine Quadratzahl“ – besteht aus allen Ergebnissen, die nicht zu Q gehören: $\overline{Q} = \{2, 3, 5, 6\}$.

a) Gib die Wahrscheinlichkeiten $P(Q)$ und $P(\overline{Q})$ an.

b) Wie kann man mit der Wahrscheinlichkeit eines beliebigen Ereignisses A sofort die Wahrscheinlichkeit seines Gegenereignisses $\overline{A}$ berechnen? Begründe deine Antwort.

c) Gib zu zwei selbst gewählten Zufallsexperimenten jeweils ein Ereignis, sein Gegenereignis und die zugehörigen Wahrscheinlichkeiten an.

8 Weibliche und männliche Eishockey-Fans

Die Klasse 8b besuchen 18 Schülerinnen. Die Klassenstärke beträgt 30. 10 Mädchen und 10 Jungen sind Mitglieder eines Sportvereins.

a) Vervollständige die folgende **Vierfeldertafel**:

	Mädchen	Jungen	Gesamt
Mitglied	10	10	?
Nichtmitglied	?	?	?
Gesamt	18	?	30

In der Klasse 8b wird eine Eintrittskarte für ein Eishockey-Spiel verlost.

b) Mit welcher Wahrscheinlichkeit gewinnt diese ein Mädchen, bzw. kein Mitglied eines Sportvereins, bzw. kein Mädchen eines Sportvereins, bzw. kein Junge eines Sportvereins?

c) Die Karte hat ein Junge gewonnen. Mit welcher Wahrscheinlichkeit ist er kein Mitglied eines Sportvereins, bzw. ein Mitglied eines Sportvereins?

9 Schüleraustausch

Um den Schüleraustausch mit Frankreich haben sich 6 Schülerinnen und 4 Schüler der Klasse 8a beworben. Als erste Fremdsprache haben alle Englisch, als zweite Latein oder Französisch. 75 % der Bewerber und $\frac{1}{3}$ der Bewerberinnen haben jeweils Latein. Aufgrund der hohen Nachfrage wird nur eine Person für den Austausch ausgelost.

Wie groß ist die Wahrscheinlichkeit, dass es sich dabei um

a) ein Mädchen,

b) einen Jungen, der nicht Französisch spricht,

c) ein Mädchen oder einen Jungen, die nicht Französisch sprechen, handelt?

Es wurde ein Junge ausgelost.

d) Mit welcher Wahrscheinlichkeit spricht er nicht Französisch?

10 Rotgrünblindheit

51 % der Einwohner Deutschlands sind weiblich. Aus der Bevölkerung wurden 5100 Frauen und 4900 Männer zufällig herausgegriffen und auf Rotgrünblindheit untersucht. 0,5 % der Frauen und 390 Männer waren rotgrünblind.

a) Wozu ist eine Person nicht fähig, die rotgrünblind ist? Welche Schwierigkeiten ergeben sich daraus für das tägliche Leben?

b) Mit welcher Wahrscheinlichkeit ist ein Mann rotgrünblind? Beeinflusst das Geschlecht das Risiko, rotgrünblind geboren zu werden?

c) Mit welcher Wahrscheinlichkeit ist eine zufällig herausgegriffene Person Deutschlands rotgrünblind?

11 Glücksrad

Ein Glücksrad ist in 9 gleich große Sektoren eingeteilt, die mit den Zahlen von 1 bis 9 beschriftet sind. Es wird einmal gedreht.

a) Gib den Ergebnisraum Ω an.

b) Mit welcher Wahrscheinlichkeit erhält man beim Drehen die Zahl 7, höchstens 7, mindestens 7, weniger als 7, mehr als 7, keine 7?

Der Sektor der Zahl 7 sei nun doppelt so groß wie die anderen Sektoren.

c) Warum handelt es sich dann um kein Laplace-Experiment? Mit welcher Wahrscheinlichkeit treten die einzelnen Ergebnisse auf?

d) Gib die Wahrscheinlichkeiten der Ereignisse von b) an.

12 Wahrscheinlichkeitsskala

Die Wahrscheinlichkeit eines Ereignisses ist eine Zahl zwischen 0 und 1. Zeichne eine 5 cm lange senkrechte Strecke und bezeichne das untere Ende mit 0, das obere mit 1. Beschrifte Punkte der Strecke mit den im täglichen Leben gebräuchliche Bezeichnungen *unmöglich*, *sicher*, *unwahrscheinlich*, *unsicher*, *fast sicher*, *höchstwahrscheinlich*. Welche Wahrscheinlichkeiten in Prozent würdest du den Bezeichnungen ungefähr zuordnen?

13 Graf Poldis Zählverfahren

Graf Leopold möchte wissen, wie viele Forellen ungefähr in seinem Gebirgssee leben. Er beauftragt deshalb Herbert, Forellen mit dem Netz zu fangen, zu markieren und wieder auszusetzen. Herbert markiert 100 Forellen und gibt sie an den See zurück. Im Lauf des folgenden Jahres werden 300 nicht markierte und 20 markierte Fische gefangen. Wie viele Forellen leben etwa im See?

Zum Intensivieren

14 Ziehen einer Spielkarte

Ein Kartenspiel für „Schafkopf" besteht aus 32 Karten. Jede der vier „Farben" *Herz*, *Schellen*, *Grün* und *Eichel* besteht aus einem Satz der Karten 7, 8, 9, 10, Unter, Ober, König, Ass. Die 7er, 8er und 9er haben keinen Wert und werden deshalb auch als „Luschen" bezeichnet. Toni zieht eine Karte.

Mit welcher Wahrscheinlichkeit ist es

a) das Herz-Ass b) ein Ass c) ein Herz d) kein Herz
e) ein Ober f) kein Ober g) eine Lusche h) keine Lusche?

i) Toni hat ein Herz gezogen. Mit welcher Wahrscheinlichkeit ist es das Herz-Ass?

k) Toni hat ein Ass gezogen. Mit welcher Wahrscheinlichkeit ist es das Herz-Ass?

15 Ein Blick verboten!

In einem Gefäß befinden sich rote (R), grüne (G) und schwarze (S) Kugeln. Wie viele Kugeln sind von jeder Farbe vorhanden, wenn die folgenden Wahrscheinlichkeiten für das Ziehen einer Kugel bekannt sind:

a) $P(R) = \frac{1}{3}$; $P(G) = \frac{2}{7}$; $P(S) = \frac{8}{21}$ b) $P(R) = \frac{1}{2}$; $P(G) = \frac{1}{3}$

c) $P(R) = \frac{3}{8}$; $P(S) = \frac{5}{12}$ d) $P(R) = \frac{8}{18}$; $P(S) = \frac{15}{27}$

16 Die Verneinung

„Quadratzahl" und „keine Quadratzahl" sind Ereignis und Gegenereignis. Ereignis und Gegenereignis sind besondere Fälle der **Verneinung**. Schreiben wir vor eine Aussage „Es ist nicht so, dass", erhalten wir ihre Verneinung. Die Verneinung von „Zur Zeit ist Sommer" lautet „Es ist nicht so, dass zur Zeit Sommer ist". Das ist sprachlich holprig. Elegant ist „Zur Zeit ist Winter" – das ist aber falsch. Die richtige Verneinung ist „Zur Zeit ist Frühjahr, Herbst oder Winter."
Verneine in gutem Deutsch:

a) Heute regnet es. b) Der Schnee ist schwarz.
c) Peter ist älter als Petra. d) Peter ist so alt wie Petra.
e) Mindestens ein Schüler der Klasse 8c ist schon 14 Jahre alt.
f) Mindestens eine Schülerin der 8b trägt keine Blue Jeans.
g) Alle Schüler der 8a tragen keine Brille.
h) Alle Menschen sind sterblich. i) Alle Schotten tragen Röcke.
k) Kein Schüler macht bis morgen die Hausaufgabe.
l) Alle meine Freunde sind zur Party eingeladen.

9.2 Zählverfahren

Bisher haben wir bei Zufallsexperimenten eine Münze oder einen Würfel nur *einmal* geworfen, aus einem Behälter nur *eine* Kugel gezogen, ein Glücksrad nur *einmal* gedreht. Die Zufallsexperimente waren **einstufig**.

Wird z. B. eine Münze dreimal geworfen, handelt es sich um ein **mehrstufiges**, ein 3-stufiges **Zufallsexperiment**. Wollen wir die Wahrscheinlichkeit berechnen, dass dabei genau einmal Zahl auftritt, müssen wir die möglichen und die günstigen Ergebnisse zählen. Dafür haben wir bereits in den vergangenen Jahren Zählverfahren kennen gelernt.

Das Baumdiagramm

Bei mehrstufigen Zufallsexperimenten mit nicht zu großen Ergebnismengen verschafft uns das Baumdiagramm einen Überblick.

Beispiel **Dreimaliges Werfen einer Münze**

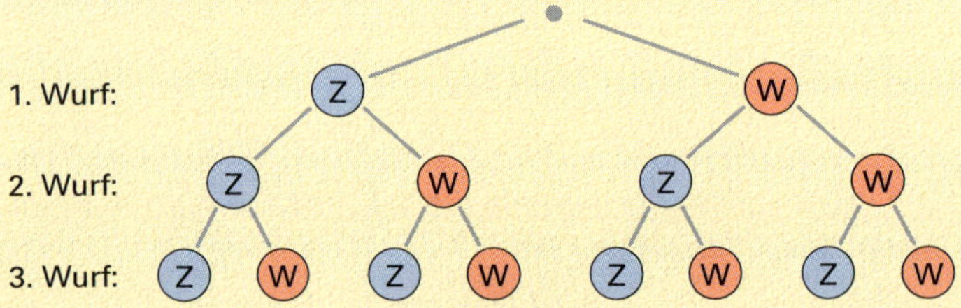

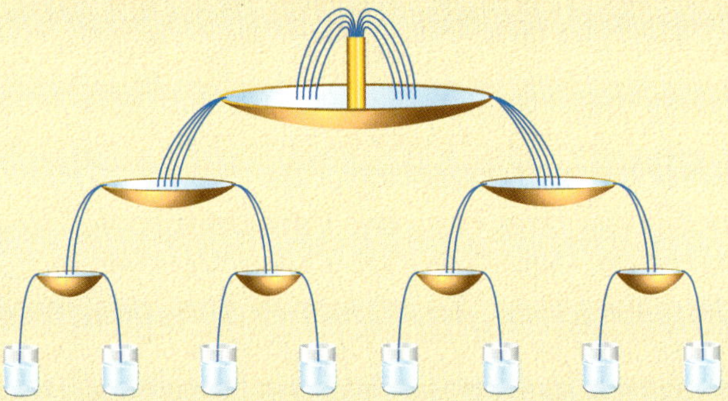

Das nebenstehenden Baumdiagramm erfasst alle Möglichkeiten, eine Münze dreimal nacheinander oder drei verschiedene Münzen gleichzeitig zu werfen. Jeder Ast entspricht dabei einem Ergebnis. In beiden Fällen erhalten wir den Ergebnisraum $\Omega = \{ZZZ, ZZW, ZWZ, ZWW, WZZ, WZW; WWZ, WWW\}$ (Aufgabe 1, Aufgabe 4).

Diese acht Ergebnisse sind gleich wahrscheinlich. Um das einzusehen, veranschaulichen wir das Baumdiagramm durch einen Springbrunnen: Da bei jedem Wurf die Ergebnisse Z und W gleich wahrscheinlich sind, stellen wir diese jeweils durch eine Schale dar, bei der links und rechts jeweils die Hälfte des zugeführten Wassers abfließt. Bei den Schalen zum 2. Wurf fließt somit links und rechts jeweils ein Viertel des zugeführten Wassers ab, bei den Schalen zum dritten Wurf jeweils ein Achtel. In allen acht Gefäßen der letzten Stufe des Brunnens kommt gleich viel Wasser an. Die Gesamtergebnisse sind gleich wahrscheinlich. Der dreimalige Münzwurf ist folglich ein Laplace-Experiment: Wir können die Wahrscheinlichkeit für ein Ereignis A nach der Formel $P(A) = \frac{g}{m}$ berechnen.

$P(\text{drei Z}) = P(ZZZ) = \frac{1}{8} = 12{,}5\,\%$,

$P(\text{zwei Z}) = P(ZZW,\ ZWZ,\ WZZ) = \frac{3}{8} = 37{,}5\,\%$,

$P(\text{ein Z}) = P(ZWW,\ WZW,\ WWZ) = \frac{3}{8} = 37{,}5\,\%$,

$P(\text{kein Z}) = P(WWW) = \frac{1}{8} = 12{,}5\,\%$

Das Zählprinzip

Beim ersten Wurf einer Münze gibt es zwei Möglichkeiten. Zu jeder dieser Möglichkeiten gibt es beim zweiten Wurf zwei Möglichkeiten, also verdoppelt sich die Anzahl der Möglichkeiten, entsprechend mit dem dritten Wurf. Ingesamt gibt es $2 \cdot 2 \cdot 2$ Möglichkeiten. Allgemein (Aufgabe 2):

Zählprinzip
Bei einem mehrstufigen Zufallsexperiment erhält man die Anzahl der möglichen Ergebnisse, indem man die Anzahl der Möglichkeiten der einzelnen Stufen miteinander multipliziert.

Mithilfe des Zählprinzips bestimmen wir bei mehrstufigen Zufallsexperimenten vor allem dann die Anzahl der Möglichkeiten, wenn das Anschreiben zu aufwändig ist.

Beispiel

Fußball-Toto

Beim Fußball-Toto muss man für jedes Spiel vorhersagen, ob die Heimmannschaft gewinnt (1), das Spiel unentschieden endet (0) oder die Gastmannschaft gewinnt (2). Das Ausfüllen des Tippscheins zerlegen wir in 13 Stufen: Für das 1. Spiel haben wir die drei Möglichkeiten 0, 1, 2; für das 2. Spiel die drei Möglichkeiten 0, 1, 2; ... Nach dem Zählprinzip gibt es also insgesamt $m = \underbrace{3 \cdot 3 \cdot \ldots \cdot 3}_{13\ \text{Faktoren}} = 3^{13} = 1\,594\,323$ mögliche Tippreihen.

Melanie hat keine Ahnung von Fußball. Sie kreuzt die Spielausgänge rein zufällig an. Für 13 Richtige gibt es bei jedem Spiel nur eine günstige Möglichkeit.

Somit ist $P(13\ \text{Richtige}) = \frac{g}{m} = \frac{1}{1594323}$.

„12 Richtige“ bedeutet, dass ein Spiel falsch getippt wurde. Dafür gibt es 13 Möglichkeiten, für die falsche Vorhersage noch zwei der drei Möglichkeiten 1, 0, 2. Also können auf $g = 13 \cdot 2 = 26$ Arten ein Spiel falsch und alle anderen richtig vorhergesagt werden. Somit ist $P(12\text{ Richtige}) = \frac{g}{m} = \frac{26}{1594323}$.

Die Wahrscheinlichkeit für 12 Richtige ist 26-mal so groß wie die Wahrscheinlichkeit für 13 Richtige. Beide Werte sind äußerst klein. Ein Totospieler füllt aber einen Tippzettel nicht rein zufällig aus, sondern er nutzt seine Informationen über die Spielstärke der Mannschaften. Dadurch erhöht sich die Gewinnwahrscheinlichkeit erheblich (Aufgabe 12).

Aufgaben

1 Dreimaliges Werfen einer Münze

a) Wirf eine Münze dreimal und notiere das Ergebnis. Schreibe dabei zunächst das Ergebnis des 1. Wurfes (Z oder W), dann des 2. und dann des 3. Wurfes auf. Wiederhole dieses Experiment mindestens zehnmal.

b) Stelle alle Möglichkeiten des „Dreifachen Münzwurfs“ in einem Baumdiagramm dar. Wie lautet der zugehörige Ergebnisraum?

c) Wirf drei unterschiedliche Münzen (z. B. ein 1-Cent-Stück, ein 2-Cent-Stück und ein 5-Centstück) gleichzeitig und notiere das Ergebnis. Schreibe dabei immer zunächst das Ergebnis für das 1-Cent-Stück, dann für das 2-Cent-Stück und dann für das des 5-Cent-Stück auf. Welchen Ergebnisraum erhältst du? Vergleiche mit a). Was stellst du fest?

2 Dreigängiges Menü

Der Gasthof „Zum Schwan“ bietet auf seiner Speisekarte für ein dreigängiges Menü Vorspeisen, Hauptgerichte und Nachspeisen an.

a) Stelle in einem Baumdiagramm mithilfe der Speisekarte alle möglichen dreigängigen Menüs zusammen. Wie viele verschiedene dreigängige Menüs gibt es insgesamt?

b) Wie kann man aus der Anzahl der Vorspeisen, der Hauptgerichte und der Nachspeisen die Anzahl der möglichen dreigängigen Menüs berechnen? Wie heißt die dabei benutzte Regel?

3 Modellvielfalt

Eine bayerische Autofirma bietet für ein Modell 4 Motorentypen, 10 verschiedene Lackfarben, 8 verschiedene Sitzbezüge und 3 verschiedene Bereifungen an.

a) Wie viele verschiedene Bestellnummern müssen für dieses Modell angelegt werden? Wie würdest du eine Bestellnummer aufbauen, damit aus dieser die Merkmale des Autos schnell ablesbar sind?

b) Welche Vor- bzw. Nachteile ergeben sich aus dieser Modellvielfalt?

4 Werfen von vier 1-Cent-Münzen

a) Nimm vier 1-Cent-Münzen, lege sie in einen Becher, schüttle den Becher und kippe den Inhalt auf deine Schreibunterlage. Führe das 50-mal aus und halte dabei in einer Strichliste fest, wie oft „vier Z“, „drei Z“, „zwei Z“, „ein Z“, „kein Z“ auftreten. Gib dafür jeweils die relative Häufigkeit in Prozent an. Welche Werte für die relative Häufigkeit sind ungefähr gleich, welche nicht? Warum?

b) Stell dir vor, die 1-Cent-Münzen sind mit Punkten markiert, sodass man sie unterscheiden kann. Zeichne für das Werfen der vier unterscheidbaren 1-Cent-Münzen ein Baumdiagramm. Wie viele Ergebnisse gibt es?
Gib die Wahrscheinlichkeiten der Ereignisse von a) in Prozent an. Vergleiche mit den experimentell ermittelten relativen Häufigkeiten.

5 Wanderwege

Auf dem Weg von A nach D muss man drei Flüsse überqueren. Über den ersten Fluss führen zwei Brücken, über den zweiten drei Brücken und über den dritten vier Brücken.

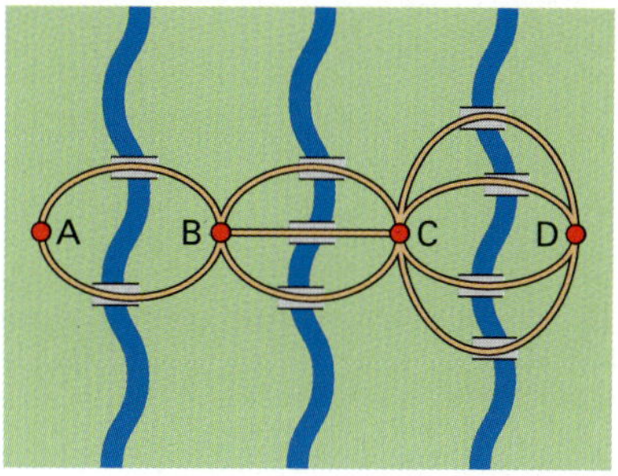

a) Auf wie viele verschiedene Arten kann man von A über B und C nach D wandern?

b) Wie viele Rundwanderungen ABCDCBA gibt es?

c) Wie viele Rundwanderungen verlaufen so, dass keine Brücke zweimal benützt wird?

6 Diamantpuzzle

Mit den vier kleinen Quadraten soll das große Quadrat mit der doppelten Seitenlänge ausgelegt werden. Die kleinen Quadrate werden dabei nicht gedreht. Dies führt zu interessanten „Diamant-Figuren“, wie z. B.

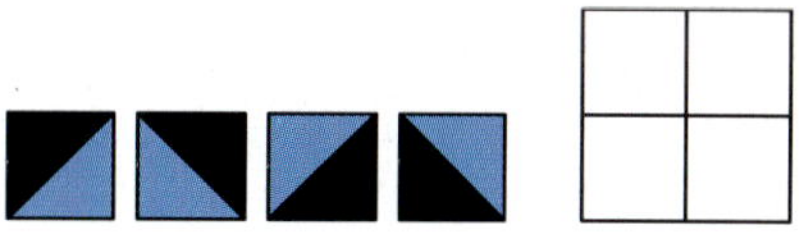

a) Berechne die Anzahl der möglichen Diamant-Figuren.

b) Überprüfe dein Ergebnis, indem du die vier Quadrate mit einem Vektorgrafikprogramm zeichnest und alle Anordnungen ausprobierst. Speichere die so entstandenen Diamant-Figuren ab.

c) Wie viele achsensymmetrische Figuren, wie viele punktsymmetrische Figuren sind entstanden?

d) Bei welchen Figuren sind der blaue und der schwarze Teil kongruent?

7 Gentlemen auf der Rolltreppe

An einer schmalen Rolltreppe kommen drei Ehepaare an, mit der die sechs Personen hintereinander hochfahren. Fasse das Betreten der Rolltreppe als sechsstufiges Zufallsexperiment auf und überlege dir zunächst die Anzahl der Möglichkeiten für die einzelnen Stufen.

a) Die Reihenfolge ist beliebig. Wie viele Möglichkeiten gibt es für die erste Person, wie viele für die zweite Person, ..., wie viele insgesamt?

b) Wie viele Arten sind es, wenn die Ehepaare die Rolltreppe hintereinander betreten und jeder Mann seiner Frau den Vortritt lässt?

c) Wie viele Arten sind es, wenn die Männer den drei Frauen den Vortritt lassen?

8 Nummernschloss

Ein Zahlenschloss hat drei Ringe mit den Ziffern 0, ..., 9.

a) Wie viele Zahlenkombinationen gibt es, bei denen alle Ziffern verschieden sind?

b) Wie viele Kombinationen gibt es, bei denen alle Ziffern gleich sind?

c) Wie viele Kombinationen gibt es, bei denen genau zwei Ziffern gleich sind?

9 „Bitte Platz nehmen!"

a) Im Wartezimmer des Zahnarztes Dr. Sanft sind sechs Stühle frei. Wie viele Möglichkeiten haben Alfred, Beate und Carolin, sich zu setzen?

b) Im Schaufenster der Bäckerei Süß befinden sich sechs Kuchenstücke. Wie viele Möglichkeiten haben die Fliegen Maja, Willi und Rosa, sich zu setzen und zu naschen?

c) Die Cafeteria des Schwimmbades Atlantis hat elf Tische mit je vier Plätzen. Doris, Eric und Fabian kommen in das leere Lokal. Wie viele Möglichkeiten haben sie, sich zu setzen, wenn sie an einem Tisch zusammen sitzen wollen?

10 „Kleider machen Leute."

Beim Spiel „Kleider machen Leute" muss man zufällig aus je vier Karten eine Person zusammensetzen. Die vier Karten bestehen dabei aus einem Hut, einem Kopf, einem Körper und Beinen. Insgesamt sind von jeder Kartensorte sieben Karten vorhanden. Wie groß ist die Wahrscheinlichkeit

a) nebenstehende Figur zu erhalten,

b) eine Person mit dieser Krankenschwester-Haube zu erhalten,

c) eine Person mit diesem Körper und diesen Beinen zu erhalten?

11 Passwörter

Passwörter können aus einer bestimmten Anzahl von Buchstaben, Ziffern und Sonderzeichen bestehen. Die Dagobert-Bank lässt nur „Wörter" aus fünf kleinen Buchstaben zu.

a) Wie viele derartige Passwörter gibt es?

b) Wie groß ist die Wahrscheinlichkeit, dass ein solches Passwort von einem „Hacker" mit dem ersten Versuch erraten wird?

c) Petra hat ihren Zugang zur Dagobert-Bank mit einem Passwort geschützt. Petras Bruder versucht ihn zu knacken. Warum ist die Wahrscheinlichkeit, dass es ihm gelingt, erheblich höher als der in b) berechnete Wert?

d) Was sind schlechte Passwörter? Warum?

e) Wie viele Passwörter mit fünf verschiedenen kleinen Buchstaben gibt es?

12 Fußball-Toto

Bei der 13er-Wette sind 13 Spiele jeweils mit 1, 0 oder 2 zu tippen.

a) Melanie hat von Fußball keine Ahnung und kreuzt die 13 Spiele rein zufällig an. Mit welcher Wahrscheinlichkeit hat sie kein Spiel richtig getippt?

b) Franz ist anerkannter Fachmann: Er ist sich sicher, dass die ersten vier Spiele unentschieden enden, bei den nächsten fünf Spielen die Heimmannschaft nicht verliert und nur die restlichen vier Spiele völlig offen sind. Wie viele verschiedene Tippreihen sind dann nur möglich? Franz behält Recht. Mit welcher Wahrscheinlichkeit hat er mit einer Tippreihe 13 Richtige?

13 Multiple-Choice-Test

Ein Auswahltest besteht aus fünf Aufgaben. Jede Aufgabe enthält vier Antworten, von denen eine richtig und drei falsch sind. Wie groß ist die Wahrscheinlichkeit, dass du beim zufälligen Ankreuzen

a) alle fünf Aufgaben richtig hast,

b) keine Aufgabe richtig hast,

c) genau vier Aufgaben richtig hast,

d) genau eine Aufgabe richtig hast?

14 „Who is who?"

Bei einem Preisausschreiben sind von vier Prominenten jeweils ein Erwachsenen- und ein Kinderfoto abgebildet. Man soll die Kinderfotos den Erwachsenenfotos richtig zuordnen. Wie groß ist die Wahrscheinlichkeit für die richtige Lösung, wenn man

a) die Fotos rein zufällig zuordnet,

b) auf zwei Kinderfotos die Prominenten erkennt und die restlichen zwei Fotos zufällig zuordnet,

c) auf einem Kinderfoto einen Prominenten erkennt und die restlichen drei Fotos zufällig zuordnet?

15 Laplace-Experiment? – Das ist hier die Frage!

Gib für die folgenden Zufallsexperimente zunächst jeweils den Ergebnisraum an. Prüfe, ob die Ergebnisse gleichwahrscheinlich sind. Entscheide so, ob es sich um Laplace-Experimente handelt. Berechne – falls möglich – die gesuchte Wahrscheinlichkeit. Beschreibe, wie du in den anderen Fällen die gesuchte Wahrscheinlichkeit näherungsweise bestimmen könntest.

a) Aus dem Wort „ANANAS“ wird zufällig ein Buchstabe entnommen. Wie groß ist die Wahrscheinlichkeit, dass es sich dabei um ein A, ein N, ein S, einen Konsonanten handelt?

b) Aaron beobachtet eine Straßenkreuzung mit drei Spuren, eine für Linksabbieger, eine für geradeaus und eine für Rechtsabbieger. Wie groß ist die Wahrscheinlichkeit, dass das nächste Auto ein Linksabbieger ist?

c) Aldina tippt mit ihrer Stiftspitze blind auf eine beliebige Seite eines Buchs und trifft genau einen Buchstaben. Wie groß ist die Wahrscheinlichkeit, dass es sich dabei um ein „a“ handelt?

d) Alban tippt mit seiner Stiftspitze blind auf eine beliebige Nummer im Telefonbuch. Mit welcher Wahrscheinlichkeit beginnt die Nummer mit einer 3? Mit welcher Wahrscheinlichkeit endet die Nummer mit einer 3?

e) Andrea geht zu einem beliebigen Zeitpunkt aus dem Haus und kommt an einer Fußgängerampel an. Mit welcher Wahrscheinlichkeit muss sie an der Ampel warten?

Zum Intensivieren

16 Trikolore

Viele Nationalflaggen sind, wie rechts dargestellt, in drei senkrechte Streifen aufgeteilt.

a) Wie viele verschiedene solche Flaggen sind möglich, wenn der erste und der dritte Streifen schwarz, blau, rot, grün oder golden sein kann und der zweite Streifen weiß oder gelb sein soll?

b) Wie viele verschiedene solche Flaggen sind möglich, wenn für jeden Streifen alle sieben „Farben“ zur Verfügung stehen und
I) jeder Streifen von anderer Farbe sein soll (eine Trikolore),
II) benachbarte Streifen verschiedenfarbig sein sollen?

c) Suche mindestens 5 Nationen, deren Fahne eine Trikolore ist. Notiere diese in einer Tabelle mit den Farben der drei Streifen.

17 „Happy birthday to you!"

Aus den Schülern der 8. Klassen des Einstein-Gymnasiums werden zwei, dann drei und schließlich sieben zum Vergleich ihrer Geburtstage zufällig ausgewählt. Wie groß ist die Wahrscheinlichkeit, dass

a) beide Schüler am gleichen Wochentag,
b) beide Schüler an verschiedenen Wochentagen,
c) die drei Schüler am gleichen Wochentag,
d) die drei Schüler an verschiedenen Wochentagen,
e) alle sieben Schüler am gleichen Wochentag,
f) alle sieben Schüler an verschiedenen Wochentagen Geburtstag haben?
g) Wie groß ist die Wahrscheinlichkeit, dass alle sieben Schüler an verschiedenen Tagen des Jahres Geburtstag haben?

18 Die Taxis von Cannes

Die Mathematikstudentin Emmy verbringt ihren Urlaub in Cannes. Die Taxis dieser Stadt sind fortlaufend nummeriert. Die Nummer steht groß auf der Wagentür. Emmy überlegt, wie sie mithilfe dieser Zahlen die Gesamtzahl der Taxis in Cannes abschätzen kann.

a) Zunächst notiert sie die vier Nummern 91, 49, 7 und 155. Wie viele Taxis gibt es mindestens in Cannes, wie viele höchstens?
b) Im Laufe des Tages kommen noch 16 Nummern dazu: 66, 24, 40, 113, 74, 114, 73, 120, 104, 34, 91, 117, 141, 119, 131, 39. Emmy addiert alle Nummern und erhält 1702. Dann dividiert sie durch 20 und sagt: „Es sind ungefähr ..." Kannst du den Satz vollenden?
c) Erkläre Emmys Verfahren. Wie könnte sie die Genauigkeit ihrer Schätzung erhöhen?

19 Grundwissen: Lösen von Gleichungen

Beginne mit einem beliebigen Stein, löse die Aufgabe, fahre mit dem Stein fort, auf dem die Lösung steht. ... Das Gleichungsdomino schließt sich zu einem Ring.

$-1,6$	$2,8x + 8,4 = 7(0,9 - x)$
5	$(\frac{1}{2} + 2y)(\frac{1}{2} - 2y) + \frac{13}{12} = 2y(1 - 2y)$
$-\frac{3}{14}$	$(a - 9)(a - 3) - a(a - 2) = 0$
$\frac{7}{12}$	$(5 - \frac{2}{3})x = 5(x - \frac{2}{3})$
$0,5$	$\frac{p + 19}{p - 19} = 0$
$2\frac{1}{3}$	$\frac{7x}{1 + x} = 2$
$-\frac{1}{7}$	$\frac{b}{4} - \frac{b + 7}{12} = \frac{13}{60}$
$4,8$	$(2x + 6)^2 = 4x^2 - (x + 4)$
-19	$(r - \frac{2}{3}) - (2r - 1\frac{1}{4}) = 0$
$2,7$	$\frac{1}{q - 2} = 3$
$0,4$	$\frac{a}{a - 1} = -\frac{1 - a}{a}$
$\frac{2}{3}$	$\frac{1}{3z} - \frac{1}{5z} = -\frac{14}{15}$

9.3 Modellieren realer Situationen

Tischreservierung

Das Feinschmeckerlokal „Gourmet" hat an 48 Wochen des Jahres jeweils 5 Tage pro Woche geöffnet. Die vier Tische der Gaststätte können telefonisch reserviert werden. Leider macht der Wirt die Erfahrung, dass nur 50 % der Gruppen, die einen Tisch bestellt haben, am Abend auch erscheinen. Obwohl das Lokal fast durchwegs ausgebucht ist, bleiben so Tische frei und bringen keinen Umsatz.

Der Wirt möchte die Auslastung seines Lokals verbessern. Dazu muss er die oben geschilderte reale Situation durch ein elementares Zufallsexperiment **vereinfacht** nachbilden. Wir sprechen dabei vom **Modellieren** realer Situationen. Aus dem Modell werden dann Aussagen für die Wirklichkeit gewonnen.

Vereinfachung: Wir gehen davon aus, dass das Lokal an allen $48 \cdot 5 = 240$ Öffnungstagen des Jahres ausgebucht ist und die einzelnen Tische unabhängig von der Jahreszeit und vom Wochentag mit der Wahrscheinlichkeit 50 % in Anspruch genommen werden.

Modellierung: Da jeder der vier Tische mit der Wahrscheinlichkeit 50 % in Anspruch genommen wird, bilden wir die Wirklichkeit durch den Wurf von vier Münzen nach. Zahl Z bedeutet „der Tisch wird genutzt" und Wappen W „nicht genutzt".

Die Belegung der Tische können wir **simulieren**, indem wir möglichst häufig vier Münzen werfen und die Ergebnisse auf 240 Tage hochrechnen (Aufgabe 1).

Mithilfe der Wahrscheinlichkeiten können wir die Auslastung vorhersagen. Beim Werfen von vier unterscheidbaren Münzen gibt es $m = 2 \cdot 2 \cdot 2 \cdot 2 = 2^4 = 16$ mögliche Ergebnisse. Für die Anzahl der genutzten Tische erhalten wir die Wahrscheinlichkeiten:

$$P(4\text{ Tische}) = P(ZZZZ) = \frac{1}{16} = 6{,}25\,\%$$

$$P(3\text{ Tische}) = P(ZZZW, ZZWZ, ZWZZ, WZZZ) = \frac{4}{16} = \frac{1}{4} = 25\,\%$$

$$P(2\text{ Tische}) = P(ZZWW, ZWZW, ZWWZ, WZZW, WZWZ, WWZZ) = \frac{6}{16} = \frac{3}{8} = 37{,}5\,\%$$

$$P(1\text{ Tisch}) = P(ZWWW, WZWW, WWZW, WWWZ) = \frac{4}{16} = \frac{1}{4} = 25\,\%$$

$$P(\text{kein Tisch}) = P(WWWW) = \frac{1}{16} = 6{,}25\,\%$$

An ungefähr $\frac{1}{16} \cdot 240$ Tagen = 15 Tagen sind alle vier Tische belegt, an 60 Tagen drei Tische, an 90 Tagen zwei Tische, an 60 Tagen ein Tisch und an 15 Tagen kein Tisch. Die niedrige Auslastung zeigt ein Balkendiagramm besonders deutlich. Wie zu erwarten, werden im Mittel nur

$(15 \cdot 4 + 60 \cdot 3 + 90 \cdot 2 + 60 \cdot 1 + 15 \cdot 0) : 240$
$= 2$

Tische genutzt.

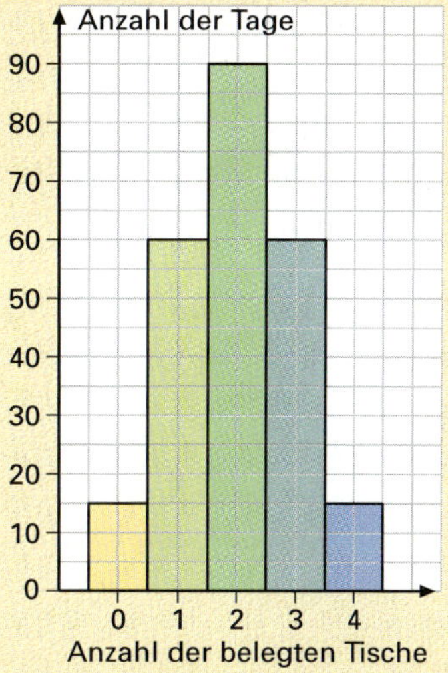

Maßnahmen zur Verbesserung der Situation

Zur Verbesserung der Auslastung erwägt der Wirt, für jeden Abend fünf Vorbestellungen anzunehmen, also zu „überbuchen“. Um wie viel Prozent würde dann ungefähr sein Umsatz steigen? Aber auch: Wie oft würde das zu Ärger mit der Kundschaft führen, weil tatsächlich alle fünf Gruppen erscheinen und nur vier Tische zur Verfügung stehen?

Diese naheliegenden Fragen können wir wieder durch eine Simulation oder durch das Berechnen der Wahrscheinlichkeiten beantworten. Beim Wurf von fünf unterscheidbaren Münzen gibt es $m = 2^5 = 32$ mögliche Ergebnisse. Analog zum vorhergehenden Fall erhalten wir (Aufgabe 2):

$$P(0 \text{ Tische}) = P(5 \text{ Tische}) = \frac{1}{32}$$

$$P(1 \text{ Tische}) = P(4 \text{ Tische}) = \frac{5}{32}$$

$$P(2 \text{ Tische}) = P(3 \text{ Tische}) = \frac{10}{32}$$

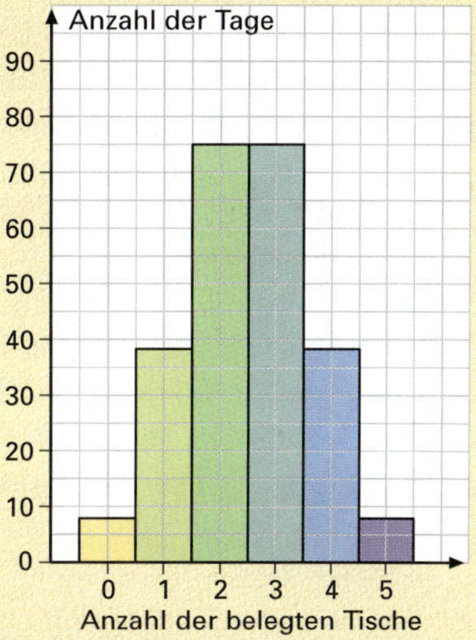

Das Balkendiagramm zeigt die höhere Auslastung deutlich. Im Mittel werden 2,5 Tische in Anspruch genommen. Gegenüber zwei Tischen bedeutet das eine Zunahme um 25 % – also eine wesentliche Umsatzerhöhung.
Da $\frac{1}{32} \cdot 240 = 7{,}5 \approx 8$ ist, tritt aber im Jahr ungefähr achtmal der Fall ein, dass fünf Gruppen am Abend erscheinen. Der Wirt muss sich überlegen, wie er diese schwierige Situation lösen kann. Vielleicht brächte ihm eine Analyse weiter, zu welcher Jahreszeit oder an welchem Wochentag die Nutzung hoch ist. Wenn er zu diesen Zeiten nur vier Reservierungen annehmen würde, könnte er Schwierigkeiten fast vollständig vermeiden und gleichzeitig seine Auslastung verbessern.

Aufgaben

1 Simulation einer Tischreservierung

Das Feinschmeckerlokal „Gourmet“ hat an 240 Tagen des Jahres geöffnet. Jeder seiner vier Tische wird an jedem Abend mit einer Wahrscheinlichkeit von 50% genutzt.

a) Wie kann man die Nutzung der Tische mit vier Münzen simulieren? (Das Wort simulieren kommt vom lateinischen Wort *simulare: nachbilden, nachahmen, vortäuschen*.)

b) Wirf für die Abschätzung, an wie vielen Tagen 0, 1, ..., 4 Tische belegt sind, vier Münzen 60-mal und halte die Ergebnisse in einer Tabelle fest. Rechne auf 240 Tage hoch und zeichne ein Balkendiagramm.

2 Fünfmaliger Münzwurf

a) Wie viele mögliche Ergebnisse gibt es beim fünfmaligen Werfen einer Münze?

b) Das Ereignis „fünfmal Zahl“ besteht nur aus dem Ergebnis ZZZZZ. Gib für die Ereignisse „viermal Zahl“, „dreimal Zahl“, „zweimal Zahl“, „einmal Zahl“ und „keinmal Zahl“ jeweils alle Ergebnisse an. Wie lauten die zugehörigen Wahrscheinlichkeiten?

3 Bootsverleih

Luigi Binomi verleiht am Gardasee an 160 Tagen des Jahres drei Boote jeweils für einen ganzen Tag. Im Mittel ist ein Boot nur an 50% aller Tage verliehen.

a) Mit welchen Annahmen kannst du das Ausleihen der Boote durch den Wurf von drei Münzen vereinfacht nachbilden?

b) Simuliere mit drei Münzen 40-mal das Ausleihen der Boote und notiere die verschiedenen Fälle in einer Strichliste. Rechne auf 160 Tage hoch und zeichne zu deiner Simulation ein Balkendiagramm.

c) An wie vielen Tagen sind aufgrund deiner Simulation alle drei Boote verliehen, höchstens zwei Boote verliehen?

d) Berechne die Wahrscheinlichkeit, mit der 0, 1, 2, 3 Boote verliehen sind. Berechne damit jeweils die zugehörige erwartete Zahl von Tagen. Zeichne dazu ein Balkendiagramm. Vergleiche es mit deinem durch Simulation gewonnenen Balkendiagramm.

e) An wie vielen Tagen sind alle drei Boote verliehen, bzw. höchstens zwei Boote verliehen? Wie viele Boote sind im Mittel pro Tag verliehen?

4 Sahara-Expedition

Es wird eine Sahara-Expedition durch ein schwieriges, unwegsames Gelände geplant. Jedes Fahrzeug fällt dabei mit einer Wahrscheinlichkeit von 50 % aus. Die Expedition ist gescheitert, wenn nicht mindestens drei Fahrzeuge das Ziel erreichen.

a) Mit welcher Wahrscheinlichkeit wäre die Expedition erfolgreich, wenn nur drei Fahrzeuge starten würden?

b) Zur Erhöhung der Sicherheit sollen fünf Fahrzeuge starten. Hättest du Lust, an der Expedition teilzunehmen? Ist die Planung verantwortungsvoll?

5 Wettervorhersage – ein Glücksspiel?

Die Wetterlage ist nicht stabil. Für jeden der drei nächsten Tage beträgt die Wahrscheinlichkeit für Regen, für Sonnenschein und für Bewölkung jeweils $\frac{1}{3}$. Wir interessieren uns für die Wahrscheinlichkeit, dass es an den drei folgenden Tagen nicht regnet.

a) Wie kannst du mit drei Würfeln die Wettersituation simulieren? Wirf die drei Würfel 50-mal und ermittle so einen Näherungswert für die gesuchte Wahrscheinlichkeit.

b) Berechne die Wahrscheinlichkeit, dass es an keinem der drei Tage regnet.

c) Mit welcher Wahrscheinlichkeit regnet es höchstens an einem Tag?

6 „Stein – Schere – Papier" – ein Knobelspiel für zwei Personen

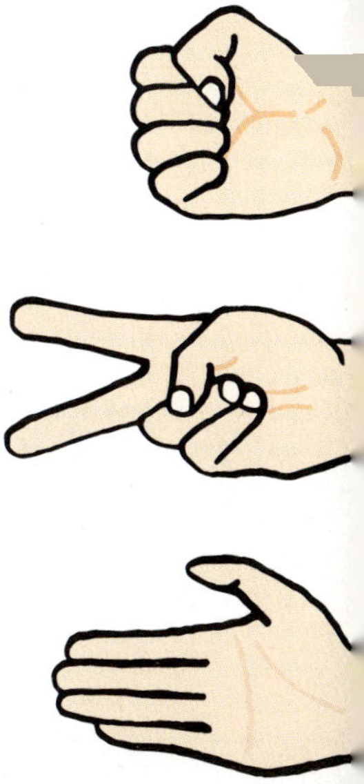

Bei diesem Spiel zählen die beiden Gegner A und B gleichzeitig bis drei und bewegen dabei die geschlossene Hand jeweils nach unten. Bei Drei zeigt jeder entweder eine geballte Faust (Stein S), zwei ausgestreckte Finger (Schere Sch) oder die flache Hand (Papier P). „Stein schleift Schere" – Stein gewinnt gegen Schere. „Schere schneidet Papier" – Schere gewinnt gegen Papier. „Papier wickelt Stein ein" – Papier gewinnt gegen Stein.

a) Zeichne ein Baumdiagramm zum Knobelspiel „Spieler A gegen Spieler B". Gib den Ergebnisraum Ω an.

b) Zeigen zwei Spieler das gleiche Symbol, ist das Spiel unentschieden. Mit welcher Wahrscheinlichkeit gewinnt A, mit welcher B? Mit welcher Wahrscheinlichkeit endet das Spiel unentschieden?

c) A und B spielen dreimal gegeneinander. Mit welcher Wahrscheinlichkeit gewinnt A häufiger als B?

Zum Intensivieren

7 „Ampeln sind fast immer rot!"

Der Verkehr an der Kreuzung zwischen der Kaiserstraße und der weniger befahrenen Königsstraße wird durch Ampeln geregelt. Die Tabelle gibt die Länge der Phasen der Ampel 1 an.

Ampel 1		Ampel 2	
Phase	Dauer	Phase	Dauer
rot	30 s	?	?
rot-gelb	5 s	?	?
grün	50 s	?	?
gelb	5 s	?	?

a) Steht Ampel 1 an der Kaiser- oder an der Königsstraße? Wie lange muss ein Autofahrer höchstens an dieser Ampel warten?

b) Übertrage die Tabelle in dein Heft und ergänze sie durch Phasen und Dauer der Ampel 2, die an der anderen Straße steht. Wie lange muss ein Autofahrer höchstens an dieser Ampel warten?

c) Mit welcher Wahrscheinlichkeit muss ein Autofahrer auf der Kaiserstraße an der Ampel nicht halten bzw. halten?

d) Mit welcher Wahrscheinlichkeit muss ein Autofahrer auf der Königsstraße an der Ampel nicht halten bzw. halten?

Außerhalb der Hauptverkehrszeit ist die Dauer der Rot- und der Grünphase halbiert.

e) Mit welcher Wahrscheinlichkeit müssen nun Autofahrer an den beiden Ampeln halten? Wie lang höchstens?

f) Ist das Verkürzen der Rot- und Grünphasen sinnvoll?

8 Wer sind die besseren Autofahrer?

In der Fahrschule „Fahr Fix" wurde an zwei Tagen die praktische Prüfung mit folgendem Ergebnis abgenommen:

	Männliche Prüflinge		Weibliche Prüflinge	
	Anzahl	bestanden	Anzahl	bestanden
1. Tag	4	4	32	28
2. Tag	12	8	8	4

a) Wie viel Prozent der Männer bzw. Frauen haben jeweils am ersten Tag bestanden, wie viel Prozent der Männer bzw. Frauen am zweiten Tag? Sind folglich die Männer oder die Frauen die besseren Autofahrer?

b) Wie viel Prozent der Männer bzw. der Frauen sind insgesamt durchgefallen? Sind folglich die Männer oder die Frauen die besseren Autofahrer?

c) Wo steckt der Fehler?

Anhang: Taschenrechner-Training

1 Grundrechenarten

a) $9 \cdot 6$
$99 \cdot 66$
$999 \cdot 666$
$9999 \cdot 6666$

b) $21 \cdot 9$
$321 \cdot 9$
$4321 \cdot 9$
$54321 \cdot 9$

c) $2469136 + 1975308$
$469136 + 197530$
$69136 + 19753$
$9136 + 1975$

2 Punkt vor Strich?

Überprüfe, ob dein TR „Punkt vor Strich“ beachtet!

a) $8 + 3 \cdot 4$
$8 + (3 \cdot 4)$
$(8 + 3) \cdot 4$

b) $5 \cdot 3 - 2 \cdot 8$
$[(5 \cdot 3) - 2] \cdot 8$
$5 \cdot (3 - 2) \cdot 8$
$(5 \cdot 3) - (2 \cdot 8)$

c) $1 + 1 \cdot 8$
$2 + 12 \cdot 8$
$3 + 123 \cdot 8$
$4 + 1234 \cdot 8$

d) $2 + 1 \cdot 9$
$3 + 12 \cdot 9$
$4 + 123 \cdot 9$
$5 + 1234 \cdot 9$

3 Spiegelzahl

Kehrt man die Reihenfolge der Ziffern einer natürlichen Zahl um, erhält man ihre Spiegelzahl. Addiere zur gegebenen Zahl ihre Spiegelzahl und mache mit dem Ergebnis genauso weiter, bis eine „symmetrische“ Zahl entsteht, z. B.: $39 + 93 = 132$; $132 + 231 = 363$

a) 58 b) 69 c) 97 d) 789 e) 579

4 Differenz von Zahl und Spiegelzahl

a) $(752 - 257) : 99$
$(762 - 267) : 99$
$(782 - 287) : 99$

b) $(452 - 254) : 99$
$(552 - 255) : 99$
$(952 - 259) : 99$

c) $(834 - 438) : 99$
$(835 - 538) : 99$
$(837 - 738) : 99$

d) „752“ lässt sich in „$700 + 50 + 2$“ zerlegen. Allgemein lässt sich die Zahl mit der Hunderterziffer x, der Zehnerziffer y und der Einerziffer z in $100x + 10y + z$ zerlegen. Gib die Zerlegung ihrer Spiegelzahl an. Bilde aus Zahl und Spiegelzahl die Differenz. Warum ist diese durch 99 teilbar?

e) Teste jeweils durch zwei selbst gewählte Zahlenbeispiele, ob bei vier-, fünf-, sechs-, siebenstelligen Zahlen die Differenz aus Zahl und Spiegelzahl durch 99 teilbar ist.

5 Bruchterme

Harald möchte den Bruch $\frac{24}{8-2}$ mit seinem Taschenrechner berechnen.

Er tippt dazu ein: [24] [:] [8] [–] [2] und erhält 1.

a) Kannst du dieses Ergebnis erklären?

b) Was hätte Harald eintippen müssen, um das richtige Ergebnis zu erhalten?

Berechne folgende Brüche zunächst im Kopf und anschließend mit dem TR:

c) $\frac{42}{6-7}$ d) $\frac{144}{12-48}$ e) $\frac{-76-24}{8-4}$ f) $\frac{-290+4\cdot 75}{2-12}$

Berechne folgende Brüche mit dem Taschenrechner:

g) $\frac{(32400{,}002\cdot 0{,}005)+(32400{,}002\cdot 0{,}005)}{(32400{,}002\cdot 0{,}005)\cdot(32400{,}002\cdot 0{,}005)}$

h) $\frac{[(57{,}85-42{,}382):(2{,}753-2{,}633)-8{,}9]:(17{,}3\cdot 0{,}9-3{,}07)}{[(23{,}8-16{,}5)\cdot 5{,}625+(24{,}4375-23{,}5)]:(3{,}8-0{,}3)}$

6 Kettenbrüche

Berechne mithilfe der [1/x] - bzw. mit der [x^{-1}] -Taste die folgenden Kettenbrüche, indem du jeweils „rechts unten“ beginnst.
Runde auf 4 Dezimalstellen.

a) $1+\frac{1}{2}$ b) $1+\cfrac{1}{2+\cfrac{1}{2}}$ c) $1+\cfrac{1}{2+\cfrac{1}{2+\cfrac{1}{2}}}$ d) $1+\cfrac{1}{2+\cfrac{1}{2+\cfrac{1}{2+\cfrac{1}{2}}}}$

7 Etwa 3

Ordne der Größe nach

$3\frac{1}{7}$ $3+\cfrac{1}{7+\cfrac{1}{15}}$ Kreiszahl π $3+\cfrac{1}{7+\cfrac{1}{15+\cfrac{1}{1+\cfrac{1}{292}}}}$

8 Memory

Dein Taschenrechner hat einen Zahlenspeicher. Die zugehörige Taste ist meist mit „M“ bzw. „M+“ bezeichnet, nach dem engl. Wort *memory* für *Speicher, Gedächtnis*.
Lies den entsprechenden Abschnitt in der Gebrauchsanweisung deines Taschenrechners. Bei langen Termen kann man Zwischenergebnisse z. B. mit der Taste [M_{in}] oder mit den Tasten [STO] [M] bzw. [STO] [M+] in den Speicher schreiben und später mit [M_R] oder [M] wieder „herausholen“.
Berechne geschickt, indem du zuerst den mehrfach vorkommenden Termbestandteil in den Speicher schreibst:

a) $\left(\frac{-1}{200}\right)+\left(\frac{-1}{200}\right):\left(\frac{-1}{200}\right)-\left(\frac{-1}{200}\right)$ b) $\left(\frac{-1}{200}\right)-\left(\frac{-1}{200}\right):\left(\frac{-1}{200}\right)+\left(\frac{-1}{200}\right)$

c) $\left[\left(\frac{-1}{200}\right)-\left(\frac{-1}{200}\right)\right]:\left[\left(\frac{-1}{200}\right)+\left(\frac{-1}{200}\right)\right]$ d) $\left(\frac{-1}{200}\right):\left[\left(\frac{-1}{200}\right)+\left(\frac{-1}{200}\right)\right]-\left(\frac{-1}{200}\right)$

9 „Aber bitte mit Memory!"

a) $\dfrac{1234321 + 1234321 \cdot 2}{1234321 : 1111}$ b) $\dfrac{(327{,}68 \cdot 0{,}03125) \cdot (327{,}68 \cdot 0{,}03125)}{(327{,}68 \cdot 0{,}03125) + (327{,}68 \cdot 0{,}03125)}$

c) $\dfrac{(199 - 10\,000)}{(199 - 10\,000) : (199 - 100)}$ d) $\dfrac{(47{,}11 - 502)}{(47{,}11 - 502) + 303{,}26}$

10 Exponenten? Natürlich!

Zum Potenzieren hat dein Taschenrechner eine Taste, die meistens so aussieht: [x^y] bzw. [^]. Für die Exponenten 2 und (evtl.) 3 gibt es die „noch schnellere" [x^2]- bzw. [x^3]-Taste.

a)	b)	c)	d)	e)
11^2	11^0	$(3+1)^2-1$	11^3	99^2
111^2	11^1	$(33+1)^2-1$	101^3	99^3
1111^2	11^2	$(333+1)^2-1$	111^3	99^4
11111^2	11^3	$(3333+1)^2-1$	1001^3	99^5

11 Bruchrechnung

Der Taschenrechner kann mit Brüchen rechnen: Er kann diese kürzen, in gemischte Zahlen und sogar in Dezimalbrüche umwandeln. Er kann Brüche addieren, subtrahieren, multiplizieren und dividieren. Um Brüche bzw. gemischte Zahlen einzugeben, brauchst du eine Taste, die meistens so aussieht: [$a^{b/c}$]

a) Zur Eingabe der gemischten Zahl $2\frac{51}{68}$ tippst du 2 [$a^{b/c}$] 51 [$a^{b/c}$] 68 ein. Auf dem Display erscheint dann die Anzeige: 2⌟51⌟68

Nach dem Drücken der [=]-Taste siehst du die gemischte Zahl mit gekürztem Bruch: 2⌟3⌟4

Kürze folgende Brüche:

A) $\dfrac{180}{450}$ B) $\dfrac{128}{192}$ C) $\dfrac{375}{1000}$ D) $\dfrac{16}{6}$ E) $5\dfrac{10}{3}$ F) $2\dfrac{972}{162}$ G) $10\dfrac{846}{648}$

b) Drückst du nach der Eingabe eines Bruchs die [=]-Taste und dann die [$a^{b/c}$]-Taste, wird dieser in einen Dezimalbruch umgewandelt.
Ordne durch Umwandeln in Dezimalbrüche nach der Größe:

A) $\dfrac{180}{450}; \dfrac{243}{416}$ B) $-\dfrac{5}{6}; -\dfrac{7}{8}; 0{,}91; \dfrac{11}{12}; \dfrac{13}{16}$ C) $\dfrac{7}{8}; \dfrac{5}{12}; -2; -\dfrac{16}{17}; -1\dfrac{3}{7}$

12 Taschenrechnerkontrolle!

Berechne mit dem TR und rechne nach, ob dessen Ergebnis stimmt. Suche den Fehler, wenn beide Resultate voneinander abweichen.

a) $\dfrac{1}{10} - \left(-\dfrac{1}{6}\right) + \left(-\dfrac{4}{15}\right)$ b) $7\dfrac{1}{5} - 3\dfrac{2}{3}$ c) $\left(20\dfrac{1}{12} - 3\dfrac{5}{18}\right) - \left(9\dfrac{8}{9} + 3\dfrac{17}{36}\right)$

d) $\left(\dfrac{1}{20} - \dfrac{1}{12}\right) : \dfrac{1}{5} - \dfrac{1}{5}$ e) $\left(-\dfrac{3}{10}\right)^2 : \left(-\dfrac{6}{5}\right)^2$ f) $\left(4\dfrac{1}{4} \cdot \dfrac{1}{4}\right) : 2 - \dfrac{15}{16}$

g) $1 + \dfrac{1}{2} + 0{,}3 + \dfrac{1}{4} + 0{,}5 + \dfrac{1}{6}$ h) $\left(2 + 3 : \dfrac{3}{4}\right)^2 - 0{,}35 : 0{,}007$

(13) Gleit-Komma

Um Zahlen in Gleitkommadarstellung einzugeben, kann man sie entweder ausführlich eintippen oder die Zehnerpotenz mit einer Taste eingeben, die meistens mit [EXP] oder [EE] beschriftet ist.

Beispiel: $3{,}14 \cdot 10^{15}$ ist [3] [·] [1] [4] [×] [1] [0] [x^y] [1] [5]

oder kürzer: [3] [·] [1] [4] [EXP] [1] [5]

Was ist mehr:

a) $2{,}5 \cdot 10^3$ oder $2{,}5^3$,

b) $52 \cdot 10^3$ oder 52^3,

c) $(19^2)^2$ oder $1{,}9^{19}$,

d) 20^{22} oder $(20^2)^2$ oder $(2 \cdot 10^2)^2$,

e) $1{,}09^{1019}$ oder $1019 \cdot 10^{19}$,

f) 3^{33} oder $(3^3)^3$ oder $33 \cdot 10^3$?

(14) Kreuzworträtsel – Zahlenworträtselkreuz?

Zeichne das dargestellte Rätsel ab. Berechne jeweils die Aufgabe mit dem Taschenrechner, drehe ihn um 180° und trage das nun lesbare Wort in das Kreuzwortgitter ein!

Waagrecht:

(1) $60 \cdot [2 + 3^2 \cdot 5\,(38^2 + 3)] - 2$

(6) $1 + 3 \cdot [4 \cdot (2 \cdot 3^2)^2 - 2]$

(7) $8 \cdot 10^2 + 0 \cdot 10^1 + 8 \cdot 10^0$

(8) $3^2 \cdot (28^2 + 6^2 - 3)$

(10) $0{,}5 \cdot (12 \cdot 10^3 - 2 \cdot 4623 - 12^3)$

(11) $-1 - 3 \cdot (2 - 2^2 \cdot 3^2 \cdot 5 \cdot 7)$

(12) $13^2 - 1 - (13^4 - 13^3 - 13^2) : 13^2$

1	2	3			4	5
6				■		
			■	7		
8			9	■		
	■	■	10			■
11				■	12	

Senkrecht:

(1) $11^2 \cdot (3^2 \cdot 19^2 + 5) + 4$

(2) $2^6 \cdot 3^4 - (57^2 - 54^2) : 111$

(3) $(16 \cdot 10^{29} + 16 \cdot 10^{26}) : 5{,}2 \cdot 10^{(5{,}2 \cdot 5)}$

(4) $2^3 \cdot (2 \cdot 149^2 - 17) - 1$

(5) $31 \cdot (2^2 \cdot 31 - 1)$

(9) $\dfrac{33^5 + 3{,}3 \cdot 10^5 - 658158}{115155}$

Ergebnisse der Aufgaben zum Intensivieren

Seite 12

10. 19,00 €

12. a) 15 b) 1 c) 10 d) $\frac{3}{2}$ e) $-\frac{1}{9}$

13. a) 1 € ist mehr wert als 1 $.
1 € ist weniger wert als 1 £.
b) Zwei Ursprungsgeraden
c) In New York!
d)

	€	$	£
€	1	1,25	0,70
$	0,80	1	0,56
£	1,43	1,79	1

15. a) $y = (x-1) : 2$ (nicht) b) $y = \frac{1}{3}x$ (prop.) c) $y = \frac{1}{2}(x-1)$ (nicht)

Seite 17

9. $T_1(r) = 14\pi r$; $T_2(r) = 10\pi r$; $T_3(r) = 12\pi r$; $T_1(r) > T_3(r) > T_2(r)$

10. c) Kurvenvorgabe der 3. bis 8. Bahn: 7,66 m; Kurvenvorgabe der 2. gegenüber der 1. Bahn: 7,04 m

11. a) Tipp: Berechne den Weg, den die Katze zurücklegt, während die Maus zum untersten Punkt des Sees schwimmt.
Löse b) mithilfe von a) und c) mithilfe von b).

Seite 23

8. a) 0,3 l b) 5,6 km c) 100 Autos d) 6 Jahre

9. a) Ursprungsgerade b) $m = \frac{1}{150} \cdot d$ (m in g, d in km) c) 6,67 g
d) 267 g e) 150 km

10. a)

Länge x in cm	1,0	1,2	1,5	2,0	3,0	4,0	5,0	6,0
Breite y in cm	6,0	5,0	4,0	3,0	2,0	1,5	1,2	1,0

b) Das Diagramm ist die Verbindungskurve der rechts oben gelegenen Eckpunkte der acht Rechtecke.
c) Die y-Werte sind die Gegenzahlen der y-Werte der Tabelle von a).
d) Die Hyperbel ist symmetrisch zum Nullpunkt des Koordinatensystems.

11. a) $1\frac{1}{8}$ b) $-\frac{1}{12}$ c) $\frac{9}{100}$ d) $1\frac{11}{42}$ e) $\frac{1}{16}$ f) $1\frac{46}{47}$
g) $-11\frac{3}{8}$ h) $1\frac{3}{4}$ i) $-6\frac{1}{4}$ k) $\frac{1}{10}$ l) $-\frac{1}{6}$ m) $1\frac{1}{2}$
n) $0{,}15 = \frac{3}{20}$ o) $\frac{4}{7}$ p) $2\frac{1}{2}$ q) $1\frac{1}{2}$ r) $1\frac{3}{11}$ s) -12
t) $-\frac{1}{2}$ u) $\frac{5}{6}$ v) -3 w) $-1\frac{2}{3}$ x) $-\frac{3}{4}$ y) $-0{,}4$

12. Tipp: Fertige zu den ersten beiden Zeilen jeweils eine Skizze an.

Seite 34

15. c) $y = \frac{1}{2}x - \frac{5}{2}$

Seite 39

11. c) 3facher Radius bewirkt eine 9fache Kreisfläche.
    d) $A = 200\,cm^2 \Rightarrow r \approx 8\,cm$; $A = 800\,cm^2 \Rightarrow r \approx 16\,cm$; $A = 1250\,cm^2 \Rightarrow r \approx 20\,cm$

12. b) $1250\,cm^2 = 12{,}5\,dm^2 = 0{,}125\,m^2 = 125\,000\,mm^2$
    c) etwa 28 d) 5 Liter e) 19 Scheiben f) $37{,}5\,m^2$

13. a) 900 mm b) 0,7 cm c) 25,7 dm d) 0,6547 km
    e) 0,00005 km f) $70\,000\,cm^2$ g) 1,25 a h) 0,7203 ha
    i) 17 ml k) $0{,}8547\,m^3$ l) 0,015 l m) $0{,}000012\,m^3$
    n) 92 000 g o) 0,234 kg p) 456 910 kg q) 0,093502 t
    r) 180 min s) 0,2 h t) 2,05 h u) 7500 s

14. Nur am Dienstag wird die Ziege nicht satt.

Seite 50

15. a) Einen Punkt auf dem Reifen markieren und den Weg bei einer Umdrehung messen (besser: zehn Umdrehungen – Messfehler geringer!)
    b) Die Daten der ersten drei Tachoanzeigen sind proportional. Nach 45 min: etwa 12,7 km; nach 1 h 10 min: etwa 20,1 km;
    c) und d) 1. Abschnitt: Steigung: $17{,}4\,\frac{km}{h}$
    2. Abschnitt: Steigung: $0\,\frac{km}{h}$
    3. Abschnitt: Steigung: $12{,}0\,\frac{km}{h}$

    Im zweiten Abschnitt wurde die Fahrt durch eine Pause unterbrochen und danach mit etwas kleinerer Geschwindigkeit fortgesetzt. Die Steigung der Geraden im t-s-Diagramm ist die Geschwindigkeit.

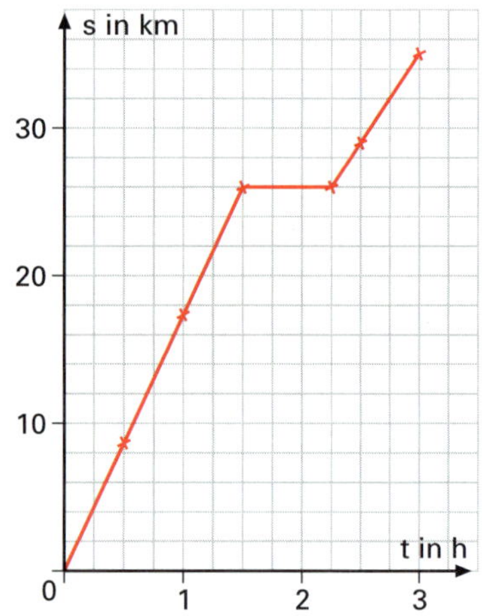

    e) $d \approx 69{,}4\,cm$ f) $11{,}7\,\frac{km}{h}$ bzw. $15{,}6\,\frac{km}{h}$

16. a) $A_{Quadrat} = 42{,}25\,cm^2$; $A_{Rechteck} = 42\,cm^2$
    b) Steigungen:
    bräunliches Trapez: $\frac{1{,}5}{4} = 0{,}375$; gelbes Dreieck: $\frac{2{,}5}{6{,}5} = 0{,}385$
    blaues Dreieck: $\frac{2{,}5}{6{,}5} = 0{,}385$; grünes Trapez: $\frac{1{,}5}{4} = 0{,}375$

Seite 55

11. a) $x = \frac{1}{4}$ b) $x = 9$ c) $x = -\frac{1}{3}$ d) $x = -7{,}5$ e) $x = \frac{4}{35}$ f) $x = 2$

12. a) $6{,}0$ Mio. m^3 b) Gerade; y-Abschnitt: 69, Steigung: 6
    c) $V = 6t + 69$ d) 12,5 d
    e) ca. 87d bzw. 174d f) 111 % bzw. 55,6 %

13. a) 20,3 cm
    b) 649 s, das sind 5% mehr als die Rekordzeit.
    c) Der Läufer wird gegen Ende langsamer, wenn er erschöpft ist, oder er wird schneller, wenn er zu einem Endspurt in der Lage ist.
    d) Sie treffen sich nach ca. 175 s zwischen dem 24. und 25. Stock.

14. a) $y = \frac{8}{3}x$ und $y = -\frac{4}{3}x + 4$; Schnittpunkt: $S(1 \mid \frac{8}{3})$.
    b) S liegt stets in gleicher Höhe (2,67 m) über dem Erdboden.
    c) Bedingung: $\frac{8}{d} \cdot x = 4 - \frac{4}{d} \cdot x \Rightarrow S(\frac{d}{3} \mid \frac{8}{3})$

Seite 62

11. a) Die Anzahl der Jungen ist kleiner als die der Mädchen.
    b) Die Anzahl der Jungen ist höchstens so groß wie die der Mädchen.
    c) Die Anzahl der Jungen ist höchstens doppelt so groß wie die der Mädchen.
    d) In der Klasse sind mindestens 4 Jungen mehr als Mädchen.
    e) Es sind mindestens halb so viele Jungen wie Mädchen.
    f) Es sind weniger Jungen als Mädchen, aber mehr als halb so viele.
    g) Die Anzahl der Jungen beträgt höchstens 80% der Anzahl der Mädchen.
    h) In der Klasse sind mindestens 34 Schüler.

12. a) P und Q unterhalb, R oberhalb
    b) AB: $y = \frac{1}{2}x + 1$; AC: $y = 2x - 2$; BC: $y = -x + 13$;
    P innerhalb, Q und R außerhalb.

13. a) $S(3 \mid 2)$ b) $L = \{x \mid -\infty < x < 3\} =]-\infty; 3[$

14. a) $L =]2{,}5; +\infty[$ b) $L =]-\infty; 3]$ c) $L =]-\infty; 11[$ d) $L =]8; +\infty[$

15. a) 40% b) 90 Autos c) 250 Autos; A: a) 44,4% b) 40% c) 96%;
    B: a) 36 b) 3,6 c) 23,1; C: a) 125 b) 250 c) 400

Seite 67

8. a) Die Tankfüllung reicht. Bei Pausen ändern sich Fahrstrecke und Tankinhalt nicht.
   b) 6,7 Liter c) $V = 60 - \frac{1}{15} \cdot s$ (V in l, s in km)
   d) Der Betrag der Steigung gibt den Benzinverbrauch in l pro km an.
   e) In der Anfangsphase fällt der Graph zunächst stärker.

9. A5, B2, C1, D3, E4

10. 10%

11. (I) $y = x + 1$; (II) $(x - 1) \cdot 2 = y \Rightarrow$ 3 Tische und 4 Fische

Seite 75

12. a) $L = \{(2|-2)\}$ b) $L = \{(3|-5)\}$ c) $L = \{(1|-1)\}$
d) $L = \{(4|-3)\}$ e) $L = \{(0|-4)\}$ f) $L = \{(6|10)\}$

13. b) Ein regelmäßiges Achteck wird durch Halbierung des Mittelpunktswinkels eines regelmäßigen Vierecks konstruiert.
c) Gleichseitiges Dreieck; $r = a$
d) Winkelsumme: $180° \cdot (n-2)$; Innenwinkel: $[180° \cdot (n-2)] : n$
e) Fünfecke und Achtecke

14. a) $L = \{(1|3)\}$ b) $L = \{(4|1)\}$ c) $L = \{(2|-3)\}$ d) $L = \{(3{,}5|-8)\}$

Seite 85

10. a) $x^2 + x - 6$ b) $-2a^2 + 5ab - 2b^2$ c) $-4x^2 + 8x - 3$
d) $x^3 - 2x^2 - 4x + 8$ e) $-15x^4 + 16x^3 + 15x^2$ f) $15a^3 - 2a^2 - 24a$
g) $-18x^3 + 6x^2 - 3x + 1$ h) $-0{,}07x^2 + 0{,}14x - 0{,}07$ i) $-4a^3 + \frac{15}{2}a^2 + a$
k) $\frac{1}{6}x^2 - \frac{1}{24}$ l) $x^2 - \frac{65}{36}xy - y^2$ m) $-\frac{2}{9}a^4 + \frac{1}{2}a^2$

11. a) $x^2 + 6x + 9$ b) $x^2 - 10x + 25$ c) $a^2 - 1$
d) $4x^2 + 12xy + 9y^2$ e) $x^4 - 2x^2 + 1$ f) $x^6 - 2x^3 + 1$
g) $x^6 + 2x^5 + x^4$ h) $x^6 - 2x^5 + x^4$ i) x^{10}
k) $9m^4 - 12m^2n + 4n^2$ l) $9a^4 - 4$ m) $0{,}25x^2 + 2x + 4$
n) $x^2 - x + \frac{1}{4}$ o) $\frac{1}{4}a^2 - \frac{1}{9}b^2$ p) $\frac{4}{9}a^2 + 2a + \frac{9}{4}$

12. a) $(x+y)^2$ b) $(x-y)^2$ c) –
d) $(y-x)(y+x)$ e) $(a+2)(a-2)$ f) $(a+3)^2$
g) $(x-5)^2$ h) $(x+1)^2$ i) $(1-x)(1+x)$
k) $(x-1)^2$ l) $(5m-1)^2$ m) $(3x-5)^2$
n) – o) $(2u+3v)(2u-3v)$ p) $(a+2)^2$

13. a) $5(a+b)(a-b)$ b) $3(x-y)^2$ c) $2(3x+y)(3x-y)$
d) $3(3u+v)^2$ e) $b(a+2)(a-2)$ f) $x(x+y)(x-y)$
g) $x(x+1)(x-1)$ h) $3(2p+1)^2$ i) $2(25n^2 - 5n + 1)$

14. a) $36\,cm^2$ b) $100^2\,cm^2$ c) $(n-1)^2\,cm^2$

15. Tipp: Skizziere ein Diagramm.

Seite 93

14. a) $\frac{w}{m+w}$ b) $\frac{3}{m+w}$ c) $\frac{5}{m}$ d) 37,5 % e) $\frac{8}{m+w}$ f) $\frac{w-3}{m+w}$

15. a) $\frac{49}{56}$ b) $\frac{64}{56}$ c) $\frac{-11}{13}$ d) $\frac{6}{10}$ e) $\frac{ac}{bc}$ f) $\frac{a^2}{ab}$

g) $\frac{ab}{b^2}$ h) $\frac{2a^3b}{2a^2b^2}$ i) $\frac{6x}{3x-6}$ k) $\frac{3x}{x^2-x}$ l) $\frac{3x}{6x^2+3x}$ m) $\frac{-2x}{x-2}$

16. a) $\frac{1}{a-2}$ b) $\frac{1}{b+3}$ c) $\frac{c+5}{c-5}$ d) $\frac{x+1}{x}$ e) $\frac{n}{n-1}$ f) 1

g) $\frac{1}{x+3}$ h) $\frac{x^2+4}{x^2+4x+4}$ i) $\frac{x+1}{x-1}$ k) $\frac{2}{y(y+1)}$ l) $\frac{p+5}{p-5}$ m) $\frac{a}{a^2-49}$

18. Die richtigen Lösungen sind:
   a) $\frac{-1}{a+1}$; Verstoß gegen „Punkt vor Strich"
   b) ab; Kehrbruch falsch gebildet; Klammern falsch multipliziert
   c) $\frac{12n+3}{2n(2n+1)}$; Hauptnenner falsch; falsch erweitert
   d) $\frac{x+2}{x+3}$; falsch gekürzt

19. a) $v_1 = 60\,\frac{km}{h}$; $v_2 = 120\,\frac{km}{h}$; $\overline{v} = 90\,\frac{km}{h}$; $v_D = 90\,\frac{km}{h}$
   b) $v_1 = 60\,\frac{km}{h}$; $v_2 = 120\,\frac{km}{h}$; $\overline{v} = 90\,\frac{km}{h}$; $v_D = 80\,\frac{km}{h}$

20. I – II SWS III SWW IV – V – VI – VII – VIII SsW
   IX SSS X SWS XI –

Seite 102

14. a) $x = 2$ b) $x = 0$ c) $x = 10$ d) $x = 2$
   e) $x = 0$ f) nicht erfüllbar! g) $x = 0$ h) $x = 9$

15. a) $x = 12$ b) $x = 5{,}6$ c) $x = 2$ d) $x = 2$
   e) $x = -5$ f) $x = 9$ g) $x = 0$ h) $x = 0$

16. a) $O = 4ab + 4ac$; $c = \frac{O-4ab}{4a}$
   b) $O = 2ab + 4ac + 4bc$; $c = \frac{O-2ab}{4a+4b}$; $a = \frac{O-4bc}{2b+4c}$

17. a) 40; 80; 288, 148, 37 b) -8 c) 100 000 000 d) -1
   e) $10a^4b^2$ f) $7a^2b$ g) $256x^8$ h) $16x^8$
   i) $-32x^5$ k) $-14a^3$ l) $-\frac{1}{2}x^6$ m) $64a^6$
   n) $3x^4y^5$

Seite 109

13. a) $A = 5{,}10 \cdot 10^8\,km^2$ b) $V = 1{,}08 \cdot 10^{12}\,km^3$ c) $c = 3{,}00 \cdot 10^8\,\frac{m}{s}$
   d) $1\,d = 8{,}64 \cdot 10^4\,s$ e) $1\,a = 3{,}16 \cdot 10^7\,s$

14. a) Merkur ($5{,}79 \cdot 10^7$ km); Venus ($1{,}08 \cdot 10^8$ km); Erde ($1{,}50 \cdot 10^8$ km); Mars ($2{,}28 \cdot 10^8$ km); Jupiter ($7{,}79 \cdot 10^8$ km); Saturn ($1{,}43 \cdot 10^9$ km); Uranus ($2{,}87 \cdot 10^9$ km); Neptun ($4{,}50 \cdot 10^9$ km); Pluto ($5{,}91 \cdot 10^9$ km)
   Rechts oben ist der Mond zu sehen. Die Reihe der Planeten beginnt mit dem Merkur und endet mit dem Pluto.

b) kleinste Entfernung Erde-Mars: $7{,}8 \cdot 10^7$ km; Dauer: 4 min 20 s
c) Dauer: 1 a = 365 d; Geschwindigkeit: ca. $30 \frac{km}{h}$
d) kürzestes Jahr: Merkur; längstes Jahr: Pluto; 1 Marsjahr $\approx$ 690 d

15. a) 7^{-2} b) 2^{-5} c) 3^{-4} d) 2^{-10} e) 5^{-4} f) 111^{-1}
g) 10^{-1} h) 10^{-3} i) 5^{-2} k) 2^{-3} l) 2^{-4} m) 5^{-3}

16. a) $1\,km = 10^3\,m$ b) $1\,mm = 10^{-6}\,km$ c) $1\,km^2 = 10^6\,m^2$ d) $1\,ha = 10^4\,m^2$
e) $1\,m^2 = 10^{-2}\,a$ f) $1\,l = 10^{-3}\,m^3$ g) $1\,cm^3 = 10^{-6}\,m^3$ h) $1\,mg = 10^{-9}\,t$

Seite 115

15. a) $\frac{7}{12}x^3$ b) 16 c) 16x d) $\frac{1}{8u^6}$ e) a^9 f) 5
g) -10^{-6} h) $27a^3x^9$ i) 1500 k) $4\frac{v}{u}$ l) $4-4x^4+x^8$ m) $-0{,}5a^3$
n) $\frac{1}{a^5}$ o) 1 p) $\frac{20}{a}$ q) $-\frac{1}{z^3}$ r) 32 s) $\frac{1}{125}$
t) $4x^8$ u) $9a^2+6ax^3+x^6$

16. Rudi hat Recht.

17. a) 2, 4, 8, 16, 32, 2^{n-1} Reiskörner
b) Gesamtzahl der Reiskörner: $1{,}84 \cdot 10^{19}$
c) ca. das 800fache einer weltweiten Jahresernte

18. a) $2{,}69 \cdot 10^{19}$ b) 5,27 c) $8 \cdot 10^6$ km; 200-mal; ja (etwa 21-mal!)
d) $4{,}8 \cdot 10^{-23}$ g

19. d) 14 cm²; 20 cm²; 20 cm²; 24 cm² e) 25%

20. Tipp: Zeichne das Netz mit den roten Linien und schneide es aus.

Seite 125

15. a) x = 32 b) x = 13 c) x = 4,5 d) x = 7,5 e) x = 2,5

16. Tipp: Berechne, wie hoch die Zugspitze sein müsste, damit der Bauplatz und die beiden Gipfel auf einem Strahl liegen.

17. a) $\frac{d(A;S)}{d(S;M_a)} = \frac{2}{1}$ b) $\overline{AQ} = \overline{QM_c} = \overline{M_cP} = \overline{PB} = \frac{c}{4}$ c) $\frac{\overline{AS}}{\overline{SM_a}} = \frac{\overline{AM_c}}{\overline{M_cP}} = \frac{2}{1}$
d) s_b teilt s_a ebenfalls im Verhältnis 2 : 1. Da s_a sowohl von s_c als auch von s_b im gleichen Verhältnis geteilt wird, müssen s_c und s_b durch den gleichen Teilpunkt S von s_a verlaufen.
e) Verhältnis 2 : 1.

Seite 130

7. a) $\overline{CZ} = 2{,}4$; $\overline{AB} = 3{,}6$ b) $\overline{ZC} = 2{,}4$; $\overline{AD} = 3{,}6$
c) $\overline{ZC} = 5{,}0$; $\overline{EF} = 2{,}4$; $\overline{ZF} = 6{,}0$; $\overline{AD} = 10{,}0$
d) $\overline{ZD} = 6{,}0$; $\overline{AB} = 4{,}4$; $\overline{AC} = 8{,}1$
e) $\overline{ZE} = 7{,}0$; $\overline{AD} = 11{,}2$; $\overline{ZC} = 2{,}0$; $\overline{ZF} = 2{,}8$ f) $\overline{ZC} = 3$; $\overline{AB} = 4\frac{2}{3}$

8. a) (C) Wenn ein Gegenstand aus Eisen ist, dann rostet er. (w)
(D) Wenn ein Hund bissig ist, dann muss man vorsichtig sein. (w)
(F) Wenn die Eckpunkte eines Dreiecks so auf einem Kreis liegen, dass eine Seite Kreisdurchmesser ist, dann ist das Dreieck rechtwinklig. (w)
(H) Wenn zwei Strahlen mit gleichem Anfangspunkt von zwei Parallelen geschnitten werden, dann verhalten sich die Strecken auf dem einen Strahl wie die entsprechenden Strecken auf dem anderen Strahl. (w)

b) und c)
(E) Wenn in einem Viereck die Winkel gleich groß sind, dann ist es ein Quadrat. (f)
(F) Wenn ein Dreieck rechtwinklig ist, dann liegen die Eckpunkte so auf einer Kreislinie, dass eine Seite Kreisdurchmesser ist. (w)
(H) Wenn zwei Strahlen mit gleichem Anfangspunkt so von zwei Geraden geschnitten werden, dass sich die Strecken auf dem einen Strahl wie die entsprechenden Strecken auf dem anderen Strahl verhalten, dann sind die beiden Geraden parallel.
Beweis: Wir setzen voraus, dass $\frac{b'}{b-b'} = \frac{c'}{c-c'}$ ist (Seite 119, Figur 2). Die Parallele zu BC durch C' muss nach dem 1. Strahlensatz c im gleichen Verhältnis teilen. Also verläuft diese auch durch B'.

Seite 137

14. a) $\triangle ABS \sim \triangle CDS$ (WWW)
b) $\triangle ADS \cong \triangle BCS$ (WSW), wenn Viereck ein gleichschenkliges Trapez ist.

15. a) Ein leuchtender Punkt sendet in alle Richtungen Licht aus. Durch das Loch wird ein schmales Lichtbündel durchgelassen. Dieses fällt auf die Mattscheibe und erzeugt einen gleichfarbigen Lichtfleck. Im Bild sind gegenüber dem Gegenstand oben und unten sowie links und rechts vertauscht.
b) Vorder- und Hinterkante des Hauses und die Bäume sind im Bild nicht vertauscht.
c) Zweimal Strahlensatz an der X-Figur mit dem gemeinsamen mittleren Strahl; $k \approx \frac{1}{2}$

16. Kongruenzsätze: Siehe Lernkarten „Grundwissen der 7. Jahrgangsstufe"
Zugehörige Ähnlichkeitssätze:
a) Dreiecke sind schon ähnlich, wenn sie im Verhältnis zweier Seiten und dem Zwischenwinkel übereinstimmen.
b) Dreiecke sind schon ähnlich, wenn sie im Verhältnis zweier Seiten und dem Gegenwinkel der größeren Seite übereinstimmen.
c) Dreiecke sind schon ähnlich, wenn sie in zwei Winkeln übereinstimmen.
d) Dreiecke sind schon ähnlich, wenn sie in zwei Winkeln übereinstimmen. Ein Seitenverhältnis kann nur von zwei Seiten gebildet werden. Deshalb

bleibt beim Übersetzen der Kongruenzsätze WSW und SWW nur die Bedingung über die Gleichheit zweier Winkel übrig. Man könnte diesen Ähnlichkeitssatz WW-Satz nennen.

Seite 144

12. a) $l = 6{,}10\,m$; $b = 2{,}44\,m$; $h = 2{,}59\,m$ b) $A \approx 14{,}9\,m^2$; $V \approx 38{,}6\,m^3$
c) $l_M = 7{,}0\,cm$; $b_M = 2{,}8\,cm$; $h_M = 3{,}0\,cm$ d) $A_M \approx 19{,}6\,cm^2$; $V_M \approx 58{,}8\,cm^3$

13. a) 10 000 b) 2000 c) 35 000 d) 50 e) 2000

14. a) $A = st$ (Parallelogramm) b) $A = \frac{1}{2}st$ (Raute) c) $A = \frac{1}{2}ut$ (Dreieck)
d) $A = \frac{1}{2}(u+t)\,s$ (Trapez) e) $A = \left(\frac{s}{2}\right)^2\pi$ (Kreis)

Seite 153

14. a) $\frac{1}{32}$ b) $\frac{1}{8}$ c) $\frac{1}{4}$ d) $\frac{3}{4}$ e) $\frac{1}{8}$ f) $\frac{7}{8}$ g) $\frac{3}{8}$ h) $\frac{5}{8}$ i) $\frac{1}{8}$ k) $\frac{1}{4}$

15. a) 7 R, 6 G, 8 S b) 3 R, 2 G, 1 S c) 9 R, 5 G, 10 S
d) 4 R, 0 G, 5 S (oder Vielfache)

16. a) Heute regnet es nicht. b) Der Schnee ist nicht schwarz.
c) Peter ist höchstens so alt wie Petra.
d) Peter ist nicht so alt wie Petra (... ist jünger oder älter als ...).
e) Kein Schüler ist schon 14 Jahre alt. (Alle sind jünger als 14 Jahre.)
f) Alle Schülerinnen tragen Blue Jeans.
g) Mindestens ein Schüler trägt eine Brille.
h) Mindestens ein Mensch ist unsterblich.
i) Mindestens ein Schotte trägt keinen Rock.
k) Mindestens ein Schüler macht die Hausaufgabe.
l) Mindestens einer meiner Freunde ist nicht eingeladen.

Seite 160

16. a) 50 Möglichkeiten b) I) 210; II) 252
c) z. B.: Belgien, Frankreich, Guinea, Irland, Mali, Tschad

17. a) $\frac{1}{7}$ b) $\frac{6}{7}$ c) $\frac{1}{49}$ d) $\frac{30}{49}$ e) $\frac{1}{117\,649}$ f) $\frac{720}{117\,649}$ g) 94,4 %

18. Tipp: Emmy hat den Mittelwert der notierten Autonummern berechnet.

19. Die Gleichungen in den Kästen werden fortlaufend von G_1 bis G_{12} nummeriert: $\boxed{-1{,}6 \mid G_1}$ – $\boxed{-\frac{3}{14} \mid G_3}$ – $\boxed{2{,}7 \mid G_{10}}$ – $\boxed{2\frac{1}{3} \mid G_6}$ – $\boxed{0{,}4 \mid G_{11}}$ – $\boxed{0{,}5 \mid G_5}$ – $\boxed{-19 \mid G_9}$ – $\boxed{\frac{7}{12} \mid G_4}$ – $\boxed{5 \mid G_2}$ – $\boxed{\frac{2}{3} \mid G_{12}}$ – $\boxed{-\frac{1}{7} \mid G_7}$ – $\boxed{4{,}8 \mid G_8}$ – $\boxed{-1{,}6 \mid G_1}$

Seite 166

7. a) Ampel 1 steht an der Kaiserstraße; größte Wartezeit: 40 s
   b) Ampel 2: grün 30 s, gelb 5 s, rot 50 s, rot-gelb 5 s; größte Wartezeit: 60 s
   c) Kaiserstraße: P(nicht halten) $= \frac{5}{9}$; P(halten) $= \frac{4}{9}$
   d) Königsstraße: P(nicht halten) $= \frac{1}{3}$; P(halten) $= \frac{2}{3}$
   e) Kaiserstraße: P(halten) $= \frac{1}{2}$; höchstens 25 s
   Königsstraße: P(halten) $= \frac{7}{10}$; höchstens 35 s
   f) Ein Verkürzen der Ampelphasen senkt die mittleren Wartezeiten, aber auch die „Durchlässigkeit" der Kreuzung.

8. a) 1. Tag: 100 % der Männer haben bestanden und 87,5 % der Frauen.
   2. Tag: 66,7 % der Männer haben bestanden und 50 % der Frauen.
   Also sind die Männer die besseren Autofahrer.
   b) Insgesamt: 25 % der Männer sind durchgefallen und 20 % der Frauen. Also sind die Frauen die besseren Autofahrer.

Ergebnisse aufwändigerer Aufgaben des Taschenrechner-Trainings

Seite 167

4. d) Spiegelzahl: $100z + 10y + x$; Differenz: $99x - 99z = 99 \cdot (x - z)$

5. g) 0,012345678 h) 0,8

Seite 168

6. a) 1,5 b) 1,4 c) 1,416666... d) 1,413793...

7. 3,142857...; 3,141509...; 3,141592653...; 3,141592653...

8. a) 1 b) −1,01 c) 0 d) 0,505

Seite 169

9. a) 3333 b) 5,12 c) 99 d) 3

Grundwissen

- Kopiere die folgenden Seiten auf dünnen Karton und zerschneide diesen in „Lernkarten“.
- Ergänze damit deine Lernkartei der vergangenen Jahre: Wenn im Unterricht ein neuer Lehrstoff behandelt wurde, nimmst du die zugehörige Karte in deine Kartei auf.
- Schreibe das Thema der Karte und die Aufgabenstellung der Beispiele auf die Rückseite. Dann kannst du dich besser selbst abfragen, ohne gleich die Lösung vor dir zu sehen.
- Ist dir eine Testaufgabe beim Intensivieren schwer gefallen, so halte diese auf einer Lernkarte fest.
- Trainiere etwa jede Woche einmal den Lehrstoff: Mische dazu die Karten und versuche den Inhalt möglichst selbständig mündlich wiederzugeben. Die Karten, bei denen das gut gelingt, legst du auf die Seite. Fahre so fort, bis du alle Karten zur Seite gelegt hast.
- Dieses Verfahren garantiert gute Lernfortschritte in der Mathematik. In diesem Jahr lernst du nämlich wichtige Grundlagen, die auch in Zukunft immer wieder in Prüfungen von dir verlangt werden.

Direkt proportionale Größen

x und y sind direkt **proportional**, wenn

- zum n-fachen Wert für x der n-fache Wert für y gehört,
- die Wertepaare quotientengleich sind: $\frac{y_1}{x_1} = \frac{y_2}{x_2} = c$,
- $y = c \cdot x$ ist,
- das x-y-Diagramm eine Ursprungsgerade ist.

Beispiel: 3 kg Äpfel kosten 3,90 €. Wie viel kosten 5 kg?

Dreisatz 3 kg kosten 3,90 €.
1 kg kostet 1,30 €.
5 kg kosten 6,50 €.

Diagramm

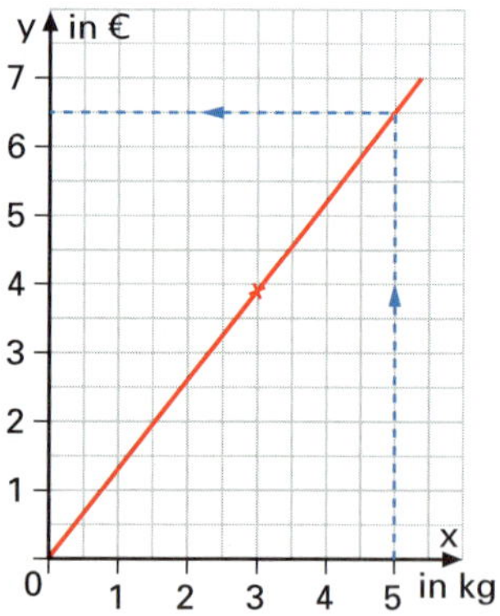

Dabei ist x die Masse der Äpfel in kg und y der Gesamtpreis in €.

Indirekt proportionale Größen

x und y sind **indirekt proportional**, wenn
- zum n-fachen Wert für x der $\frac{1}{n}$-fache Wert für y gehört,
- die Wertepaare produktgleich sind: $x_1 \cdot y_1 = x_2 \cdot y_2 = c$,
- $y = \frac{c}{x}$ ist,
- das x-y-Diagramm eine Hyperbel ist.

Beispiel: Der Verpflegungsvorrat reicht für 6 Personen 15 Tage. Wie lange reicht er für 10 Personen?

Dreisatz Für 6 Personen 15 Tage
Für 1 Person 90 Tage
Für 10 Personen 9 Tage

Diagramm

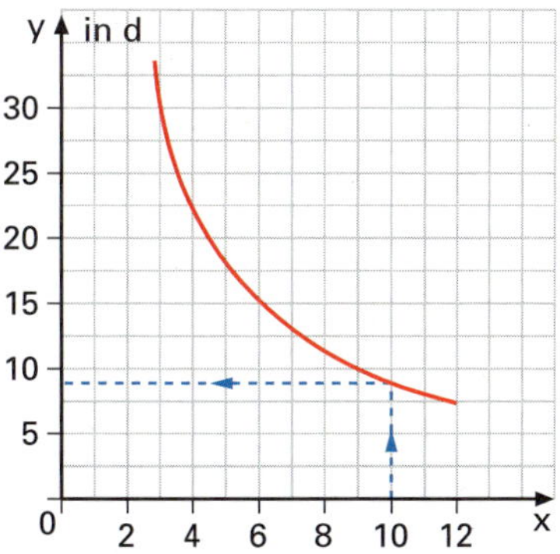

Dabei ist x die Anzahl der Personen und y die Dauer in Tagen.

Funktion

Abhängige Größen x und y werden durch Funktionen beschrieben.

Eine **Funktion f** ist eine **eindeutige** Zuordnung: Sie ordnet jedem x-Wert *genau einen* y-Wert zu. Wir schreiben dafür mit dem **Zuordnungspfeil**: $x \mapsto y$

Der von x abhängige Wert **f(x)** bzw. **y** heißt **Funktionswert**.

Wegen der Eindeutigkeit der Zuordnung liegen beim Graphen einer Funktion nie Punkte übereinander:

Funktionen:

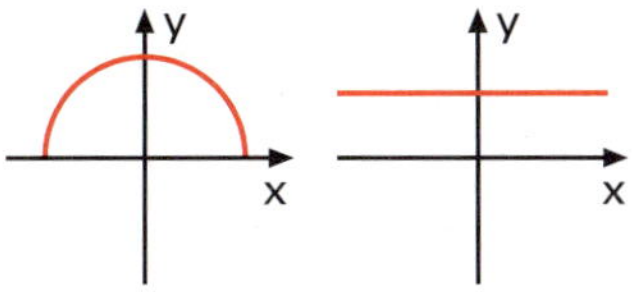

Keine Funktionen:

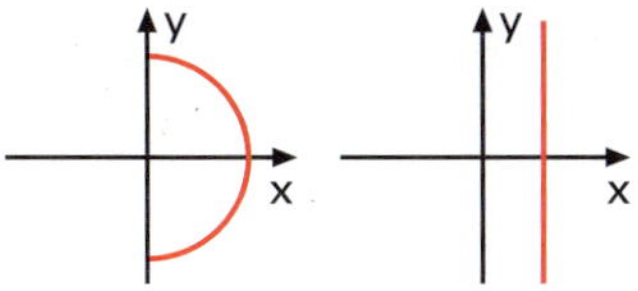

Beschreiben einer Funktion

- durch einen **Text**
  Den Bremsweg y eines Autos in Metern erhält man, wenn man die vom Tacho angezeigte Zahl x durch zehn dividiert und das Ergebnis quadriert.
- durch eine **Tabelle**

x	0	10	20	30	40	50
y	0	1	4	9	16	25

- durch eine **Gleichung** (falls möglich)
  $y = \left(\frac{x}{10}\right)^2$

- durch einen Graphen

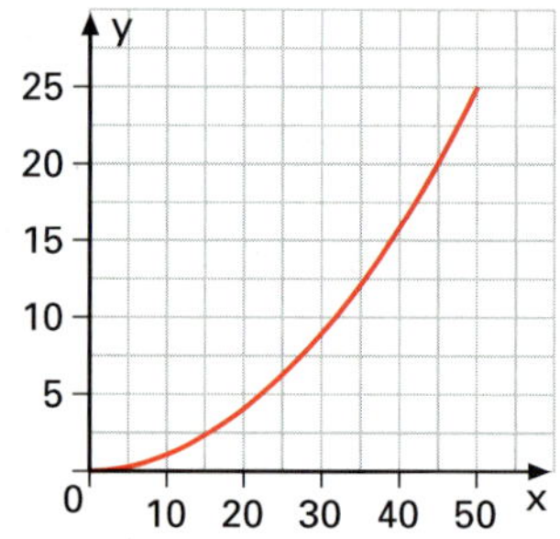

Der Kreisumfang

Kreiszahl $\pi \approx 3{,}14$

Kreisumfang $u = \pi \cdot d$
$u = 2 \cdot \pi \cdot r$

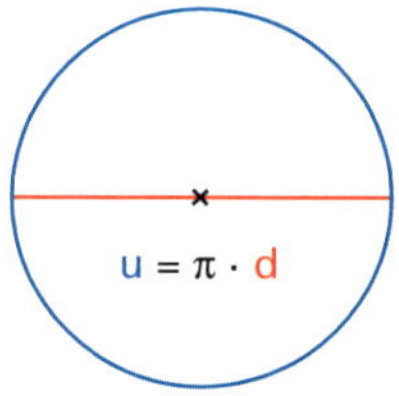

Der Umfang u und der Radius r sind direkt proportional, d. h.

verdoppelt man den Radius,
so verdoppelt sich der Umfang,
verdreifacht man den Radius,
so verdreifacht sich der Umfang, …

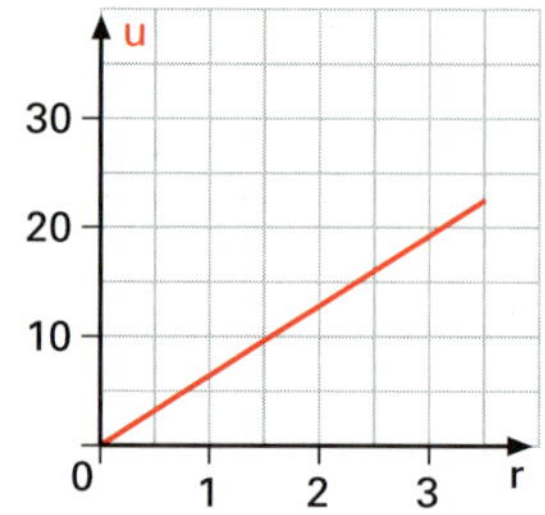

Ursprungsgerade

Die Kreisfläche

Kreiszahl $\pi \approx 3{,}14$
Kreisfläche $A = \pi \cdot r^2$

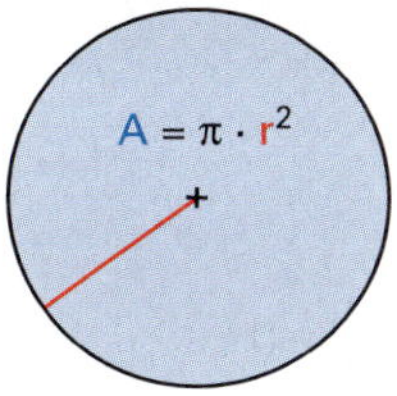

Der Flächeninhalt A ist eine quadratische Funktion des Radius r, d. h.

verdoppelt man den Radius,
so vervierfacht sich der Flächeninhalt,
verdreifacht man den Radius,
so verneunfacht sich der Flächeninhalt, ...

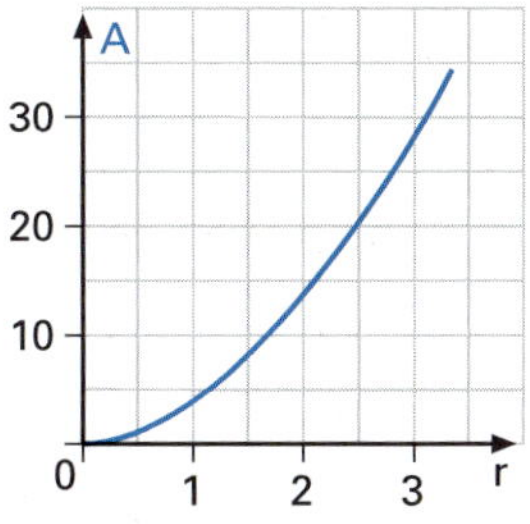

Parabel

Lineare Funktion

Gleichung: $y = mx + t$
m ist die Steigung und t der y-Abschnitt der zugehörigen Geraden.

Zeichnen mithilfe von m und t
Beispiel: $y = -2x + 4$

- y-Abschnitt $(0|4)$ markieren;
- von dort den Nenner von $m = \frac{-2}{1}$, also $+1$, in die x-Richtung
- und dann den Zähler, also -2, in die y-Richtung abtragen.

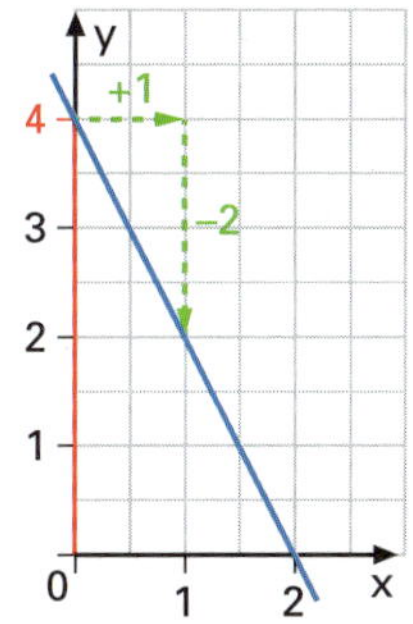

Ein x-Wert, für den der Funktionswert y null ist, heißt **Nullstelle**: $x = 2$

Aufstellen der Gleichung einer Geraden

Beispiel: Gerade durch A(2|5) und B(4|13)

Steigung: $m = \frac{\text{Höhenzuwachs}}{\text{waagrechter Zuwachs}}$

$m = \frac{13-5}{4-2} = \frac{8}{2} = 4$

y-Abschnitt: $y = 4x + t$

A einsetzen: $5 = 4 \cdot 2 + t$

$\Rightarrow t = -3$

Gleichung: $y = 4x - 3$

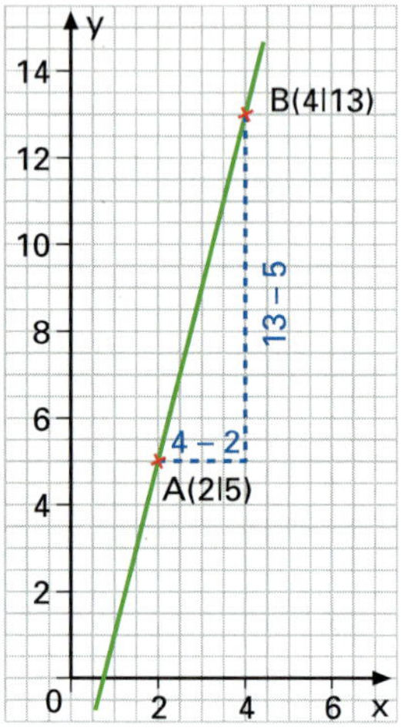

Lineare Ungleichungen

Beim Multiplizieren oder beim Dividieren einer Ungleichung mit einer negativen Zahl müssen wir das Ungleichheitszeichen umkehren.

Beispiel:

$-3x < 6 \quad |: (-3)$

$x > -2$ **!**

Die Lösungsmenge wird in der Intervallschreibweise angegeben:

$L = \{x \mid x > -2\} =]-2; \infty[$

Lineare Gleichungssysteme

(I) $4x - 2y = -2 \Rightarrow$ (I') $y = 2x + 1$
(II) $x + y = 4 \Rightarrow$ (II') $y = -x + 4$

Grafische Lösung

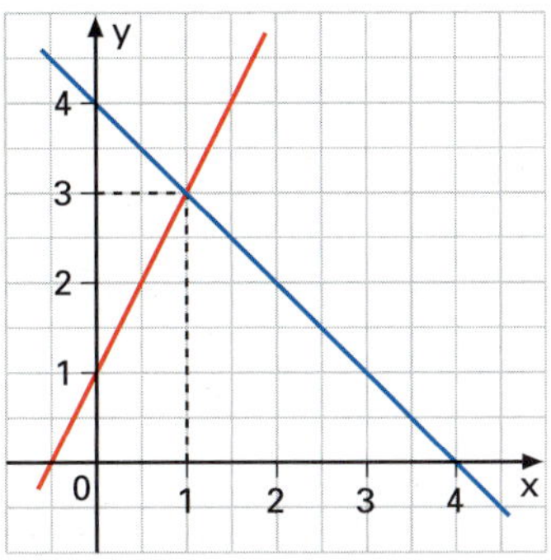

Rechnerische Lösung

Gleichsetzverfahren: (I') = (II')

$2x + 1 = -x + 4$
$3x = 3$

Einsetzverfahren: (II') in (I)

$4x - 2(-x + 4) = -2$
$6x - 8 = -2$
$6x = 6$

Additionsverfahren: (I) + 2 · (II)

$6x = 6$

Wir erhalten in jedem Fall $x = 1$ und durch Einsetzen in (I') oder (II'): $y = 3$

$\Rightarrow L = \{(1|3)\}$

Lineares Gleichungssystem

ohne Lösung

(I) $2x - y = -1 \Rightarrow y = 2x + 1$
(II) $6x - 3y = 6 \Rightarrow y = 2x - 2$

Grafisch

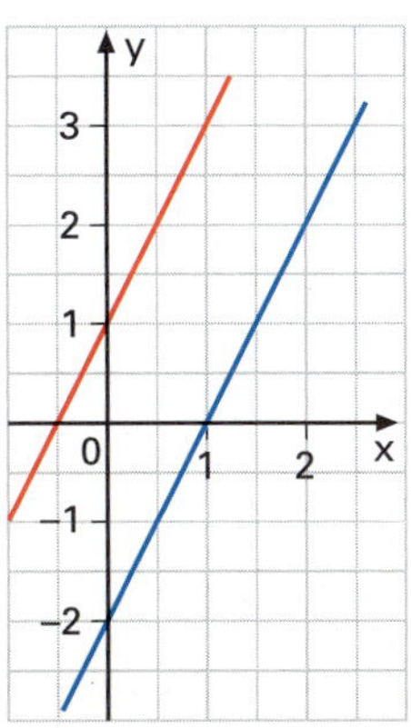

Additionsverfahren

$-3 \cdot$ (I) + (II)

$0 = 9$ (falsch)

mit unendlich vielen Lösungen

(I) $2x - y = -1 \Rightarrow y = 2x + 1$
(II) $6x - 3y = -3 \Rightarrow y = 2x + 1$

Grafisch

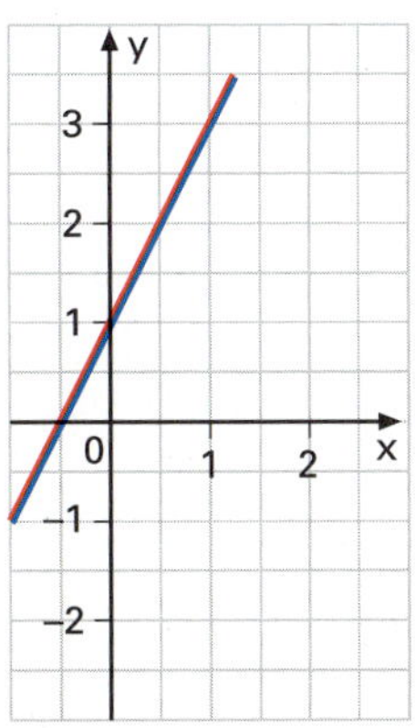

Additionsverfahren

$-3 \cdot$ (I) + (II)

$0 = 0$ (wahr)

Bruchterme

Bei einem **Bruchterm** treten Variable im Nenner auf:

$\frac{3}{x}, \frac{3}{x-1}, \frac{x+1}{x}, \frac{a-3}{a^2}$

Für die Variablen dürfen keine Zahlen eingesetzt werden, für die der Nenner Null wird. Die Menge aller Zahlen, die man für eine Variable einsetzen darf, heißt **Definitionsmenge** D.

Beispiele:

Für $\frac{3}{x-1}$ ist $D = \mathbb{Q}\backslash\{1\}$

Für $\frac{3}{x^2+x} = \frac{3}{x(x+1)}$ ist $D = \mathbb{Q}\backslash\{0; -1\}$

Bruchfunktionen

$f(x) = \frac{3}{x}$, $D = \mathbb{Q}\backslash\{0\}$

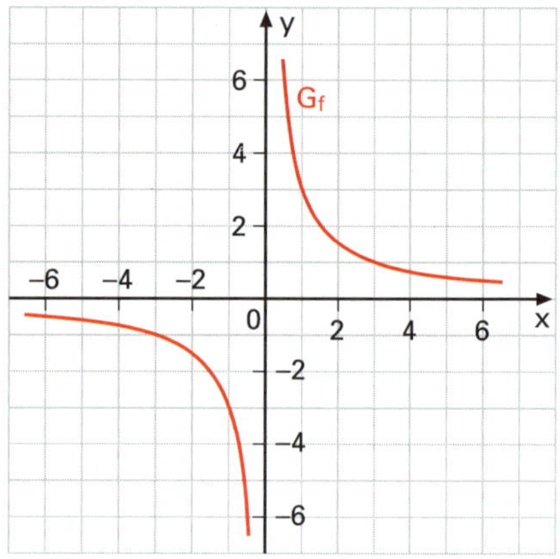

Der Graph ist eine **Hyperbel**.

Rechnen mit Bruchtermen

Kürzen: *Zuerst Zähler und Nenner faktorisieren!*

$$\frac{2x+2}{x^2+x} = \frac{2(x+1)}{x(x+1)} = \frac{2}{x}$$

In Summen und Differenzen darf nicht gekürzt werden!

Brüche mit gleichem Nenner heißen **gleichnamig**.

Addieren: *Zuerst durch Erweitern gleichnamig machen, dann Zähler plus Zähler, Nenner beibehalten!*

1.) $$\frac{2}{a-2} - \frac{1}{a} = \frac{2a}{a(a-2)} - \frac{a-2}{a(a-2)} =$$
$$= \frac{2a-(a-2)}{a(a-2)} = \frac{2a-a+2}{a(a-2)} =$$
$$= \frac{a+2}{a(a-2)}$$

2.) $$\frac{1}{x} - \frac{1}{x^2+x} = \frac{1}{x} - \frac{1}{x(x+1)} =$$
$$= \frac{x+1}{x(x+1)} - \frac{1}{x(x+1)} =$$
$$= \frac{x+1-1}{x(x+1)} = \frac{x}{x(x+1)} = \frac{1}{x+1}$$

Multiplizieren: *Zähler mal Zähler, Nenner mal Nenner!*

$$\frac{2x+4}{x} \cdot \frac{3x}{x+2} = \frac{(2x+4)\cdot 3x}{x(x+2)} =$$
$$= \frac{2(x+2)\cdot 3x}{x(x+2)} = \frac{2\cdot 3}{1} = 6$$

Dividieren: *Multiplizieren mit dem Kehrbruch*

$$\frac{6}{x+1} : \frac{3}{x^2+x} = \frac{6}{x+1} \cdot \frac{x^2+x}{3} =$$
$$= \frac{6\cdot x(x+1)}{3\cdot(x+1)} = \frac{2x}{1} = 2x$$

Bruchgleichung lösen

- *Definitionsmenge bestimmen;*
- *falls möglich: Bruchterme kürzen;*
- *mit dem Hauptnenner multiplizieren;*
- *bruchtermfreie Gleichung lösen;*
- *überprüfen, ob die Lösung zur Definitionsmenge gehört;*
- *Lösungsmenge angeben!*

Beispiel: $\frac{3}{x} = \frac{1}{x-2} \quad |\cdot x(x-2) \qquad D = \mathbb{Q}\setminus\{0; 2\}$

$$\frac{3x(x-2)}{x} = \frac{x(x-2)}{x-2}$$

$$3(x-2) = x$$

$$3x-6 = x \quad |-x+6$$

$$2x = 6$$

$$x = 3 \in D \quad \Rightarrow L = \{3\}$$

Potenzen mit ganzzahligen Exponenten

Die ganze Hochzahl n der Potenz a^n zählt in der ausführlichen Schreibweise die Faktoren – für eine negative Hochzahl im Nenner.

$10^3 = 10 \cdot 10 \cdot 10 = 1000$

$10^{-3} = \frac{1}{10 \cdot 10 \cdot 10} = \frac{1}{1000}$

$2^5 = 2 \cdot 2 \cdot 2 \cdot 2 \cdot 2 = 32$

$2^{-5} \quad \frac{1}{2 \cdot 2 \cdot 2 \cdot 2 \cdot 2} = \frac{1}{32}$

Für jede von Null verschiedene Grundzahl a ist $a^0 = 1$, z. B.:

$10^0 = 1$ bzw. $2^0 = 1$

Wissenschaftliche Schreibweise von Zahlen

(Gleitkommadarstellung)

Die ganze Zahl n in der Gleitkommadarstellung $a \cdot 10^n$ $(1 \leq a < 10)$ gibt an, um wie viele Stellen das Komma im Dezimalbruch a zu verschieben ist, damit wir die gewöhnliche dezimale Schreibweise der Zahl erhalten.

$2{,}1 \cdot 10^6 = 2\,100\,000$

$2{,}1 \cdot 10^{-6} = 0{,}000\,002\,1$

$321\,000 = 3{,}21 \cdot 10^5$

$0{,}000\,321 = 3{,}21 \cdot 10^{-4}$

Rechnen mit Potenzen

Multiplizieren: $a^2 \cdot a^{-5} = \frac{a^2}{a^5} = a^{-3}$

Im Zähler 2 Faktoren, im Nenner 5 Faktoren; nach dem Kürzen: im Nenner 3 Faktoren (oder: *Hochzahlen addieren*).

Dividieren: $a^2 : a^5 = a^{-3}$

„$:a^5$" bedeutet „5 Faktoren im Nenner" (oder: *Hochzahlen subtrahieren*).

Potenz einer Potenz:

$(a^{-2})^3 = (a^{-2}) \cdot (a^{-2}) \cdot (a^{-2}) = a^{-6}$

Potenzieren wir eine Potenz aus 2 Faktoren mit 3, erhalten wir eine Potenz aus $2 \cdot 3$ Faktoren (oder: *Hochzahlen multiplizieren*).

Potenzieren eines Produkts oder einer Summe:

$(5a^3)^2 = (5a^3) \cdot (5a^3) = 25a^6$

$(5 + a^3)^2 = (5 + a^3) \cdot (5 + a^3) = $
$= 25 + 10a^3 + a^6$

Bei einem Produkt dürfen die Hochzahlen auf die Faktoren verteilt werden, aber bei einer Summe nicht auf die Summanden!

Addieren und Subtrahieren:

$7a^{-2} - a^{-2} = (7 - 1) \cdot a^{-2} = 6a^{-2}$

Gleichartige Terme werden durch Ausklammern der Koeffizienten addiert bzw. subtrahiert.

Strahlensätze an der V-Figur

Wenn a||a' ist, gilt:

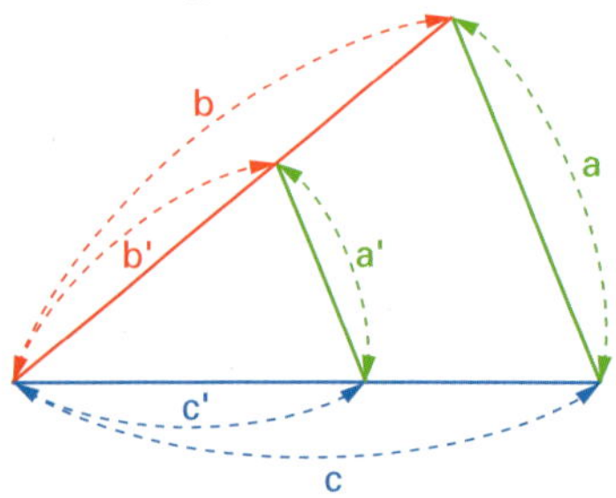

Der **1. Strahlensatz:** $\frac{b}{b'} = \frac{c}{c'}$ und

der **2. Strahlensatz:** $\frac{a}{a'} = \frac{b}{b'}$, $\frac{a}{a'} = \frac{c}{c'}$

Beispiel:

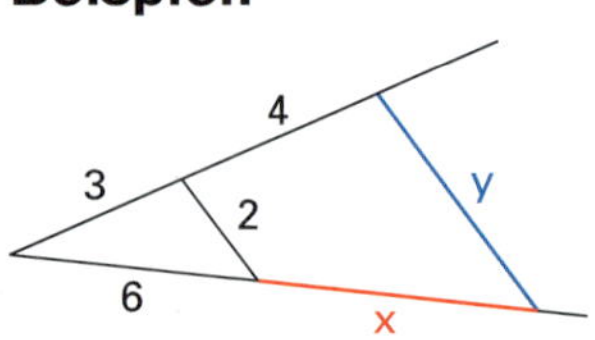

$\frac{x}{6} = \frac{4}{3} \Rightarrow x = \frac{6 \cdot 4}{3} = 8$

$\frac{y}{2} = \frac{4+3}{3} \Rightarrow y = \frac{7 \cdot 2}{3} = 4\frac{2}{3}$

Teilung einer Strecke mit dem Zirkel:

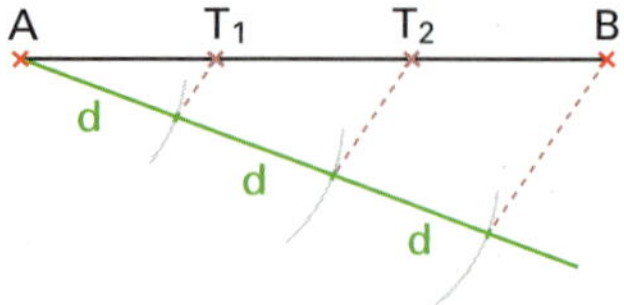

Strahlensätze an der X-Figur

Wenn c||c' ist, gilt:

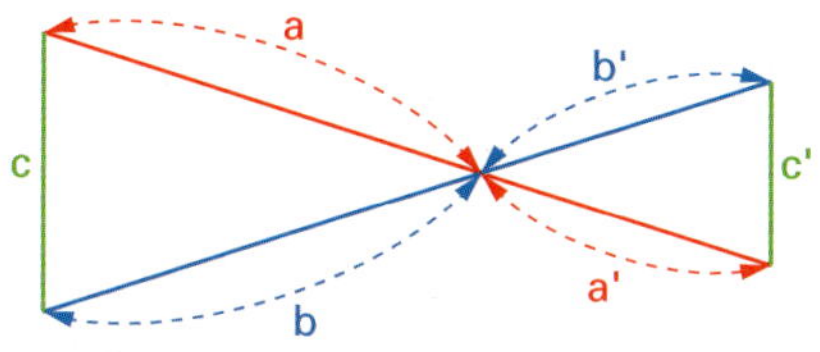

Der **1. Strahlensatz:** $\frac{a}{a'} = \frac{b}{b'}$ und

der **2. Strahlensatz:** $\frac{c}{c'} = \frac{a}{a'}$, $\frac{c}{c'} = \frac{b}{b'}$

Beispiel:

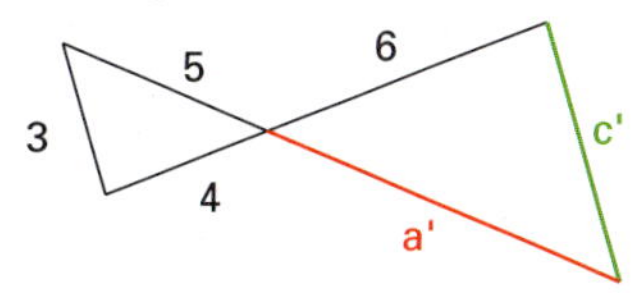

$\frac{a'}{5} = \frac{6}{4} \Rightarrow a' = \frac{6 \cdot 5}{4} = 7{,}5$

$\frac{c'}{3} = \frac{6}{4} \Rightarrow c' = \frac{6 \cdot 3}{4} = 4{,}5$

Ähnliche Figuren

Zwei Figuren heißen **ähnlich**,
- wenn die Verhältnisse entsprechender Seiten alle gleich sind **und**
- entsprechende Winkel gleich groß sind.

Dreiecke sind schon ähnlich, wenn eine der beiden Bedingungen erfüllt ist.

Flächeninhalte und Volumina bei ähnlichen Figuren

- Eine ähnliche Figur mit k-fachen Seitenlängen hat den k^2-fachen Flächeninhalt.
- Ein ähnlicher Körper mit k-fachen Kantenlängen hat das k^3-fache Volumen.

Für k = 2:

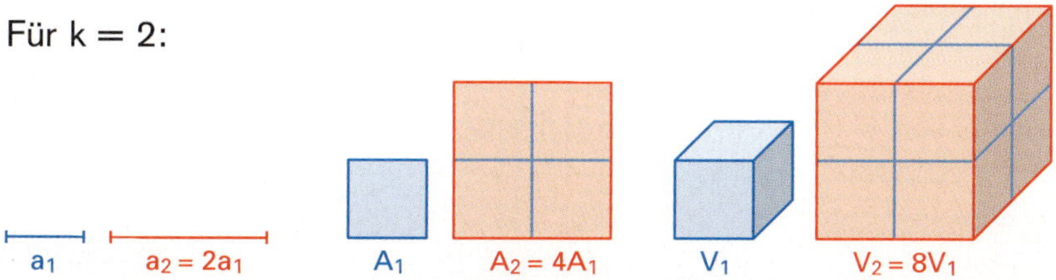

Laplace-Experimente

Ein **Zufallsexperiment** ist ein Experiment, bei dem verschiedene Ergebnisse möglich sind. Die Menge Ω aller Ergebnisse nennt man **Ergebnisraum**. Sind alle Ergebnisse eines Zufallsexperiments gleich wahrscheinlich, bezeichnet man es als **Laplace-Experiment**.

Das Würfeln ist ein Zufallsexperiment mit dem Ergebnisraum $\Omega = \{1, 2, 3, 4, 5, 6\}$. Bei einem normalen Würfel sind alle 6 Ergebnisse gleich wahrscheinlich:

$P(1) = P(2) = \ldots = P(6) = \frac{1}{6}$

Der Münzwurf ist ein Zufallsexperiment mit dem Ergebnisraum $\Omega = \{K, W\}$. Bei einer normalen Münze sind alle 2 Ergebnisse gleich wahrscheinlich:

$P(K) = P(W) = \frac{1}{2}$

Wahrscheinlichkeit von Ereignissen

Ein **Ereignis** ist eine Zusammenfassung von Ergebnissen.
Sind alle Ergebnisse gleich wahrscheinlich, ist die Wahrscheinlichkeit eines Ereignisses A

$P(A) = \frac{\text{Anzahl der günstigen Ergebnisse}}{\text{Anzahl der möglichen Ergebnisse}} = \frac{g}{m}$ („günstige durch mögliche").

Beispiel Würfeln: $P(\text{ungerade Primzahl}) = P(3, 5) = \frac{2}{6} = \frac{1}{3}$

Zählprinzip

Bei einem mehrstufigen Zufallsexperiment erhält man die Anzahl der möglichen Ergebnisse, indem man die Anzahl der Möglichkeiten der einzelnen Stufen miteinander multipliziert.

Beispiel:

In einem Zugabteil mit 6 Plätzen können 3 Personen – Andi, Bernd und Claudia – auf $6 \cdot 5 \cdot 4 = 120$ Arten Platz nehmen, z. B.:

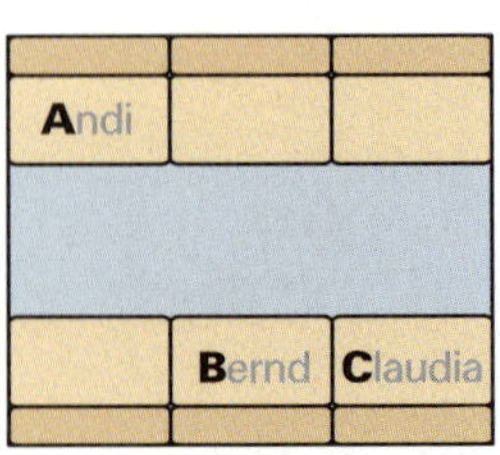

Stichwortverzeichnis

Bildnachweis

Seite 5: Corbis/Bettmann – Seite 7: Richard Fix, Stuttgart – Seite 12: Getty Images/Bongarts-Staff – Seite 14: A. Hammer, Pfreimd – Seite 16: Holzwurm/mediacolors – Seite 18: Getty Images/Mark Scott – Seite 19: Ullstein Bild – Seite 23: f1 online – Seite 25: Martin Joerchel, Frauenaurach – Seite 41: Stefan Kohler, Spiezwiler/Schweiz – Seite 48: Brigitte Distel – Seite 49: G. u. H.-J. Dreher, www.turboplot.de – Seite 54: Foto Hans Engl/ Routenzeichnung: Hartmut Bielefeldt – Seite 57: Corbis/Eliane/Zefa – Seite 63.1: Corbis/Lawrence Manning – Seite 63.2: Martin Joerchel – Seite 77: Corbis/Jose Luis Pelaez Inc. – Seite 78: Corbis/Rose Hartman – Seite 79: Robert Bosch GmbH, Prüfzentrum Boxberg – Seite 83: G. u. H.-J. Dreher, www.turboplot.de – Seite 84: MEV Verlag – Seite 86: Corbis/Ric Ergenbright – Seite 87: Bilderbox – Seite 99: Ullstein Bild – Seite 102: Martin Joerchel – Seite 109: Astrofoto – Seite 115: Corbis/Gianni Orti – Seite 117: Jim Bryan, Vancouver – Seite 118.1: Corbis/Gabe Palmer – Seite 118.2: Corbis/Paul A. Souders – Seite 123: Martin Joerchel – Seite 131: Corbis/Peter M. Fisher – Seite 132: Visum/Thomas Dashuber – Seite 135: Cornelia Feuerlein, Fürth – Seite 138: Deutsches Museum, München – Seite 139: MIBA-Verlag, Nürnberg – Seite 141: Cornelia Feuerlein – Seite 142.1: Märklin GmbH – Seite 142.2: Okapia/NAS/ Richard Ellis – Seite 143: Cornelia Feuerlein – Seite 144: Picture-Alliance/dpa – Seite 145: Corbis/ Ivan Milutinovic – Seite 146: Martin Joerchel – Seite 150.1: Cornelia Feuerlein – Seite 150.2: Argum – Seite 152: FWU, München – Seite 153: Cornelia Feuerlein – Seite 162: Jochen Tack – Seite 164: Arco/W. Dietrich – Seite 165: Montarges/Andia – Umschlag: Corbis/A.Cavalli/Zefa

© 2006 Bayerischer Schulbuch Verlag GmbH, München, Düsseldorf, Stuttgart
www.oldenbourg-bsv.de

Das Werk und seine Teile sind urheberrechtlich geschützt. Jede Nutzung in anderen als den gesetzlich zugelassenen Fällen bedarf der vorherigen schriftlichen Einwilligung des Verlages.
Hinweis zu § 52a UrhG: Weder das Werk noch seine Teile dürfen ohne eine solche Einwilligung eingescannt und in ein Netzwerk eingestellt werden. Dies gilt auch für Intranets von Schulen und sonstigen Bildungseinrichtungen.

1. Auflage 2006 R06
Druck 10 09 08 07 06
Die letzte Zahl bezeichnet das Jahr des Drucks.

Alle Drucke dieser Auflage sind untereinander unverändert und im Unterricht nebeneinander verwendbar.

Umschlag: Lutz Siebert-Wendt
Mathematische Zeichnungen: Detlef Seidensticker, München
Illustrationen: Anja Boretzki, Nürnberg
Herstellung und Layout: Heiko Jegodtka
Lektorat: Michael Link
Satz und Druck: Tutte Druckerei GmbH, Salzweg, Passau

ISBN 3-7627-0002-8
ISBN 978-3-7627-0002-9